普通高等学校机械类专业系列教材

流体传动与控制

（第二版）

主　编　莫秋云

副主编　鲍家定　崔　岩　张　平　何水龙　廖　斌

参　编　叶家福　陈　雪　黄　伟

　　　　龙向前　刘伟豪　李荣敬

西安电子科技大学出版社

内 容 简 介

本书包括流体基础篇、结构原理与基本应用篇、综合应用篇以及设计与前沿发展篇四部分。第一部分包括第1~2章，主要介绍流体传动的发展、系统工作原理以及流体力学基础知识，是流体传动与控制的理论基础。第二部分包括第3~6章，主要介绍各类流体传动与控制元件的结构、工作原理、特点及其基本应用，为后续分析系统的功能及设计打下基础。第三部分包括第7~8章，主要介绍各类基本回路的组成、特点及应用，并给出了典型流体传动系统案例解析，该篇是将流体传动的认识性学习向实践应用全面转化的关键环节。第四部分包括第9~10章，主要介绍流体传动与控制系统的设计计算和前沿发展认识引导，以实现知识、能力向实践应用的过渡。

本书适合工科类各专业研究生和本科生作为教材使用，也可供各类成人高校、自学考试有关工科专业的学生使用，还可供液压、气动技术相关各类工程技术人员参考。

图书在版编目(CIP)数据

流体传动与控制/莫秋云主编. --2 版. --西安：西安电子科技大学出版社，2023.8
ISBN 978 - 7 - 5606 - 6896 - 3

Ⅰ. ①流…　Ⅱ. ①莫…　Ⅲ. ①液压传动—高等学校—教材②气压传动—高等学校—教材　Ⅳ. ①TH13

中国国家版本馆 CIP 数据核字(2023)第 096903 号

策　　划　秦志峰
责任编辑　秦志峰
出版发行　西安电子科技大学出版社(西安市太白南路 2 号)
电　　话　(029)88202421　88201467　　邮　　编　710071
网　　址　www. xduph. com　　　　　　电子邮箱　xdupfxb001@163.com
经　　销　新华书店
印刷单位　陕西天意印务有限责任公司
版　　次　2023 年 8 月第 2 版　2023 年 8 月第 1 次印刷
开　　本　787 毫米×1092 毫米　1/16　印张 19.5
字　　数　458 千字
印　　数　1~2000 册
定　　价　49.00 元

ISBN 978 - 7 - 5606 - 6896 - 3/TH

XDUP　7198002 - 1

＊＊＊如有印装问题可调换＊＊＊

前　言

编者经过 20 多年教学实践的积累，深知初涉专业领域的学习者掌握流体传动知识的难度主要源于教学内容中理论知识的生涩难懂以及缺乏实践案例的代入和理实融合的合理贯穿主线等问题。本书在第一版框架的基础上进行了较大的改革，是作者本着"百年大计，人才为本；人才大计，教育为本；教育大计，教师为本；教师大计，教学为本；教学大计，教材为本"的理念，在充分总结与研讨了以往的教学改革经验及教材建设的基础上编写而成的。

本书结合工科院校培养目标中"学生具有适应工程实践能力"的要求，以及当代国内普通大学教育注重应用的教育观点，从目前教学改革特点出发，强调知识的应用与能力的培养；在内容的选取和安排上，将知识有机地融会贯通，注意理论与实践关系的处理，强调基础训练和分析，突出应用实例，培养学生工程应用、知识创新和解决实际问题的能力。

与第一版和其他同类教材相比，本书立足于普通本科和应用型本科高等教育流体传动与控制的教学要求，从专业能力和工程素养的培养角度出发，结合学生的学习特征，紧紧围绕老师"教什么"与学生"学什么"的统一性问题钻研适合教学相长的内容，并从长期的工程实践、科研和教学工作中总结和提炼，进行了以下新尝试：

（1）流体力学基础部分突出物理概念准确、简练、清晰，不拘泥于抽象的理论推导，在内容的广度、深度两个维度上都提供了必要的基础知识。

（2）液压元件部分突出元件的基本概念、原理、特点、基本特性的计算和应用，不拘泥于机械结构、设计介绍以及静、动态特性的理论分析。

（3）采用直观的实物图、实物剖视图和简洁、形象的原理图对流体动力元件、系统的工作原理、基本概念进行阐述，以达到增强感性认识、加深所学理论知识的理解和掌握的目的。

（4）突出课程的工程性、实践性，体现流体传动与控制课程工程性强的特点，内容、深度符合学生的认知过程，以及学生的接受心理和阅读习惯。

（5）在结构上采用了层次性设计，在内容上加强理实融会贯通和新时期高等教育中的课程思政要求。全书以案例为主线，例如，流体基础篇通过案例引出理论知识、工程应用等内容，综合应用篇以基本回路、典型应用实例和系统计算为核心。全书整体以各章简述后再逐层递进的方式，完成理实结合、主线流畅的知识体系和工程应用的融合，以认识、理解、掌握、分析、应用和知识延伸后的创新思维培养与创造能力训练的多层级布鲁姆学习目标的实现，启发学生以工程价值为引导，强化对工程思维训练和工程意识的培养，深刻彰显知识、能力和素养在教材结构和内容安排上对"以学生为中心"的 OBE（Outcome Based Education，基于学习产出的教育）理念的全面贯彻，知识延伸等内容则是对教学的必要补充，可拓宽学生的视野和激发其探索动力。

（6）作业以"基础""应用""综合""创新设计"等多个层次来设置。

全书共 4 篇 10 章，流体基础篇包含第 1～2 章，分别是绪论和流体力学基础；结构原理与基本应用篇包含第 3～6 章，分别是流体传动与控制动力元件、流体传动与控制执行元件、流体传动与控制调节元件和流体传动与控制辅助元件；综合应用篇包含第 7～8 章，分别是流体传动与控制的基本回路、流体传动与控制系统的典型实例；设计与前沿发展篇包含第 9～10 章，分别是流体传动与控制系统的设计计算和现代流体传动的发展新趋势。另外，本书后配有附录，可供查找相关标准中的图形符号等。

本书由莫秋云教授担任主编，鲍家定副教授、崔岩副教授、张平教授、何水龙教授、廖斌副教授担任副主编，叶家福、陈雪、黄伟、龙向前、刘伟豪、李荣敬等老师参与了编写。本书在编写的过程中还得到了许多同仁的关心和帮助，在此谨表谢意。

由于编者水平有限，书中不足之处敬请读者批评指正。

编　者

2023 年 3 月

目 录

第一篇　流体基础篇

第二篇 结构原理与基本应用篇

第四篇 设计与前沿发展篇

第一篇

流体基础篇

第1章 绪 论

本章以汽车起重机液压系统为例，介绍流体传动与控制技术的发展概况、应用领域、工作原理与特点、工作介质的性质及污染的原因与控制等内容。本章的学习重点是流体传动与控制系统的工作原理、组成及特点和工作介质的性质。

案例一 汽车起重机液压系统简介

案例简介

汽车起重机是装在普通汽车底盘或特制汽车底盘上的一种起重机，其行驶驾驶室与起重操纵室分开设置。这种起重机的优点是机动性好，转移迅速；缺点是工作时需要支腿，不能负荷行驶，也不适合在松软或泥泞的场地上工作。汽车起重机是在汽车底盘上装设起重设备完成吊装任务的装备，是一种使用广泛的工程机械，它自备动力，不需要配备电源，操作简便灵活，因此在交通运输、城建、大型物料厂、基建、急救等领域得到了广泛的应用。在汽车起重机上采用液压起重技术，可加大其承载能力，并可使其在有冲击、震动和环境较差的条件下工作。

案例分析

汽车起重机以相配套的载重汽车为基础部分，再在其上添加相应的起重功能部件，利用汽车自备的动力作为起重机的液压系统动力。在起重机工作时，汽车的轮胎不受力，依靠四条液压支撑腿将整个汽车抬起，并将起重机的各个部分展开，进行起重作业；当需要转移起重作业现场时，需要将起重机的各个部分收回到汽车上，使汽车恢复到车辆运输状态再进行转移。

一般的汽车起重机在功能上有以下要求：

（1）整机能方便地随汽车转移，满足其野外作业机动、灵活、不需要配备电源的要求。

（2）进行起重作业时，支腿机构能将整车抬起，使汽车所有轮胎离地，免受起重载荷的直接作用，且液压支腿的支撑状态能长时间保持位置不变，防止起吊重物时出现软腿现象。

（3）在一定范围内能任意调整、平衡、锁定起重臂长度和俯角，以满足不同起重作业要求。

（4）起重臂在 360°以内能任意转动与锁定。

（5）起吊重物在一定速度范围内可任意升降，并能在任意位置上负重停止；在负重启动时，不出现溜车现象。

图 1-1 所示是汽车起重机整机结构及原理的三种状态，即实物图、结构拆分图和工作原理图。由图可知，该起重机中除了汽车驾驶室和吊索等之外，液压传动系统主要由回转机构、支腿机构、变幅机构、伸缩机构和起升机构组成。

(a) 实物图　　　　　(b) 结构拆分图　　　　　(c) 工作原理图

图 1-1　汽车起重机的结构

【理 论 知 识】

我们常说的机器主要是由原动机、传动机构、控制机构和工作机构等部分组成的。机器的传动机构是重要的中间环节，它把原动机（电动机、内燃机等）的输出功率传送给工作机构，实现运动与动力的输出，满足各种功能的要求。传动机构的传动类型有多种，主要有机械传动、电力传动、流体传动（液体传动（又分为液压传动和液力传动）、气体传动），以及它们的不同组合——复合传动等。

1.1　流体传动的定义及发展

1.1.1　流体传动的定义

人们通常把液体传动和气体传动统称为流体传动。流体传动技术是工农业生产中广为应用的技术，该技术以流体为介质实现各种机械的传动与控制。

液体传动是以液体为工作介质进行能量传递的传动方式。按照工作原理的不同，液体传动又可分为液压传动和液力传动两种形式。液压传动主要是利用液体的静压力来传递能量，在实现液体传动的过程中液体的流动速度一般应小于 5 m/s，此种情况下液体的动能在总能量中所占比例较小，压力能起决定作用；液力传动是以液体的动能来传递能量，此种情况下液体的动能在总能量中所占比例较大，并起决定作用。在工业中广泛应用的液体传动方式主要是液压传动。根据液压传动的工作特点，它又可称为容积式液压传动。目前，液体传动的主要工作介质是液压油，还有水等其他液体。

　　气体传动习惯性被称为气压传动或气动控制，以气体为工作介质，是利用压缩气体的压力能来实现能量传递的一种传动方式，其介质主要是空气，也包括燃气和蒸汽。气压传动是靠气体的压力来传递动力或信息的流体传动。传递动力的系统是将压缩气体经由管道和控制阀输送给气动执行元件，把压缩气体的压力能转换为机械能而做功；传递信息的系统是利用气动逻辑元件或射流元件来实现逻辑运算等功能，故亦称气动控制系统。

　　本书主要介绍以液压油为主要介质的液压传动技术和以压缩空气为介质的气压传动技术。

1.1.2　流体传动的发展

1. 液压传动的发展

　　液压传动的发展大体上经历了标准化、优质化和智能化三个阶段。

　　流体传动相对于机械传动而言还是一门较新的学科，从 17 世纪中叶法国人帕斯卡（B. Pascal）提出液体压力传递的基本定律算起，液压传动有近四百年的发展历史。这期间随着科学技术的不断发展，流体传动技术本身也在不断发展，18 世纪末（1795 年），英国人制造出世界上第一台液压机；1905 年，美国人 Janney 首先将矿物油作为传动介质引入液体传动，改善了液压元件的摩擦和润滑性能，并研制出了第一台轴向柱塞泵。这一阶段，液压技术还处在萌芽状态，虽然在军舰炮塔、磨床上的使用已获得成功，但是许多液压元件都是专用的，没有共同的标准和公用术语，无法进行交流和产品的系列化与通用化，因此限制了液压技术的发展。

　　在第二次世界大战期间及战后，由于军事及民用需求的刺激，流体传动技术得到了迅猛发展，出现了以电液伺服系统为代表的一些兵器上采用的功率大、反应快、精度高的液压元件和控制装置，大大促进了液压技术的发展。20 世纪 50 年代以后，随着战后世界各国经济的恢复和发展、生产过程自动化的不断增长，流体传动技术很快转入民用工业，并随着各种液压传动标准的不断制定和完善，液压元件走向标准化、系列化和通用化（见图 1-2）。

(a) 常用液压泵/阀

(b) 元件标准化、系列化之 CSDM 系列

(c) 元件标准化、系列化之 CSDY 系列

图 1-2　液压元件（泵、阀）

　　图 1-2(b)所示是 CSDM 系列射流管电液伺服阀，可用作三通和四通流量控制阀；图 1-2(c)所示是 CSDY 系列射流管电液伺服阀，可作为力反馈两极电液伺服阀。

　　液压技术在 20 世纪中叶得以蓬勃发展。此后，液压技术在高压化、高速化、大功率、小型化、集成化、智能化等方面又取得很大进展，并开展了降噪、防漏、治污、节能等方面的研究。现代液压技术还开拓出航天空间技术、原子能技术等新的应用领域。

20 世纪 60 年代，计算机技术、微电子技术的发展将液压技术推上了新的台阶，在比例控制、伺服控制、数字控制等方面取得了许多新的成就。计算机辅助设计、计算机仿真及微机控制等开发性工作也获得了显著成绩。液压技术已发展成为包括传动、控制、检测在内的一门完整的自动化、智能化技术，"智能材料"和"智能流体"的深入发展促进了流体传动技术成为交叉性学科，在国民经济的各个领域都得到了应用。液压技术的应用程度已成为衡量一个国家工业水平的重要标志。

2. 气压传动的发展

气压传动（气动控制）技术的起步滞后于液压技术，1829 年出现的多级空气压缩机，为气压传动的发展创造了条件。1871 年风镐开始用于采矿。1868 年美国人威斯汀豪斯发明气动制动装置，并在 1872 年用于铁路车辆的制动。后来，随着兵器、机械、化工等工业的发展，气动机具和控制系统得到了广泛的应用。1930 年出现了低压气动调节器。20 世纪 50 年代研制成功用于导弹尾翼控制的高压气动伺服机构。

在 20 世纪 60 年代发明了射流和气动逻辑元件后，气压传动才迅速发展起来。60 年代气动技术主要用于繁重的作业领域，如矿山、汽车制造等，作为辅助传动。70 年代后期开始用于自动生产线、自动检测等作业领域。

20 世纪 80 年代以来，随着气动技术与电子技术的结合，其应用领域得到迅速拓展。电气可编程控制技术的发展，使气动技术更灵活，自动化程度更高。微电子技术、现代控制理论与气动技术结合，促进了电-气比例伺服技术的发展，使气动技术从开关控制进入闭环比例伺服控制，出现了微机控制的电气一体化系统。为适应电气一体化系统的要求，气动元件正向小型化、集成化、低功耗等方向发展。为适应食品、医药、生物工程、电子等行业无污染的要求，无油化气动元件已问世。此外，气动技术在高速度、高精度、高寿命、高输出力、高智能化等方面都有很大发展。气动技术被称为低成本的自动化技术，得到了越来越广泛的应用。

3. 我国流体传动的发展

我国的液压传动技术开始于 20 世纪 50 年代，气动技术开始于 70 年代，目前正处于迅速发展提高的阶段，但与世界上的先进工业国家相比还有一定差距，标准化工作还需继续完善，优质化工作仍然没有形成主流，智能化还有非常大的发展空间。因此，为了赶上发达国家的流体传动技术的水平和与最新技术的发展保持同步，我国的流体传动技术必须不断创新、提高和发展，以满足日益变化的市场需求。

现代液压技术与各类高新技术相融合，形成了各种优质化、智能化程度更高的新型液压元件及系统集成，如图 1-3 所示。

现阶段我国流体传动的持续发展体现出如下特征：

（1）元件性能不断提高，新型元件得以创制，体积不断缩小。如高速气缸的速度可达 17 m/s，低速气缸的最小速度可达 5 mm/s（一般气缸的速度为 50～500 mm/s），而且不产生爬行。高精度定位气缸的定位精度可达 0.01 mm。微型气缸的活塞直径小至 2.5 mm，微型气阀的宽度小至 10 mm，一些相关微型辅助元件都已成为系列化产品。

（2）高度的组合化、集成化和模块化。液压系统的叠加式的叠加阀、插装式的插装阀使连接通道越来越短。另外，还有许多泵阀组合、阀缸组合的组合系统，结构更紧凑，工作

(a) 液压系统仿真

(b) 电磁阀组仿真

气驱泵站　连杆胀断机液压系统　伺服液压系统　伺服液压系统

高压夹具泵站　变频液压系统　紧凑型液压系统　高效节能型动力系统

(c) 不同类型液压系统

(d) 电磁阀组

(e) 平面磨床液压系统

图1-3　新型液压元件及系统集成

更可靠。在模块化发展方面，通过完整的模块以及独立的功能单元，用户只需简单组装即可投入使用。

（3）与微电子等高新技术相结合，走向系统集成化与智能化。数字液压泵、数字阀、数字液压缸的出现，使流体传动与控制系统的智能化水平向前推进了一大步。将可编程的芯片和阀门、执行元件或能源装置、检测反馈装置、集成电路等融会成一体，便组成了可实现智能化运动控制的流体传动工作系统。这种联结体收到微型计算机的信息，就能实现预先设定的任务。

流体传动技术在与微电子等各类新兴技术紧密结合后，将大大拓宽它的应用领域，使流体传动与控制技术发生飞跃式的发展。

1.2 流体传动与控制系统的工作原理、组成及特点

1.2.1 系统的工作原理

概括地说，传动就是传递能量和动力。对于一部完整的机器而言，传动部分是它的一个中间环节，它的作用是把原动机（电动机、内燃机等）的输出功率传送给工作机构。传动有多种方式，采用机械元件（机构）传递动力的方式称为机械传动，通过电气元件传递动力的方式称为电气传动，而用流体作为介质传递运动和动力的传动方式就称为流体传动。

1. 流体传动与控制系统的图形符号

在工程实际中，除某些特殊情况外，一般都是用简单的图形符号（也叫职能符号）来绘制液压与气动系统原理图。使用图形符号绘制系统原理图时，图中的符号只表示元（辅）件

的功能、操作(控制)方法及外部连接口,不表示元(辅)件的具体结构和参数,也不表示连接口的实际位置和元(辅)件的安装位置。例如,图 1-4(b)、图 1-5(a)所示的系统图是用半结构式表示的。这种图直观性强,容易理解,但是绘制比较麻烦。图 1-5(b)是用图形符号绘制的图 1-5(a)所示的流体传动系统。这种图形符号符合 GB/T 786.1—2009 的标准。使用图形符号可使系统图简单明了,便于绘制。当有特殊或专用的元件无法用标准图形符号表达时,仍可使用半结构示意形式。

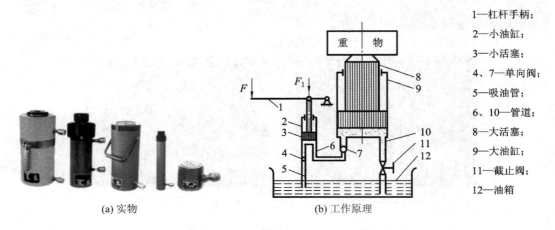

1—杠杆手柄;

2—小油缸;

3—小活塞;

4、7—单向阀;

5—吸油管;

6、10—管道;

8—大活塞;

9—大油缸;

11—截止阀;

12—油箱

(a) 实物　　　　　　　　(b) 工作原理

图 1-4　液压千斤顶

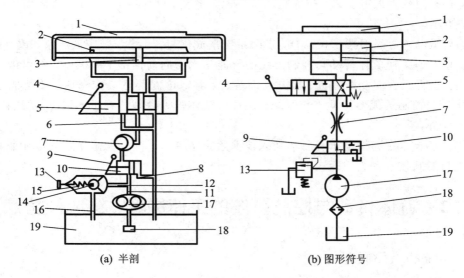

(a) 半剖　　　　　　　　(b) 图形符号

1—工作台;2—液压缸;3—活塞;4—换向手柄;5—换向阀;6、8、16—回油管;
7—节流阀;9—开停手柄;10—开停阀;11—压力管;12—压力支管;
13—溢流阀;14—钢球;15—弹簧;17—液压泵;18—滤油器;19—油箱

图 1-5　简单磨床的液压系统工作原理

2. 液压传动的工作原理

这里以一个液压千斤顶为例来说明液压传动的工作原理。图 1-4(a)为液压千斤顶的实物图，图 1-4(b)为液压千斤顶的工作原理图。

由图 1-4(b)可以看出，大油缸 9 和大活塞 8 组成举升液压缸。液压千斤顶的工作过程分析：杠杆手柄 1、小油缸 2、小活塞 3、单向阀 4 和 7 组成手动液压泵。如提起手柄使小活塞向上移动，小活塞下端油腔容积增大，形成局部真空，这时单向阀 4 打开，通过吸油管 5 从油箱 12 中吸油；当用力压下手柄，小活塞下移，小活塞下腔压力升高，单向阀 4 关闭的同时单向阀 7 打开，下腔的油液经管道 6 输入大油缸 9 的下腔，迫使大活塞 8 向上移动，顶起重物。再次提起手柄吸油时，单向阀 7 自动关闭，使油液不能倒流，从而保证了重物不会自行下落。不断地往复扳动手柄，就能不断地把油液压入大油缸 9 下腔，使重物逐渐地升起。如果打开截止阀 11，大油缸 9 下腔的油液通过管道 10、截止阀 11 流回油箱，重物就向下移动。

通过对上面液压千斤顶工作过程的分析，可以初步了解到液压传动的基本工作原理。液压传动是利用有压力的油液作为传递动力的工作介质。当压下杠杆时，小油缸 2 输出压力油，此时是将机械能转换成油液的压力能；然后压力油经过管道 6 及单向阀 7，推动大活塞 8 举起重物，此时是将油液的压力能转换成机械能。大活塞 8 举升的速度取决于单位时间内流入大油缸 9 中油容积的多少。由此可见，液压传动是一个不同能量的转换过程。

图 1-5 是用半剖图和职能符号绘出的简单磨床液压系统工作原理图。该系统可使磨床工作台作直线往复运动，克服各种阻力和调节磨床工作台的运动速度。

简单磨床工作台的液压传动系统的工作原理如下：在图 1-5(a)中，液压泵 17 由电机驱动旋转，从油箱 19 中吸油。油液经过滤油器 18 进入液压泵，当它从液压泵输出进入压力管 11 时，通过开停(换向)阀 10、节流阀 7、换向阀 5 进入液压缸 2 的左腔，推动活塞 3 和工作台 1 向右移动。这时，液压缸右腔的油液经换向阀 5 和回油管 6 排回油箱 19。如果换向阀 5 的换向手柄处于如图 1-5(b)所示的状态，则压力管 11 中的油液经过开停(换向)阀 10、节流阀 7 和换向阀 5 进入液压缸 2 的右腔，推动活塞和工作台向左移动，并使液压缸左腔的油液经换向阀 5 和回油管 6 排回油箱 19。

磨床工作台的移动速度是由节流阀 7 来调节的。当节流阀口开大时，进入液压缸的油液量增多，工作台的移动速度增大；当节流阀口关小时，进入液压缸的油液量减少，工作台的移动速度减小。

为了克服移动工作台所受到的各种阻力，液压缸必须产生一个足够大的推力，这个推力是由液压缸中的油液压力产生的。需要克服的阻力越大，液压缸中的油压越高；反之则压力越低。液压泵输出的多余油液经溢流阀 13 和回油管 16 排回油箱 19，在图 1-5 所示的液压系统中，液压泵出口处的油液压力是由溢流阀 13 决定的，它和液压缸中的压力大小不同。

如果将开停(换向)阀 10 的手柄 9 转换成向左打的状态，则压力管中的油液将经开停(换向)阀和回油管排回油箱，不输入到液压缸中，这时工作台不运动，而液压泵输出的油液直接流回油箱，使液压系统卸荷。

3. 气压传动的工作原理

气压传动的工作原理与液压传动的工作原理基本相似。从原理上讲，将液压传动系统中的工作介质换为气体，液压传动系统则变为气压传动系统。但由于两种传动系统工作介质不同，而且两类介质的特性有很大差别，所以决定了液压传动系统和气压传动系统的工作特性也有较大差异,应用的场合也各不相同。尽管两种系统所采用的元器件的结构原理很相似,但很多元器件不能互换使用,并且是分别由不同的专业生产厂家进行加工制造的。

图1-6是一个气压传动系统的工作原理简图。图中电机驱动空气压缩机进行空气压缩,形成具有较高压力的压缩空气,通过压缩空气将机械能转换为气体压力能,受压缩后的空气经冷却器、滤油器、干燥器,进入储气罐中,以上过程集中在气源装置中进行。储气罐用于储存、干燥和净化压缩空气,并稳定气体压力。储气罐中的压缩空气再经过滤器、调压阀、方向控制阀和流量控制阀等,进入气缸或气马达,进而推动活塞带动负载工作,实现相应运动。

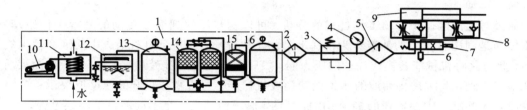

1—气源装置;2—分水滤气器;3—减压阀;4—压力计;5—油雾器;6—消声器;7—二位四通换向阀;8—单向节流阀;9—气缸;10—空压机;11—冷却器;12—油水分离器;13、16—储气罐;14—干燥器;15—过滤器

图1-6　气压传动系统工作原理简图

1.2.2　系统的组成

在流体传动与控制系统中,虽然液压传动系统与气压传动系统的特点不尽相同,但它们的组成形式类似,都是由动力元件(装置)、控制调节元件(装置)、执行元件(装置)、辅助元件(装置)组成的,如图1-7所示。

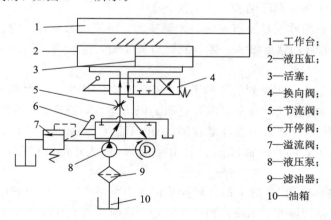

1—工作台;
2—液压缸;
3—活塞;
4—换向阀;
5—节流阀;
6—开停阀;
7—溢流阀;
8—液压泵;
9—滤油器;
10—油箱

图1-7　机床工作台液压系统的图形符号

1. 动力元件

动力元件又称为动力装置或能源装置,是指能将原动机的机械能转换成液压能或气压能的元件或装置,它是系统的能量来源。液压传动系统的动力元件是液压泵及其保护装置,其作用是为液压传动系统提供压力油;气压传动系统的动力元件是气源装置,是由空

气压缩机、储气罐、空气净化装置、安全保护装置和调压装置组成的，其作用是为气压传动系统提供压缩空气。

2. 控制调节元件

控制调节元件是对系统中流体的压力、流量和方向进行控制和调节的元件或装置（见图 1－7 中 4、5、6、7），其作用是保证执行元件和工作机构按要求工作。它包括各种液压控制阀和气动控制阀。

3. 执行元件

执行元件是把油液的液压能转换成机械能输出的元件或装置（见图 1－7 中 2），包括作直线运动的液压缸或气缸和作回转运动的液压马达或气压马达，其作用是在工作介质的作用下输出力和速度（或转矩、转速），以驱动工作机构做功。

4. 辅助元件

除以上元件外的其他元器件都称为辅助元件（见图 1－7 中 9、10），如油箱、过滤器、蓄能器、冷却器、分水滤气器、油雾器、消声器、管件、管接头以及各种信号转换器等。它们是对完成主运动起辅助作用的元件，在系统中也是必不可少的，对保证系统正常工作有着重要的作用。在气压传动系统中还有用来感受和传递各种信息的气动传感器。

1.2.3 系统的特点

1. 液压传动的特点

液压传动之所以能得到广泛的应用，主要在于它有以下的优点：

（1）与电机相比，在同等体积下，液压装置能产生更大的动力，即它具有更大的功率密度或力密度（指工作压力）。由于液压传动是油管连接，所以借助油管的连接可以方便灵活地布置传动机构，这是比机械传动优越的地方。例如，在井下抽取石油的泵可采用液压传动来驱动，以克服长驱动轴效率低的缺点。由于液压缸的推力很大，又加之极易布置，在挖掘机等重型工程机械上，已基本取代了老式的机械传动，不仅操作方便，而且外形美观大方。

（2）液压传动装置的重量轻、结构紧凑、惯性小。例如，相同功率液压马达的体积为电动机的 $12\%\sim13\%$。液压泵和液压马达单位功率的重量指标，目前是发电机和电动机的 $1/10$，液压泵和液压马达可小至 0.0025 N/W（牛/瓦），发电机和电动机则约为 0.03 N/W。

（3）可在大范围内实现无级调速。借助阀或变量泵、变量马达，液压传动可以实现无级调速，调速范围可达 $1:2000$，并可在液压装置运行的过程中进行调速。

（4）传递运动均匀平稳，负载变化时速度较稳定。液压传动系统工作平稳、换向冲击小，便于频繁换向。正因为此特点，金属切削机床中的磨床传动现在几乎都采用液压传动。

（5）易于实现过载保护。借助于溢流阀等控制调节元件的控制和调节，液压传动易于实现过载保护功能。同时液压元件可进行自润滑，因此使用寿命长。

（6）易于实现自动化。液压传动借助于各种控制阀，特别是采用液压控制和电气控制结合使用，很容易实现复杂的自动工作循环，而且可以实现远程控制或异地控制。

（7）液压元件已实现了标准化、系列化和通用化，便于设计、制造和推广使用。

液压传动也具有一定的缺点：

（1）漏油问题不可忽略。液压传动系统中的漏油等现象明显影响了运动的平稳性和准确性，使得液压传动不能保证严格的传动比。为了减少泄漏，以及为了满足某些性能上的要求，液压元件的配合件制造精度要求较高，加工工艺较复杂。

（2）油温变化影响稳定性。液压传动对油温的变化比较敏感，当温度变化时，液体黏性随之变化，亦引起运动特性的变化，使得传动系统工作的稳定性受到影响，所以它不宜在温度变化很大的环境条件下工作。

（3）液压传动要有单独的能源，不如电源方便。

（4）安装维修较复杂。液压系统管路及各部分组成元件较多、较复杂，当发生故障时不易检查和排除。

总之，液压传动的优点是主要的，随着设计制造和使用水平的不断提高，有些缺点正在逐步被克服。因此，液压传动有着广泛的应用和发展前景。

2. 气压传动的特点

因气压传动所使用介质的特性和组成情况，因此气压传动系统工作时有其独特的优、缺点。

气压传动的优点主要包括以下几个方面：

（1）工作介质是空气，与液压油相比可节约能源，且资源丰富，无污染，工作环境的适应性好，气体不易堵塞流动通道，用后可直接排放到大气中，对环境无污染。

（2）空气的特性受温度影响小。在高温下能可靠地工作，不会发生燃烧或爆炸。而且温度变化对空气的黏度影响极小，故不会影响传动性能。

（3）空气的黏度很小（约为液压油的 1/10 000），流动阻力小，在管道中流动的压力损失较小，所以便于集中供应和远距离输送。

（4）相对液压传动而言，气压传动动作迅速、反应快，一般只需 0.02～0.3 s 就可达到工作压力和速度。液压油在管路中的流动速度一般为 1～5 m/s，而气体的流速最小也大于 10 m/s，有时甚至可达到音速，排气时还可达到超音速。

（5）气体压力具有较强的自保持能力，即使压缩机停机，关闭气阀，但装置中仍然可以维持一个稳定的压力。液压系统要保持压力，一般需要泵继续工作或添加辅助装置（如蓄能器），而气体可通过自身的膨胀性来维持承载缸的压力不变。

（6）气动元件可靠性高、寿命长。电气元件可运行百万次，而气动元件可运行 2000～4000 万次。

（7）工作环境适应性好，使用安全，尤其是在易燃、易爆、多尘埃、强磁、辐射、振动等恶劣环境中，无爆炸和电击危险，有过载保护能力，并不易发生过热现象，比液压、电子、电气传动和控制优越。

（8）气动装置结构简单，成本低，维护方便，过载能自动保护。

气压传动的缺点主要如下：

（1）工作压力低，一般为 0.3～0.8 MPa，仅适用于小功率的场合。在结构尺寸相同的情况下，气压传动装置比液压传动装置输出的力要小得多。气压传动装置的输出力不宜大于 10～40 kN。

（2）由于气体的可压缩性较大，气动装置的动作稳定性较差，外负载的变化对工作速度的影响较大，对工作位置和传动精度也带来很大影响。

（3）气动装置中的信号传动速度比光、电控制速度慢，不宜用于信号传递速度要求较高的复杂线路中；同时实现生产过程的遥控也比较困难，但对一般的机械设备，气动信号的传递速度可以满足工作要求。

（4）噪声大，尤其是在排气时，须加消声器。

（5）工作介质本身不具有润滑性，如不采用无给油气压传动元件，则需另加油雾器进行润滑，而液压系统无此问题。

气压传动的以上特点决定了它只适用于小功率、动作反应快等场合。

3. 液压传动与气压传动的异同点

液压传动系统和气压传动系统存在如下异同点：

（1）液压传动与气压传动是分别以液体或气体作为工作介质进行能量传递和转换的。

（2）液压传动与气压传动是分别以液体或气体的压力能来传递动力和运动的。

（3）液压传动与气压传动中的工作介质是在受控制、受调节的状态下进行工作的。

1.2.4 应用

1. 液压传动的应用

驱动机械运动的机构以及各种传动和操纵装置都有多种形式，根据所用的部件和零件，可分为机械的、电气的、气动的、液压的传动装置。通常还将不同的形式组合起来运用，即选择两种及以上的不同传动装置形成多位一体的控制方式。1930年以后液压传动开始在航空工业采用，应用于金属切削机床也不过五十多年的历史，由于液压传动具有很多优点，因此这种新技术发展得很快，特别是最近二三十年，液压技术在各种工业中的应用越来越广泛。

在机床上，液压传动常应用在以下的一些装置中：

（1）进给运动。传动装置如磨床砂轮架和工作台的进给运动大部分采用液压传动，车床、六角车床、自动车床的刀架或转塔刀架，铣床、刨床、组合机床的工作台等的进给运动也都采用液压传动。这些部件有的要求快速移动，有的要求慢速移动，有的则既要求快速移动，也要求慢速移动。这些运动多半要求有较大的调速范围，要求在工作中无级调速；有的要求持续进给，有的要求间歇进给；有的要求在负载变化下速度恒定，有的要求有良好的换向性能；等等。所有这些要求都可以通过液压传动系统来实现。

（2）往复主运动。传动装置如龙门刨床的工作台、牛头刨床或插床的滑枕，由于要求作高速往复直线运动，并且要求换向冲击小、换向时间短、能耗低，因此可以采用液压传动。

（3）仿形装置。车床、铣床、刨床上的仿形加工可以采用液压伺服系统来完成，其精度可达 0.01～0.02 mm。此外，磨床上的成形砂轮修正装置亦可采用液压系统。

（4）辅助装置。机床上的夹紧装置、齿轮箱变速操纵装置、丝杠螺母间隙消除装置、垂直移动部件平衡装置、分度装置、工件和刀具装卸装置、工件输送装置等，采用液压传动后，有利于简化机床结构，提高机床自动化程度。

（5）静压支承。重型机床、高速机床、高精度机床上的轴承、导轨、丝杠螺母机构等处采用液体静压支承后，可以提高工作平稳性和运动精度。

液压传动在各类机械行业中的应用情况如表 1-1 所示。

表 1 - 1　液压传动在各类机械行业中的应用实例

行业名称	应用场所举例
工程机械	挖掘机、装载机、推土机、压路机、铲运机等
起重运输机械	汽车吊、港口龙门吊、叉车、装卸机械、皮带运输机等
矿山机械	凿岩机、开掘机、开采机、破碎机、提升机、液压支架等
建筑机械	打桩机、液压千斤顶、平地机等
农业机械	联合收割机、拖拉机、农具悬挂系统等
冶金机械	电炉炉顶及电机升降机、轧钢机、压力机等
轻工机械	打包机、注塑机、校直机、橡胶硫化机、造纸机等
汽车工业	自卸式汽车、平板车、高空作业车、汽车中的转向器、减振器等
智能机械	折臂式小汽车装卸器、数字式体育锻炼机、模拟驾驶舱、机器人等

2. 气压传动的应用

气压传动技术是以气体为工作介质传递信号与动力以实现生产机械化与自动化的一门技术。气压传动与其他传动的性能比较情况如表 1 - 2 所示。由于气压传动具有经济、无污染和便于自动化控制等特点，因此在工业自动化领域得到了越来越广泛的应用。

表 1 - 2　气压传动与其他传动的性能比较

类型		操作力	动作快慢	环境要求	构造	负载变化影响	操作距离	无级调速	工作寿命	维护	价格
气压传动		中等	较快	适应性好	简单	较大	中距离	较好	长	一般	便宜
液压传动		最大	较慢	不怕振动	复杂	有一些	短距离	良好	一般	要求高	稍贵
电传动	电气	中等	快	要求高	稍复杂	几乎没有	远距离	良好	较短	要求较高	稍贵
	电子	最小	最快	要求特高	最复杂	没有	远距离	良好	短	要求更高	最贵
机械传动		较大	一般	一般	一般	没有	短距离	较困难	一般	简单	一般

气压传动用于交通工具（如火车）的刹车装置，显示了气压传动简单、快速、安全、可靠的特点；在军事上，气压传动可用于航天飞行器、导弹推进器。随着微电子技术、计算机技术的迅猛发展，气压传动开始广泛用于轻工、食品、化工、包装自动化、工业机器人和自动生产线等工业自动化领域中，与液压传动一样发展成为包括传动、控制与检测在内的自动化技术。

1.3　流体传动的工作介质

1.3.1　性质及分类

1. 液压工作介质的性质及分类

液压工作介质的性质包括密度、可压缩性、膨胀性和黏性等。

1）密度

密度也常称为比重，是指单位体积的液体质量。矿物液压油在 15℃ 时的密度为 900 kg/m³ 左右，在实际使用中可认为它们不受温度和压力的影响。密度（比重）越大，泵吸入性越差。

2）可压缩性和膨胀性

液体受压力的作用而使体积发生变化的性质称为液体的可压缩性。液体受温度影响而使体积发生变化的性质称为液体的可膨胀性。

液体可压缩性的大小可用压缩系数来衡量。体积为 V_0 的液体，当压力变化量为 Δp 时，体积的绝对变化量为 ΔV，液体在单位压力变化下的体积相对变化量为液体的体积压缩系数 κ。

$$\kappa = -\frac{\Delta V/V_0}{\Delta p} \tag{1-1}$$

κ 的倒数为液体的体积弹性模量 K，表示液体产生单位体积相对变化量时所需要的压力增量，可用它来表示液体抵抗压缩能力的大小，即

$$K = \frac{1}{\kappa} \tag{1-2}$$

一般矿物油型液压油的体积弹性模量为 $K = (1.4 \sim 2) \times 10^3$ MPa。它的可压缩性是钢的 100～150 倍。但在实际应用中，由于液体内不可避免地会混入空气等原因，使其抗压缩能力显著降低，这会影响液压系统的工作性能，因此，在有较高要求或压力变化较大的液压系统中，应尽量减少油液中混入气体和其他易挥发性物质（如煤油、汽油等）的含量。但由于在实际生产中油液中的气体难以完全排除，所以在工程计算中常取液压油的体积弹性模量 $K = 0.7 \times 10^3$ MPa。

液压油的体积弹性模量与温度、压力有关。温度增大时，K 值减小，在液压油正常的工作温度范围内，K 值会有 5%～25% 的变化。压力增大时，K 值增大，反之则减小，但这种变化不呈线性关系。当压力大于 3 MPa 时，K 值基本上不再增大。

3）黏性及其表达方法

液体在外力作用下流动或有流动趋势时，液体内分子间的内聚力会阻止液体分子的相对运动，由此产生一种内摩擦力，这种现象称为液体的黏性。

在液体流动时，由于液体的黏性以及液体和固体壁面间的附着力，会使液体内部各液层间的流动速度大小不等。如图 1-8 所示，设两平板间充满液体，下平板不动，上平板以速度 v_0 向右平移。由于液体的黏性作用，紧贴下平板液体层的速度为零，紧贴上平板液体层的速度为 v_0，而中间各液层的速度则视它距下平板距离的大小按线性规律或曲线规律变化。实验证明，液体流动时各液层间的内摩擦力 F_f 与液层接触面积 A 和液层间的速度梯度 dv/dy 成正比，即

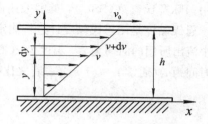

图 1-8 液体黏性示意图

$$F_f = \mu A \frac{dv}{dy} \tag{1-3}$$

式中：μ——比例常数，称为黏性系数或动力黏度。

如以 τ 表示液体的内摩擦切应力，即液层间单位面积上的内摩擦力，则有

$$\tau = \frac{F_f}{A} = \mu \frac{\mathrm{d}v}{\mathrm{d}y} \tag{1-4}$$

这就是牛顿液体内摩擦定律。牛顿液体的动力黏度只与液体种类有关，而与速度无关，否则为非牛顿液体。石油基液压油一般为牛顿液体。

液体黏性的大小用黏度表示。常用的液体黏度表示方法有三种，即动力黏度、运动黏度和相对黏度。

（1）动力黏度（又称为绝对黏度）。动力黏度以 μ 表示，由式（1-3）可得

$$\mu = \frac{F_f}{A \dfrac{\mathrm{d}v}{\mathrm{d}y}} \tag{1-5}$$

由式（1-5）可知动力黏度的物理意义是：液体在单位速度梯度下流动或有流动趋势时，相邻的液体流层间以单位速度梯度流动时产生的内摩擦力。动力黏度 μ 的国际计量单位是牛顿·秒每平方米（N·s/m²）或称帕·秒（Pa·s，1 Pa·s=1 N·s/m²）。

（2）运动黏度 ν。液体的动力黏度 μ 与密度 ρ 的比值称为液体的运动黏度，即

$$\nu = \frac{\mu}{\rho} \tag{1-6}$$

液体的运动黏度没有明确的物理意义，但它在工程实际中经常用到。因为它的单位只有长度和时间的量纲，类似于运动学的量，所以称为运动黏度。它的国际计量单位为平方米每秒（m²/s），常用的是平方毫米每秒（mm²/s）。我国的液压油牌号是用液压油在温度为40℃时的运动黏度平均值来表示的。例如，10 号液压油就是指这种油在40℃时的运动黏度平均值为 10 mm²/s。

（3）相对黏度。液体的动力黏度和运动黏度是理论分析和计算时经常使用的黏度，但都难以直接测量。因此在工程上常采用特定的黏度计在规定的条件下测量出来的黏度，即相对黏度，又称为条件黏度。用相对黏度计测量出相对黏度后，再根据相应的关系式计算出运动黏度和动力黏度，以便于在不同情况要求下使用。

相对黏度是以被测液体的黏度相对于同温度下水的黏度的比值来表示的黏度。相对黏度的测量方法有多种，并且名称各不相同，我国和德国、俄罗斯采用恩氏黏度（$°E_t$），美国采用国际赛氏黏度（SSU），英国采用商用雷氏黏度（″R）。

恩氏黏度是用恩氏黏度计进行测定的。温度为 t℃的 200 cm³ 被测液体由恩氏黏度计的小孔中流出所用的时间为 t_1，温度为 20℃的 200 cm³ 的蒸馏水由恩氏黏度计的小孔中流出所用的时间为 t_2（通常 $t_2 = 51$ s），二者之比称为该被测液体在 t℃下的恩氏黏度，记为 $°E_t$，即

$$°E_t = \frac{t_1}{t_2} = \frac{t_1}{51} \tag{1-7}$$

恩氏黏度与运动黏度（mm²/s）的换算关系为

$$\nu = 7.31 °E_t - \frac{6.31}{°E_t} \tag{1-8}$$

在很多书籍里也出现了一些有关恩氏黏度与运动黏度（mm²/s）的其他换算公式，如在由张宏友主编、大连理工大学出版社出版的《液压与气动技术》一书中，提出当 $1.3 \leqslant °E_t \leqslant 3.2$ 时和当 $°E_t > 3.2$ 时的换算公式分别为

$$\nu = 8 °E_t - \frac{8.64}{°E_t} \qquad (1-9)$$

$$\nu = 7.6 °E_t - \frac{4}{°E_t} \qquad (1-10)$$

液体的黏度对温度的变化十分敏感,黏度随温度的升高而下降,当温度升高时,液体分子间的内聚力减小,黏度降低,这一特性称为液体的黏温特性。不同种类的液压油有不同的黏温特性。

液压传动及液压控制系统所采用的工作介质种类繁多,国际标准化组织于 2002 年按液压油的组成和主特性编制和发布了 ISO 6743/4:2002《润滑剂、工业润滑油和有关产品(L 类)的分类—第 4 部分:H 组(液压系统)》。我国于 2003 年等效采用上述标准,并制定了国家标准 GB/T 7631.2—2003,因此我国液压油品种符号与世界上多数国家的表示方法相同。其命名代号为:类别-品种-牌号,如 L-HM-32。液压油主要分为矿物油型、乳化型和合成型三大类。液压油的主要分类及其特性和用途如表 1-3 所示。

表 1-3　液压油的主要分类及其特性和用途

类型	名　称	ISO 代号	特性和用途
矿物油型	通用液压油	L-HL	精制矿物油加添加剂,提高抗氧化和防锈性能,适用于室内一般设备的中低压系统
	抗磨液压油	L-HM	L-HL 油加添加剂,改善抗磨性能,适用于工程机械、车辆液压系统
	低温液压油	L-HV	可用于环境温度为 $-40 \sim -20 ℃$ 的液压系统
	高黏度指数液压油	L-HR	L-HL 油加添加剂,改善黏温特性,适用于对黏温特性有特殊要求的低压系统,如数控机床液压系统
	液压导轨油	L-HG	L-HM 油加添加剂,改善黏温特性,适用于机床中液压和导轨润滑合用的系统
	全损耗系统用油	L-HH	浅度精制矿物油,抗氧化性、抗泡沫性较差,主要用于机械润滑,可作液压代用油,用于要求不高的低压系统
	汽轮机油	L-TSA	深度精制矿物油加添加剂,改善抗氧化性、抗泡沫性能,为汽轮机专用油,可作液压代用油,用于一般液压系统
乳化型	水包油乳化液	L-HFA	难燃、黏温特性好,有一定的防锈能力,润滑性差,易泄漏,适用于有抗燃要求的中压系统
	油包水乳化液	L-HFB	既具有矿物油型液压油的抗磨、防锈性能,又有抗燃性,适用于有抗燃要求的中压系统
合成型	水-乙二醇液	L-HFC	难燃,黏温特性和抗蚀性好,能在 $-30 \sim 60 ℃$ 的温度下使用,适用于有抗燃要求的中低压系统
	磷酸酯液	L-HFDR	难燃,润滑抗磨性能和抗氧化性能良好,能在 $-54 \sim 135 ℃$ 的温度范围内使用,有毒,适用于有抗燃要求的高压精密系统

2. 气压工作介质的性质及分类

气压的工作介质主要是空气，本节所提到的空气性质是仅与气压传动技术相关的性质。

自然界的空气是由若干气体混合而成的，主要成分是氮和氧。此外，空气中常含有一定量的水蒸气。含有水蒸气的空气称为湿空气；不含有水蒸气的空气称为干空气。要了解和正确设计气压传动系统，首先必须了解空气的性质。

1）密度

单位体积的空气质量称为空气的密度。在热力学温度为 273.16 K（开尔文）、绝对压力为 $1.013×10^5$ Pa 时空气的密度为 1.293 kg/m³。空气密度随温度和压力的变化而变化，它与温度和压力的关系如下：

$$\rho = \rho_0 \frac{273.16}{273.16+t} \frac{p}{p_0} \qquad (1-11)$$

式中：ρ_0——在热力学温度 273.16 K、绝对压力 $p_0=1.013×10^5$ Pa 时的密度；

　　　t——摄氏温度（℃）；

　　　p——绝对压力（MPa 或 Pa）。

2）可压缩性和膨胀性

气体受压力的作用而使体积发生变化的性质称为气体的可压缩性。气体受温度的影响而使体积发生变化的性质称为气体的膨胀性。

气体的可压缩性和膨胀性比液体明显要大，由此形成液压传动与气压传动的许多不同特点。在温度不变的情况下，当压力为 0.2 MPa 时，压力每变化 0.1 MPa，液压油的体积变化为 1/20 000，而在同样情况下，气体的体积变化为 1/2，即空气的可压缩性是液压油的 10 000 倍。水在压力不变的情况下，温度每变化 1℃时，体积变化为 1/20 000，而在同样条件下空气体积却改变 1/273，即空气的膨胀性是水的 73（(1/273)/(1/20 000)≈73）倍。

由于气体的可压缩性和膨胀性大，形成了气压传动的软特性，即气缸活塞的运动速度受负载变化影响很大，很难获得较稳定的速度和较精确的位移，这是气压传动的缺点；同时又可利用该特性适应某些生产的要求，例如在受负载变化影响而速度变化要求反应灵敏、便于控制的场合。

3）黏性

气体的黏性是由于气体分子间的相互吸引力使分子在相对运动时产生的内摩擦力。气体分子间具有内聚力，但由于分子间距离大、内聚力小，因此与液体相比，气体的黏度要小很多。

空气的黏性只与温度有关，与压力基本无关，压力对黏度的影响小到可以忽略不计。与液体不同的是，气体的黏度随温度的升高而增加，而液体的黏度随温度的升高而减小。

4）湿度

空气中含有水分的多少对系统的稳定性有直接的影响，因此各种气动元器件对含水量有明确的规定，并常采取一些措施防止水分带入。

湿度计与湿度测量仪如图 1-9 所示。

图 1-9 湿度计与湿度测量仪

空气的干湿程度叫作"湿度"。湿度是表示空气干燥程度的物理量。在一定的温度下一定体积的空气里含有的水蒸气越少,则空气越干燥;水蒸气越多,则空气越潮湿。湿度常用绝对湿度、相对湿度、含湿量以及露点等物理量来表示。

$$湿度 \begin{cases} 绝对湿度 & 以\ \chi\ 表示(单位为\ mg/L\ 或\ g/m^3) \\ 相对湿度 & 以\ \varphi\ 表示(单位为\%) \\ 含湿量 & 以\ d\ 表示(单位为\%) \\ 露点 & 单位为℃ \end{cases}$$

绝对湿度是指每立方米湿空气中含有的水蒸气质量;在一定湿度下,湿空气达到饱和状态时的绝对湿度称为饱和绝对湿度。绝对湿度只能说明湿空气中实际所含水蒸气的多少,而不能说明湿空气吸收水蒸气能力的大小,因此引入相对湿度的概念。

绝对湿度用 χ 表示,即

$$\chi = \frac{m_v}{V} \tag{1-12}$$

式中:m_v——水蒸气的质量(g 或 mg);

  V——湿空气的体积(m^3 或 L)。

相对湿度是指在相同湿度和压力下,绝对湿度与饱和绝对湿度之比。相对湿度用 φ 表示,即

$$\varphi = \frac{\chi}{\chi_s} \times 100\% = \frac{p_v}{p_s} \times 100\% \tag{1-13}$$

式中:χ_s——饱和绝对湿度(g/m^3 或 mg/L);

  p_v——水蒸气分压力(MPa 或 Pa);

  p_s——饱和湿空气水蒸气分压力(MPa 或 Pa)。

相对湿度表示湿空气中水蒸气含量接近饱和的程度,故也称为饱和度。它同时也说明了湿空气吸收水蒸气能力的大小。值越小,湿空气吸收水蒸气的能力越强,反之则越弱。通常当 $\varphi = 60\% \sim 70\%$ 时,人体感到舒适。在气压传动技术中规定各种阀内空气相对湿度不能大于 90%。

含湿量是指每千克质量的干空气中所混合的水蒸气的质量。含湿量用 d 来表示,即

$$d = \frac{m_v}{m_{da}} \tag{1-14}$$

式中:m_{da}——干空气的质量(kg)。

露点是指未饱和湿空气为保持水蒸气压力不变而降低温度,达到饱和状态时的温度。湿空气的饱和绝对湿度与湿空气的温度和压力有关,饱和绝对湿度随温度的升高而增加,

随着压力的升高而降低。当温度降低至露点温度以下时，湿空气中便有水滴析出。采用降温法去除湿空气中的水分利用的就是此原理。

1.3.2　工作要求及选择

正确合理地选择工作介质，对保证流体传动系统正常工作、延长传动系统和元件的使用寿命以及提高系统的工作可靠性等都有重要的影响。

下面以液压系统工作介质的选择为重点来进行阐述。

1. 液压油的选用原则

在选用液压油时，首先应根据液压传动系统的工作环境和工作条件来选择合适的液压油类型，然后再选择液压油液的黏度。

一般地，对液压系统工作介质有如下要求：

(1) 适当的黏度和良好的黏温特性；

(2) 有良好的化学稳定性，即具有氧化安定性、热安定性及不易氧化、变质的特性；

(3) 良好的润滑性，以减少相对运动间的磨损；

(4) 良好的抗泡沫性，即油液起泡少、消泡快；

(5) 体积膨胀系数低，闪点及燃点高；

(6) 成分纯净，不含腐蚀性物质，具有足够的清洁度；

(7) 对人体无害，对环境污染小，价格便宜。

2. 液压油品种的选择

液压油品种的选择依据是液压系统的工况条件，主要是工作温度、压力和油泵类型。工作温度主要是对液压油的黏温特性和热稳定性提出的要求，如表 1-3 所示。工作压力是针对液压油的润滑性(抗磨性)提出的要求。对于高压系统的液压元件特别是液压泵中处于边界润滑状态的磨擦副，由于压力大、速度高、润滑条件苛刻，因此要采用抗磨性好的液压油。液压泵的类型较多，同类泵又因功率、转速、压力、流量、材质等因素的影响而使液压油的选用较为复杂。一般低压系统可选用 HL 油，中、高压系统选用 HM 油。

3. 液压油黏度等级的选择

液压油的黏度对液压系统工作的稳定性、可靠性、效率、温升和磨损影响显著，是影响液压系统性能的最大因素。黏度高，管路的压力损失大，发热也大，则系统效率下降；黏度低，系统泄漏严重，则容积效率下降。因此，应该选用合适黏度的液压油，以保证液压系统正常、高效、长时间运转。

综上所述，在选择液压油液类型时，首先选择的是专用液压油，最主要是考虑液压传动系统的工作环境和工作条件。在选择液压油液的黏度等级时，应该选择使系统能正常、高效和可靠工作的油液黏度等级。在液压传动系统中，液压泵的工作条件最为严峻(压力大、转速高和温度高；油液被泵吸入和压出时受剪切力)，所以一般根据液压泵的要求来确定液压油液的黏度等级。各种液压泵的性能参数及各种油液的主要质量指标可看相关手册，本书不再详述。

1.3.3　污染及控制

一般来说，液压油液的污染是液压传动系统产生故障的主要原因，严重地影响了液压传动系统工作的可靠性和液压元件的寿命。有关研究统计表明，液压传动系统产生故障的原因中约 $75\% \sim 80\%$ 是由于油液污染引起的。因此，液压油液的正确使用、管理以及污染控制是提高液压传动系统可靠性及延长液压元件使用寿命的重要手段。对于气压传动系统来说，只要能满足对压缩空气的要求和进行必要的净化，通常都能使气压系统正常工作。

1. 污染的原因

油液被污染的原因很多，但大体上分为系统内部的污染和油液本身的污染两大方面。

系统内部的污染有残留物的污染、侵入物（或称为混入物）的污染、生成物（元件磨损物等）污染等几个方面。

（1）残留物的污染主要是指液压元件以及管道、油箱在制造、储存、运输、安装和维修过程中带入的砂粒、铁屑、磨料、焊渣、锈片、棉纱和灰尘等，虽然经过清洗，但未清洗干净而残留下来的残留物所造成的液压油液污染。

（2）侵入物的污染是指周围环境中的污染物（如空气、尘埃和水滴等）通过一切可能的侵入点（如外露的活塞杆、油箱的通气孔和注油孔等）侵入系统所造成的液压油污染。

（3）生成物的污染主要指液压传动系统工作过程中所产生的金属微粒、密封材料磨损颗粒、涂料剥离片、水分、气泡以及油液变质后的胶状物等所造成的液压油液污染。

油液本身的污染主要是指油在生产、储存、运输等过程中受到的污染，也就是说新油不一定干净。

工作介质的污染用污染度等级来表示，它是指单位体积工作介质中固体颗粒污染物的含量，即工作介质中所含有固体颗粒的浓度。为了定量地描述和评定工作介质的污染程度，可用国际标准化组织的 ISO 4406 和我国制定的 GB/T 14039—2002 来进行污染程度评判，详细标准及相应的污染等级请参阅相关手册。

2. 污染的危害

工作介质的污染会给整个传动系统带来很大的危害。液压油液被污染后对液压传动系统所造成的主要危害有：固体颗粒和胶状生成物堵塞过滤器，使液压泵吸油不畅、运转困难，产生噪声；堵塞阀类零件的小孔或缝隙，使阀类零件动作失灵；微小固体颗粒会加速有相对滑动零件表面的磨损，使液压元件不能正常工作；固体颗粒会划伤密封件，使泄漏量增加；水分和空气的混入会降低液压油液的润滑性，并加速其氧化变质；产生气蚀，使液压元件加速损坏和使液压传动系统出现振动、爬行等现象。

3. 污染的控制措施

由于液压油液被污染的原因比较复杂，要彻底防止污染很困难，因此，一般常采用如下措施来控制工作介质的污染：

（1）减少外来的污染。严格清洗元件和系统，即液压元件、油箱和各种管件在组装前应严格清洗，组装后对系统进行全面彻底冲洗，并将清洗后的介质换掉；在注入介质时必须经过过滤器；油箱通大气处要加空气滤清器；采用密闭油箱，防止尘土、磨料和冷却液侵入；维修拆卸元件应在无尘区进行。

（2）滤除系统产生的杂质。研究表明，采用高性能的过滤器可有效控制 $1 \sim 5~\mu m$ 的污染颗粒，使液压泵、液压马达、各种阀及液压油的使用寿命有效延长，液压系统故障明显减少。

（3）控制液压油液的工作温度。采用一定措施控制系统的工作温度，可防止高温造成介质氧化变质，产生各种生成物。一般液压系统的温度应控制在 65℃以下，机床的液压系统温度应更低。

（4）定期检查更换工作介质。每隔一定时间对液压系统中的工作介质进行检查，分析其污染情况，如超过系统允许的污染程度，应及时更换。在更换新工作介质前必须对整个系统进行彻底清洗。

【工程应用】

汽车起动机液压系统可在实现大传动比运动的同时保证灵活的变幅旋转和平移伸缩。来自汽车起动机的动力经油泵转换到工作机构，其间可以获得很大的传动比，省去了机械传动所需的复杂而笨重的传动装置，不但结构变得紧凑，而且整机重量大大减轻，增加了整机的起重性能。同时还很方便地把旋转运动变为平移运动，易于实现起重机的变幅和自动伸缩。各机构间使用管路连接，能够得到紧凑的结构和合理的速度，改善了发动机的技术特性。而且，便于实现自动操作，改善了司机的劳动强度和条件。由于元件操纵可以微动，所以作业比较平稳，从而改善了起重机的安装精度，提高了作业质量。

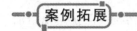

中国的汽车起重机

中国的汽车起重机诞生于 20 世纪的 60 年代，经过了近 70 年的发展，经过了 3 次主要的技术引进与再创新。中国的汽车起重机产业始终走在自主创新的道路上，尤其是近几年取得了长足的发展，与国外相比，差距正在逐渐缩小。我国的中小吨位汽车起重机的性能已经能够满足现实生产的要求。其中值得一提是：2021 年在全球最大的起重机 5G 智能园区内（中国的汽车起重机诞生地）实现的震撼"五联吊"（见图 1-10），实现了大国重器登顶全球（引自 2021 年 https://www.xcmg.com/news/news-detail-637664.htm）。

图 1-10　实现大国重器登顶全球的起重机"五联吊"

"五联吊"技术难点中的工程精神

或许有人认为，空中三台起重机保持水平是一吊的功劳，其实为了确保安全，吊索具设计、变幅液压油缸和支腿垂直的密封性等都很关键；五联吊全部靠柔性联接，才能整整齐齐出现在用户面前。

千钧之力，环环拿捏，尽显国之重器的稳重与灵动之美，所有的操作和每个受力点都需要精密的平衡计算和超高的可靠性，否则都有可能出现"千里之堤，溃于蚁穴"的情况。

【思考题和习题】

1-1 液体传动有哪两种形式？它们的主要区别是什么？

1-2 流体传动系统由哪几部分组成？各部分的作用是什么？

1-3 为什么气体的可压缩性大？

1-4 液压与气压传动的主要优、缺点各有哪些？

1-5 液压传动系统与气压传动系统相比，有哪些不同点？

1-6 流体传动系统的工作原理是什么？

1-7 流体传动系统的组成有哪些？

1-8 试举出几种流体传动技术应用的实例。

1-9 液压油液的黏度有几种表示方法？它们的符号表示和单位各是什么？

1-10 液压油的选用需要考虑哪几个方面？

1-11 什么是空气的湿度？对气压传动系统来说，多大的相对湿度合适？

1-12 国家新标准规定的液压油液牌号是在多少温度下的哪种黏度的平均值？

1-13 流体传动系统的工作介质污染对工作系统会产生哪些不良影响？

1-14 流体传动系统的工作介质污染应如何控制？

1-15 某液压油的运动黏度为 68 mm²/s，密度为 900 kg/m³，求其动力黏度和恩氏黏度。

1-16 20℃时 200 mL 蒸馏水从恩氏黏度计中流尽的时间为 51 s，如果 200 mL 的某液压油在 40℃时从恩氏黏度计中流尽的时间为 232 s，已知该液压油的密度为 900 kg/m³，求该液压油在 40℃时的恩氏黏度、运动黏度和动力黏度。

1-17 液压传动的工作介质污染原因主要来自哪几个方面？应该怎样控制工作介质的污染？

1-18 如图 1-11 所示的液压千斤顶，小柱塞直径 $d=10$ mm，行程 $S_1=25$ mm，大柱塞直径 $D=50$ mm，重物产生的力 $F_2=50\ 000$ N，手压杠杆比 $L:l=500:25$。

(1) 试求此时密封容积中的液体压力 p。

(2) 试问：杠杆端施加力 F_1 为多少时，才能举起重物？

(3) 试问：在不计泄漏的情况下，杠杆上下动作一次，重物的上升高度是多少？

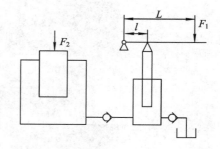

图 1-11 题 1-18 图

第2章　流体力学基础

　　本章内容以液体的流体力学为主，以案例介绍流体静力学的基本特性、流体流动时的运动特性、流经管路的压力损失及流经孔口和缝隙的流量等流体传动的基本知识；再以汽车起重机液压系统中的流体流动为例，完成案例简介和案例分析；最后进行知识延伸，形成液体和气体两类介质的流体力学系统知识。通过本章的学习，要求重点掌握流体动力学的基本方程(连续性方程、伯努利方程)、流态分析和流经管路的压力损失。

案例二　汽车起重机液压系统中的流体力学

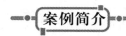

　　在流体传动与控制系统工作时，由原动机(动力元件)到执行元件实现运动与动力的输出之间，流体需要按照设计要求的方向、流量和压力等进行流动。流体流动过程中会受到流经的各类元件(如调节控制的各类阀、管道和管接头等)的影响。流体流动时途经管径大小变化、运动方向的改变、不同流体介质黏度等属性的差异都将影响流体的流态、流体内摩擦力、流体与管壁间摩擦力的作用效果，进而影响系统的工作效率，产生噪声、油液污染等。

　　图2-1所示为汽车起重机的液压系统实物组成情况图，从图中可以看出整个液压系统回路的复杂性和流体流动过程的多变性。

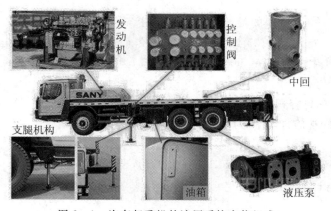

图 2-1　汽车起重机的液压系统实物组成

案例分析

　　流体工作介质的性质、工作环境和管路的形状、尺寸等都将对流态有直接的影响，引起流体传动时压力损失等有关的参数变化。在工程机械复杂的液压系统中，管路布置位置和方向也比较复杂，因此分析流体传动与控制系统的工作介质静力学与动力学特性就显得尤其重要，将直接影响系统的正常工作与工作效率。

　　在现代的流体力学的理论分析与实践应用中，在设计前期主要使用数学建模进行流场的动态特性仿真分析（见图 2-2 和图 2-3），以简洁快速的数字化手段完成流体传动理论的合理性论证与仿真的可靠性实验，然后再进入样品试验与投入生产过程。

图 2-2　变管径管道流体流函数云图　　　　图 2-3　变管径管道流体速度等值线云图

【理论知识】

2.1　流体静力学

　　液体静力学主要研究液体处于静止状态或相对静止状态下的力学规律和这些规律的实际应用。这里所提到的静止，是指液体内部各质点之间没有相对运动，是一种相对的静止，至于液体整体，完全可以像刚体一样作各种运动而处于运动状态。

2.1.1　液体压力及其特性

　　作用在液体上的力有两种，即质量力和表面力。单位质量液体受到的质量力称为单位质量力，在数值上等于加速度。表面力是指由与流体相接触的其他物体（如容器或其他液体）作用在液体上的作用力，是液体的外力；也可以是一部分液体作用在另一部分液体上的力，这是液体的内力。单位面积上作用的表面力称为应力，应力分为法向应力和切向应力两种。当液体静止时，液体质点间没有相对运动，不存在摩擦力，所以静止液体的表面力只有法向力。静止液体在单位面积上所受的法向力称为静压力。静压力在液压传动中简称为压力，在物理学中则称其为压强。

　　液体静压力有以下两个重要特性：

　　（1）液体静压力垂直于承压面，其方向和该面的内法线方向一致。这是由于液体质点间的内聚力很小，不能受拉只能受压的缘故。

　　（2）静止液体内任一点所受到的压力在各个方向上都相等。如果某点受到的压力在某个方向上不相等，那么液体就会流动，就违背了液体静止的条件。

2.1.2　液体静压力基本方程

　　在重力作用下的静止液体的受力情况如图 2-4(a) 所示，除了液体的重力、液面上的

压力 p_0 外，还有容器壁面对液体的压力。要求得液体内液面深度为 h 的 A 点处压力，可在液体内取出一个通过该点的底面，底面积为 ΔA 的垂直液柱，如图 2-4(b)所示。小液柱的上顶与液面重合，这个小液柱在重力及周围液体的压力作用下，处于平衡状态，于是有

$$p\Delta A = p_0\Delta A + \rho g h \Delta A \tag{2-1}$$

式中：$\rho g h \Delta A$——小液柱的重力；

ρ——液体的密度；

g——重力加速度。

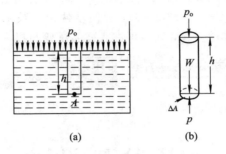

图 2-4　重力作用下的静止液体

式(2-1)化简后，得液体静压力的基本方程为

$$p = p_0 + \rho g h \tag{2-2}$$

液体静压力基本方程(2-2)说明：

(1) 静止液体中任何一点的静压力为作用在液面的压力 p_0 和液体重力所产生的压力 $\rho g h$ 之和。如果 p_0 的大小为大气压力 p_a，则有

$$p = p_a + \rho g h \tag{2-3}$$

(2) 液体中的静压力随着深度 h 而线性增加。

(3) 在连通器里，静止液体中只要深度 h 相同，其压力都相等。由压力相等的点组成的面称为等压面。在重力作用下静止液体中的等压面是一个水平面。

例 2.1　如图 2-5 所示，容器内盛油液。已知油的密度 $\rho = 900\ \text{kg/m}^3$，活塞上的作用力 $F = 1000\ \text{N}$，活塞的面积 $A = 1\times10^{-3}\ \text{m}^2$，假设活塞的重量忽略不计。问活塞下方深度为 $h = 0.5\ \text{m}$ 处的压力等于多少？

解　活塞与液体接触面上的压力均匀分布，有

$$p_0 = \frac{F}{A} = \frac{1000\ \text{N}}{1\times10^{-3}\ \text{m}^2} = 10^6\ \text{N/m}^2$$

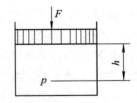

图 2-5　例 2.1 图

根据静压力的基本方程式(2-2)，深度为 h 处的液体压力：

$$p = p_0 + \rho g h = 10^6 + 900\times9.8\times0.5 = 1.0044\times10^6\ \text{N/m}^2 \approx 10^6\ \text{Pa}$$

从本例可以看出：液体在受外界压力作用的情况下，液体自重所形成的压力 $\rho g h$ 相对很小，在液压系统中常可忽略不计，因而可近似认为整个液体内部的压力是相等的。由此，式(2-2)可写成

$$p = p_0 = 常数 \tag{2-4}$$

这就是说，在密闭容器中，施加在液体边界上的压力等值地传递到液体内各点，这就是帕斯卡原理。如图 2-6 所示，由帕斯卡原理可知：$W/A_2 = F/A_1$，力由 F 放大到 W 时，

其大小为 F 的 A_2/A_1 倍。因此，根据这一原理，可以得出液体不仅能传递力，而且还能放大或缩小。在分析液压系统的压力时，一般都采用该结论。图 2-6 建立了一个很重要的概念，即在液压传动中工作的压力取决于负载，而与流入的流体多少无关。

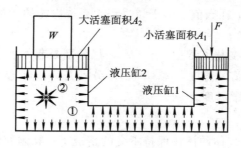

图 2-6　帕斯卡原理

2.1.3　压力的表示方法

压力的表示方法有两种：一种是以绝对真空作为基准所表示的压力，叫作绝对压力（Absolute Pressure）；另一种是以大气压 p_a（Atomosphere Pressure）作为基准所表示的压力，叫作相对压力（Gauge Pressure）。由于大多数测压仪表所测得的压力都是相对压力，所以相对压力也称为表压力。

绝对压力与相对压力的关系为

绝对压力 ＝ 相对压力 ＋ 大气压

如果液体中某点处的压力小于大气压，这时该点处的绝对压力比大气压力小的部分数值叫作真空度，即

真空度 ＝ 大气压 － 绝对压力

绝对压力、相对压力与真空度之间的关系如图 2-7 所示。

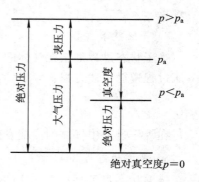

图 2-7　绝压力、相对压力与真空度的关系

2.1.4　气体静力学

1. 理想气体状态方程

没有黏性的假想气体称为理想气体，其状态方程如下：

$$\frac{pV}{T} = 常数 \tag{2-5}$$

$$\frac{p}{\rho} = gRT \tag{2-6}$$

式中：p——气体绝对压力（MPa 或 Pa）；

　　　V——气体体积（m^3）；

　　　T——气体热力学温度（K）；

　　　ρ——气体密度（kg/m^3）；

　　　g——重力加速度（m/s^2）；

　　　R——气体常数。

2. 热力学第一定律

热力学第一定律是能量守恒定律在热力学中的表现形式。在气体的状态发生变化时，热能作为一种能量形式可以与其他形式的能量相互转化。热力学第一定律指出：在任一过程中，系统所吸收的热量，在数值上等于该过程中系统内能的增量与对外界做功的总和。

3. 静止气体状态变化

在下述静止气体状态变化方程中，p_1、V_1、T_1 分别是起始状态下的气体绝对压力、气体单位质量体积、气体热力学温度，p_2、V_2、T_2 分别是终止状态下的气体绝对压力、气体单位质量体积、气体热力学温度。

1）等容状态过程

等容状态过程是指在气体的体积保持不变的情况下，气体的状态变化过程。理想气体等容过程遵循下述方程：

$$\frac{p}{T} = \frac{p_1}{T_1} = \frac{p_2}{T_2} = 常数 \tag{2-7}$$

在等容过程中，气体对外不做功。因此，随温度升高，气体压力和热力学能（即内能）均增加。例如密闭气罐中的气体，在加热或冷却时，气体的状态变化过程就可以看成是等容过程。

2）等压状态过程

等压状态过程是指在气体的压力保持不变的情况下，气体的状态变化过程。理想气体等压过程遵循下述方程：

$$\frac{V}{T} = \frac{V_1}{T_1} = \frac{V_2}{T_2} = 常数 \tag{2-8}$$

在等压过程中气体的内能发生变化，气体温度升高，体积膨胀，对外做功。

3）等温状态过程

等温状态过程是指在气体的温度保持不变的情况下，气体的状态变化过程。理想气体等温过程遵循下述方程：

$$pV = p_1V_1 = p_2V_2 = 常数 \tag{2-9}$$

在等温过程中，气体的内能不发生变化，加入气体的热量全部变作膨胀功。例如，气缸中气体状态变化过程可视为等温过程。

4）绝热状态过程

绝热状态过程是指气体在状态变化时，不与外界发生热交换。理想气体绝热过程遵循下述方程：

$$pV^k = p_1V_1^k = p_2V_2^k = 常数 \tag{2-10}$$

式中：k——绝热指数。对于空气，$k=1.4$；对于饱和蒸气，$k=1.3$。

在绝热过程中，气体靠消耗自身的内能对外做功，其压力、温度和体积这三个参数均为变量。例如，空气压缩机气缸活塞压缩速度极快，气缸内被压缩的气体来不及与外界进行热量交换，因此可以看作是绝热过程。

5）多变状态过程

多变状态过程是指在没有任何制约条件下，一定质量气体所进行的状态变化过程。严格地讲，气体状态变化过程大多属于多变过程，等容、等压、等温和绝热这四种变化过程都是多变过程的特例。理想气体多变状态过程遵循下述方程：

$$pV^n = p_1 V_1^n = p_2 V_2^n = 常数 \qquad\qquad (2-11)$$

式中：n——多变指数。对于空气，$1 < n < 1.4$。

2.2　流体动力学

在液体传动系统中液压油总是在不断地流动着，因此必须研究液体运动时的现象与规律，重点讨论作用在液体上的力以及力和液体运动特性之间的关系。

本节主要讲解三个基本方程——连续性方程、伯努利方程和动量方程，这三个方程是刚体力学中质量守恒、能量守恒以及动量守恒在流体力学中的具体体现，前两个解决了压力、流速和流量之间的关系，后一个则解决了流动流体与固体壁面之间的相互作用力问题。

液体在流动过程中由于重力、惯性力、黏性摩擦力等的影响，其内部各处质点的运动状态各不相同，这些质点在不同时间、空间的运动变化对液体的能量损耗有影响，但对液压技术来说，人们更关注的是整个液体的平均运动情况，即考虑整体和较宏观的运动情况。

此外，流动液体的状态还与液体的温度、黏度等参数有关。但是为了简化条件，便于分析，一般都在等温的条件下（即可把黏度看作是常量，密度只与压力有关，且近似为常数）来讨论液体的流动情况。

2.2.1　液体流动的基本概念

1. 理想液体、定常流动和一维流动

由于液体具有黏性，并且黏性只有在液体流动时才表现出来，因此研究流动液体时必须考虑黏性的影响。液体中的黏性问题非常复杂，因此为了便于分析和计算，可先假设液体没有黏性，然后再考虑黏性的影响，并通过实验等方法对结果进行修正。为此提出以下两个概念：（1）把既没有黏性又不可压缩的液体称为理想液体；（2）把事实上既有黏性又可压缩的液体称为实际液体。

当液体流动时，如果液体中任一空间点处的压力、速度和密度等都不随时间变化，则称这种流动为定常流动（或稳定流动、恒定流动），如图2-8所示；反之，则称为非定常流动（或非稳定流动、非恒定流动）。定常流动与时间无关，所以研究方便，而对非定常流动的研究就复杂得多。因此，在研究液压系统的静态性能时，往往将一些非定常流动问题适当简化，作为定常流动来处理。但在研究其动态性能时，则必须按非恒定流动来考虑。

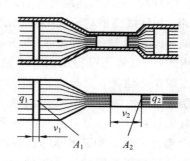

图 2-8　流量、流速和截面面积的关系

当液体整体作线形流动时，称为一维流动，当作平面或空间流动时称为二维或三维流

动。一维流动最简单，但是严格意义上的一维流动要求液流截面上各点处的速度矢量完全相同，这种情况在实际液流中极为少见。一般常把封装容器内液体的流动按一维流动处理，再用实验数据来修正其结果，液压传动中对油液流动的分析讨论基本是按此方法进行的。

2. 通流截面、流量和平均流速

在液压传动系统中与液体流动方向垂直的所有的横截面叫作通流截面。单位时间内流过通流截面的液体体积称为流量，用符号 q 来表示。流过面积为 A 的通流截面流量可表示为

$$q = \int_A u\,\mathrm{d}A \tag{2-12}$$

式中：u——液体实际流速（m/s）。

由于液体具有黏性，通流截面上各点液体的速度不尽相同。所以，通常以通流截面上的平均速度 v 来代替实际流速，即

$$v = \frac{q}{A} \tag{2-13}$$

2.2.2　连续性方程

连续性方程（Function of Continuity）是质量守恒定律在流体力学中的表现形式。

设不可压缩液体作定常流动，那么任取一流管（见图 2-9），两端通流截面 1 和 2 的面积为 A_1、A_2，流速分别为 v_1 和 v_2，对于理想液体，根据质量守恒定律，单位时间内液体流过断面 1 的质量和流过断面 2 的质量是相等的，即

$$\rho A_1 v_1 = \rho A_2 v_2 = 常数 \tag{2-14}$$

两边除以 ρ 得

$$A_1 v_1 = A_2 v_2 = 常数 \tag{2-15}$$

由于两通流截面是任意取的，所示流量 q 为

$$q = vA = 常数 \tag{2-16}$$

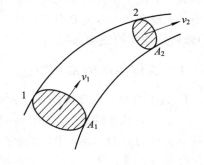

图 2-9　连续性方程示意图

式（2-15）即为液流的连续性方程，它说明在定常流动中，通过所有通流截面上的流量都是相等的，并且截面平均流速与面积成反比。在流量恒定的条件下，管道中流体的流量、流速和截面面积的关系，如图 2-8 所示。

由式（2-16）还可得出另一个重要结论，即运动速度取决于流量，而与流体的压力无关。

例 2.2　如图 2-10 所示的液压缸外伸运动。液压缸无杆腔输入油液，活塞在油液压力的作用下推动活塞杆外伸。液压缸缸筒内径 $D = 100$ mm。若输入液压缸无杆腔的液体流量 $q_1 = 40$ L/min。求液压缸活塞杆外伸的运动速度 v 是多少？

解　液压缸的通流截面面积 A 为

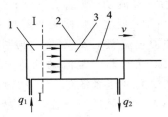

1—无杆腔；2—缸筒；3—有杆腔；4—活塞杆

图 2-10　液压缸外伸运动

$$A = \frac{\pi D^2}{4}$$

由于液体的压缩性非常小，可看作是不可压缩的。因此，活塞杆外伸运动速度 v 就是无杆腔任一通流截面Ⅰ—Ⅰ面积上的液体平均流速。则Ⅰ—Ⅰ面积上的液体平均流量 q_2 为

$$q_2 = q_1 = Av$$

因此，液压缸活塞外伸的运动速度 v 为

$$v = \frac{q_1}{A} = \frac{(40 \times 10^{-3}/60)\,\mathrm{m^3/s}}{(\pi \times 0.1^2/4)\,\mathrm{m^2}} = 0.085\ \mathrm{m/s}$$

2.2.3　伯努利方程

伯努利方程是能量守恒定律在流体力学中的应用形式。

理想液体因无黏性，又不可压缩，因此在管内作定常流动时没有能量损失。根据能量守恒定律，同一管道每一截面的总能量是相等的。

如图 2-11 所示，任取两截面 A_1 和 A_2，它们距基准水平面的距离分别为 z_1 和 z_2，平均流速分别为 v_1 和 v_2，压力分别为 p_1 和 p_2。根据能量守恒定律得

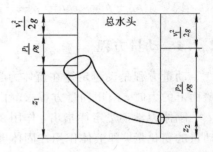

图 2-11　伯努利方程示意图

$$\frac{p_1}{\rho} + z_1 g + \frac{v_1^2}{2} = \frac{p_2}{\rho} + z_2 g + \frac{v_2^2}{2} \quad (2-17\mathrm{a})$$

$$\frac{p_1}{\rho g} + z_1 + \frac{v_1^2}{2g} = \frac{p_2}{\rho g} + z_2 + \frac{v_2^2}{2g} \quad (2-17\mathrm{b})$$

由于两个截面是任取的，因此式(2-17)又可表示为伯努利方程：

$$\frac{p}{\rho} + zg + \frac{v^2}{2} = 常数 \quad\quad (2-18\mathrm{a})$$

$$\frac{p}{\rho g} + z + \frac{v^2}{2g} = 常数 \quad\quad (2-18\mathrm{b})$$

式(2-17a)和式(2-18a)即为理想液体的伯努利方程。其物理意义为：理想液体在定常流动时，各截面上具有的总比能由比位能、比压能和比动能组成，三者可相互转化，但三者之和保持不变。考虑到工程中使用方便，伯努利方程常采用另一种形式(见式(2-17b)、(2-18b))，这些方程中各项都有长度量纲，通常分别称它们为位置水头、压力水头和速度水头。因此，伯努利方程又可以解释为位置水头、压力水头和速度水头之和即总水头保持不变。

实际液体在管道中流动时，流速在通流截面上的分布是不均匀的，如果用平均流速来表示动能，则需引入动能修正系数 α，层流时 $\alpha = 2$，湍流(紊流)时 $\alpha = 1$(层流与湍流的有关内容详见 2.3 节)；同时由于黏性的存在，流体在流动过程中要消耗一部分能量，即存在水头损失 h_w。因此，实际流体的伯努利方程为

$$\frac{p_1}{\rho} + z_1 g + \frac{\alpha_1 v_1^2}{2} = \frac{p_2}{\rho} + z_2 g + \frac{\alpha_2 v_2^2}{2} + h_\mathrm{w} g \quad (2-19\mathrm{a})$$

$$\frac{p_1}{\rho g} + z_1 + \frac{\alpha_1 v_1^2}{2g} = \frac{p_2}{\rho g} + z_2 + \frac{\alpha_2 v_2^2}{2g} + h_\mathrm{w} \quad (2-19\mathrm{b})$$

　　伯努利方程揭示了液体流动过程中的能量变化关系，用它可对液压系统中的一些基本问题进行分析和计算。

　　例 2.3　如图 2-12 所示为液压泵吸油工作过程。液压泵在油箱液面之上的高度为 h，则求液压泵进油口的真空度是多少？

　　解　选取油箱液面为断面 I—I，液压泵进油口处为断面 II—II。以 I—I 为基准面，对两断面列出伯努利方程，即有

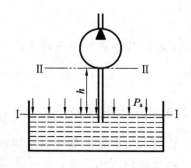

$$\frac{p_1}{\rho g} + z_1 + \frac{\alpha_1 v_1^2}{2g} = \frac{p_2}{\rho g} + z_2 + \frac{\alpha_2 v_2^2}{2g} + h_w$$

式中油箱液面的压力为 p_a，即 $p_1 = p_a$，而油箱液面下降速度可近似为零，即 $v_1 = 0$。进油管管路的压力损失为 $\Delta p_w = \rho g h_w$。代入上式后简化，可得液压泵进油口的真空度 $p_a - p_2$ 为

图 2-12　液压泵吸油工作过程

$$p_a - p_2 = \rho g h + \rho \frac{\alpha_2 v_2^2}{2} + \Delta p_w$$

2.2.4　动量方程

　　动量方程是动量定律在流体力学中的具体应用。在液压传动中，计算液流作用在固体壁面上的力时，应用动量方程求解比较方便。

　　刚体力学动量定律指出，作用在物体上的外合力等于物体在力作用方向上单位时间内动量的变化量，即液体作用在固体壁面上的力为

$$\sum \boldsymbol{F} = \frac{\mathrm{d}\boldsymbol{I}}{\mathrm{d}t} = \frac{\mathrm{d}(mv)}{\mathrm{d}t} = \rho q (\beta_2 v_2 - \beta_1 v_1) \tag{2-20}$$

式中：$\sum \boldsymbol{F}$——作用在液体上所有外力的矢量和；

　　　$\boldsymbol{I}$——液体的动量；

　　　v——液体的平均流速矢量；

　　　q——流过控制体的流量；

　　　β_1、β_2——动量修正系数（等于实际动量与按平均流速计算出的动量之比），当液体层流时，$\beta = 4/3$，当液体湍流（紊流）时，$\beta = 1$。

2.2.5　气体动力学基础

1. 气体流动的基本概念

　　自由空气是指处于自由状态（1 标准大气压）下的空气。自由空气流量是未经压缩情况下的空气流量。压缩空气流量与自由空气流量有如下关系

$$q = q_p \frac{p_p T}{p T_p} \tag{2-21}$$

式中：q_p——压缩空气流量；

　　　p_p——压缩空气的绝对压力；

　　　p——自由空气的绝对压力；

T——自由空气的热力学温度；

T_p——压缩空气的热力学温度。

2. 气体流动的基本方程

当气体流速较低时，流体运动学和动力学的三个基本方程对于气体和液体是完全相同的。但当气体流速较高（$v>5$ m/s）时，气体的可压缩性将对流体运动产生较大的影响。

根据质量守恒定律，气体在管道内作恒定流动时，单位时间内流过任一通流截面的气体质量相等，其可压缩气体的流量形式同式（2-16）。与式（2-19）中的伯努利方程的分析方法相同，可得出伯努利方程式：

$$\int \frac{\mathrm{d}p}{\rho} + \frac{v^2}{2} = C \tag{2-22}$$

式中：C——常数。

等温过程可压缩气体的伯努利方程为

$$\frac{p}{\rho}\ln p + \frac{v^2}{2} = C \tag{2-23}$$

绝热过程可压缩气体的伯努利方程为

$$\frac{k}{k-1}\frac{p}{\rho} + \frac{v^2}{2} = C \tag{2-24}$$

式中：k——绝对热指数。对于空气，$k=1.4$；对于饱和蒸气，$k=1.3$。

3. 音速和气体在管道中的流动特性

1）音速

声音是由于物体的振动引起周围介质（如空气、液体等）的密度和压力的微小变化而产生的。音速即是这种微弱压力波的传递速度。实验证明，一切微小扰动的传播速度都与音速一致。

2）马赫数

在气体动力学中，气体的压缩性起着重要作用，在判定压缩性对气流运动的影响时常用"马赫数"这一概念。马赫数是气流速度v与该速度下的局部音速c之比，以M表示，即：

$$M = \frac{v}{c} \tag{2-25}$$

经推导可得绝热过程时：

$$\frac{p_0}{p} = \left(1 + \frac{k-1}{2}M^2\right)^{k/(k-1)} \tag{2-26}$$

$$\frac{\rho_0}{\rho} = \left(1 + \frac{k-1}{2}M^2\right)^{1/(k-1)} \tag{2-27}$$

式（2-26）和式（2-27）表明，随着M值增大，气流的压力及密度都减少。所以M是反映气体压缩性影响的指标，即M愈大，气体压缩性的影响愈大。

3）气流在变截面管嘴中的亚音速和超音速流动

流体在流过变截面管、节流孔时，由于流体黏性和流动惯性的作用会产生收缩，流体收缩后的最小截面积称为有效截面面积S，它反映了变截面管道和节流孔的实际通流能力。对可压缩流体来说，应满足连续性方程，经推导可得

$$\frac{1}{A}\frac{\mathrm{d}A}{\mathrm{d}S} = (M^2 - 1)\frac{1}{v}\frac{\mathrm{d}v}{\mathrm{d}S} \tag{2-28}$$

由公式(2-28)可以分析可压缩液体在管道中运动时的三种基本情况：

(1) $M<1$ 即 $v<c$，这种流动称为亚音速流动，由式(2-28)可看出，当 $M<1$ 时，$\mathrm{d}A/\mathrm{d}S$ 的符号与 $\mathrm{d}v/\mathrm{d}S$ 的符号相反，速度与断面积成反比。这种规律与不可压缩流体的规律是一致的。

(2) $M>1$ 即 $v>c$，这种流动称为超音速流动。此时，$\mathrm{d}A/\mathrm{d}S$ 的符号与 $\mathrm{d}v/\mathrm{d}S$ 符号相同，速度与断面积成正比，断面积愈大，气流速度愈大。这种规律与不可压缩流体的规律完全相反。

(3) $M=1$ 即 $v=c$，这种流动称为临界流动，其速度为临界流速。此时，$\mathrm{d}A/\mathrm{d}S=0$，即流速等于临界流速(即局部音速)时其断面为最小断面。因此，喷嘴只有在最小断面处达到音速。

根据以上分析可得出结论：单纯的收缩管嘴最多只能得到临界速度——音速，要得到超音速，必须在临界断面之后具有扩张管，在扩张管段内的流速可以达到超音速。先收缩后扩张的管，称为拉伐尔管。

4. 气体管道的阻力计算

空气管道中由于流速不大，流动过程中可充分与外界进行热交换，因此温度比较均匀，一般作为等温过程处理。由于低压气体管道中流体是当作不可压缩流体处理的，因此前面介绍的一些阻力计算公式都适用，但在工程上气体流量常以质量流量(单位时间内流过某有效截面的气体质量)q_m 来更方便地计算，则每米管长的气体压力损失为

$$\Delta p = \frac{8\lambda q_m^2}{\pi^2 \rho d^5} \tag{2-29}$$

式中：q_m——质量流量，$q_m = \rho v A$；

d——管径；

λ——沿程阻力系数，可应用有关公式进行计算或由图查得。

当考虑气体的通流能力时，首先要考虑气体通流的有效截面积。气体流经节流口 A_0 时，气体流束收缩至最小断面处的流束面积 S 叫作有效面积。有效面积 S 与流道面积 A_0 之比称为收缩系数 ε，则有

$$\varepsilon = \frac{S}{A_0} \tag{2-30}$$

当气体流速较低时，可按不可压缩流体计算流量，计算公式可按前面介绍的选用。需考虑压缩性影响时，参照气流速度的高低，选用下述公式：

$M<1$：

$$q = 234S\sqrt{\frac{273.16\Delta p p_1}{T_1}} \tag{2-31}$$

$M>1$：

$$q = 113p_1\sqrt{\frac{273.16}{T_1}} \tag{2-32}$$

式中：q——自由空气质量；

p_1——节流口上游绝对压力；

Δp——节流口两端压差；

T_1——节流口上游热力学温度。

2.3　流体流动时的压力损失

2.3.1　液体的流动状态

19 世纪末，雷诺首先通过雷诺实验发现液体在管道中流动时有两种流动状态：层流和湍流（或称为紊流）。雷诺实验如图 2-13 所示，A 为入液口，保持容器中液面高度不变，通过控制调节控制阀 C 来实现压力不变情况下的观察段 D 液体流动的不同速度。实验结果表明，在层流时，流体质点互不干扰，流体的流动呈线性或层状，且平行于管道轴线；而湍流（紊流）时，流体质点运动杂乱无章，在沿管道流动时，除平行于管道轴线的运动外，还存在着剧烈的横向运动，液体质点在流动中互相干扰。

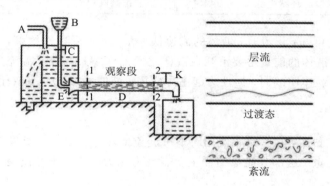

图 2-13　雷诺实验的实验装置及实验现象

通过雷诺实验还可以证明，流体在圆形管道中的流动状态不仅与管内的平均流速 v 有关，还与管道的直径 d、液体的运动黏度 ν 有关。实际上，液体流动状态是由上述三个参数所确定的，由雷诺数 Re 这一无量纲数来判定，即

$$Re = \frac{vd}{\nu} \tag{2-33}$$

对于非圆形截面管道，雷诺数 Re 可用下式表示

$$Re = \frac{vd_H}{\nu} \tag{2-34}$$

水力直径 d_H 是指过流断面面积的四倍与周长之比，可用下式计算：

$$d_H = \frac{4A}{\chi} \tag{2-35}$$

式中：A——过流断面面积；

χ——湿周，即有效截面的管壁周长。

由式（2-35）可知，面积相等但形状不同的通流截面，其水力直径是不相同的。由计算可知，圆形的最大，同心环状的最小。水力直径的大小对通流能力有很大的影响。水力直径 d_H 大，液流和管壁接触的周长 χ 短，管壁对液流的阻力小，通流能力大。这时，即使通

流截面积 A 小，也不容易阻塞。

　　雷诺数是液体在管道中流动状态的差别数。对不同情况下的液体流动状态，如果液体流动时的雷诺数 Re 相同，它的流动状态也就相同。但液流由层流转变为湍流（紊流）时的雷诺数和由湍流（紊流）转变为层流时的雷诺数不同，后者的数值要小，所以一般都用后者作为判断液流状态的依据，称为临界雷诺数，记作 Re_{cr}。当液流的实际雷诺数 Re 小于临界雷诺数 Re_{cr} 时，液流为层流；反之，为湍流（紊流）。常见液流管道的临界雷诺数由实验确定，如表 2 – 1 所示。

表 2 – 1　常见液流管道的临界雷诺数

管　道	Re_{cr}	管　道	Re_{cr}
光滑金属圆管	2320	带环槽的同心环状缝隙	700
橡胶软管	1600～2000	带环槽的偏心环状缝隙	400
光滑的同心环状缝隙	1100	圆柱形滑阀阀口	260
光滑的偏心环状缝隙	1000	锥阀阀口	20～100

　　通过雷诺实验可知：层流时，液体的流速低，液体质点受黏性约束，不能随意运动，黏性力起主导作用，液体的能量主要消耗在液体之间的摩擦损失上；湍流（紊流）时，液体的流速高，黏性的制约作用减弱，惯性力起主导作用，液体的能量主要消耗在动能损失上。

2.3.2　压力损失

　　由于液体具有黏性，在管路中流动时不可避免地存在摩擦力，所以液体在流动过程中必然损耗一部分能量。这部分能量损耗主要表现为压力损失。压力损失有沿程压力损失和局部压力损失两种。

1. 沿程压力损失

　　流体在等径直管中流动时，因摩擦和质点的相互扰动而产生的压力损失被称为沿程压力损失。层流时液体质点作有规则的流动，所以沿程压力损失是液压传动中最常见的。

　　图 2 – 14 所示为液体在等径水平直管中作层流运动的情况。

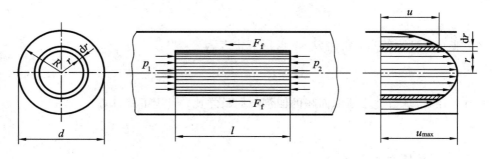

图 2 – 14　圆管层流运动分析

　　在液流中取一段与管轴重合的微小圆柱体作为研究对象，设它的半径为 r，长度为 l，作用在两端面的压力分别为 p_1 和 p_2，作用在侧面的内摩擦力为 F_f。液流在作匀速运动时处于受力平衡状态，通过微积分运算，可得过流断面所通过的流量 q、在管道内液体的平均

流速 v 和层流时的压力损失 Δp_λ 分别为

$$q = \int_0^R 2\pi \frac{\Delta p}{4\mu l}(R^2 - r^2)r\mathrm{d}r = \frac{\pi R^4}{8\mu l}\Delta p = \frac{\pi d^4}{128\mu l}\Delta p \qquad (2-36)$$

$$v = \frac{q}{A} = \frac{1}{\frac{\pi d^2}{4}}\frac{\pi d^4}{128\mu l}\Delta p = \frac{d^2}{32\mu l}\Delta p \qquad (2-37)$$

$$\Delta p_\lambda = \Delta p = \frac{32\mu l v}{d^2} \qquad (2-38)$$

从式(2-38)可以看出，当直管中的液流为层流时，其沿程压力损失与液体黏度、管长、流速成正比，而与管径的平方成反比。适当变换式(2-38)，沿程压力损失计算公式可改写成如下形式：

$$\Delta p_\lambda = \frac{64\nu}{dv}\frac{l}{d}\frac{\rho v^2}{2} = \frac{64}{\mathrm{Re}}\frac{l}{d}\frac{\rho v^2}{2} = \lambda\frac{l}{d}\frac{\rho v^2}{2} \qquad (2-39)$$

式中：λ——沿程阻力系数。

对于圆管层流，理论值 $\lambda = 64/\mathrm{Re}$。考虑到实际圆管截面可能有变形，以及靠近管壁处的液层可能被冷却等因素，在实际计算时，对金属管，可取 $\lambda = 75/\mathrm{Re}$，对橡胶管，可取 $\lambda = 80/\mathrm{Re}$。

紊流时的沿程压力损失计算公式在形式上与层流相同，即

$$\Delta p_\lambda = \lambda\frac{l}{d}\frac{\rho v^2}{2} \qquad (2-40)$$

但式(2-40)中的阻力系统 λ 除与雷诺数有关外，还与管壁的粗糙度有关，即 $\lambda = f(\mathrm{Re}, \Delta/d)$，这里的 Δ 为管壁的绝对粗糙度，与管径 d 的比值 Δ/d 称为相对粗糙度。对于光滑管，$\lambda = 0.3164\mathrm{Re}^{-0.25}$；对于粗糙管，$\lambda$ 的值可根据不同的 Re 和 Δ/d 关系曲线查出（具体关系曲线可查有关手册）。管壁粗糙度 Δ 与管道材料有关，一般计算可参考下列数值：钢管 $\Delta = 0.04$ mm，铜管 $\Delta = 0.0015 \sim 0.01$ mm，铝管 $\Delta = 0.0015 \sim 0.06$ mm，橡胶软管 $\Delta = 0.03$ mm，铸铁管 $\Delta = 0.25$ mm。

2. 局部压力损失

当液体流经管道的弯头、接头、突变截面以及阀口、滤网等局部装置时，液流方向和流速会发生变化，形成旋涡、气穴，并发生强烈的撞击现象，由此造成的压力损失称为局部压力损失。当液体流过上述各种局部装置时，流动状况极为复杂，影响因素较多，局部压力损失值不易进行理论分析与计算。因此，局部压力损失 Δp_ζ 的计算公式中的阻力系数 ζ 一般要靠实验来确定。局部压力损失的计算公式如下：

$$\Delta p_\zeta = \zeta\frac{\rho v^2}{2} \qquad (2-41)$$

式中：ζ——局部阻力系数。

各种装置结构的 ζ 值可查有关手册。

液体流过各种阀类的局部压力损失皆符合公式(2-41)，但因阀内的通道结构复杂，按此公式计算比较困难，故阀类元件局部压力损失 Δp_v 的实际计算公式为

$$\Delta p_v = \Delta p_n\left(\frac{q}{q_n}\right)^2 \qquad (2-42)$$

式中：Δp_n——阀在额定流量 q_n 下的压力损失（可从阀的产品样本或设计手册中查出）；

q——通过阀的实际流量；

q_n——阀的额定流量。

3. 总压力损失

流体传动系统中总的压力损失等于所有沿程损失和所有局部损失之和，即

$$\sum \Delta p = \sum \Delta p_\lambda + \sum \Delta p_\xi \tag{2-43}$$

在液压传动系统中，绝大多数压力损失转变为热能，造成系统温度升高，泄漏增大，影响系统的工作性能。从计算压力损失的公式可以看出，若使压力损失减小，可通过减小流速、缩短管道长度、减少管道截面突变、提高管内壁的加工质量等方法实现。其中，流速的影响最大，故液体在液压传动系统管路中的流速不应过高。但流速太低，也会使管路和阀类元件的尺寸加大，并使成本增高，因此要综合考虑，确定液体在管道中的流速。由于压力损失的必然存在，泵的额定压力要略大于系统工作时所需的最大工作压力，一般泵的额定压力估算方法是将液压系统工作所需的最大工作压力乘以一个 1.3～1.5 的系数。

2.3.3　流量损失

在液压系统中，各液压元件都有相对运动的表面，这些表面之间都有一定的间隙，如果间隙的一边为高压油，另一边为低压油，则高压油就会经间隙流向低压区而造成泄漏。同时又由于液压元件密封不完善，一部分油液也会向外泄漏。泄漏造成实际流量有所减少，这就是流量损失。

流量损失影响运动速度，而泄漏又难以绝对避免，所以在液压系统中泵的额定流量要略大于系统工作时所需的最大流量值。通常泵的额定流量估算方法是用系统工作所需的最大流量乘以一个 1.1～1.3 的系数。

2.4　孔口和缝隙流量

流体传动中常用流体流经阀的小孔或缝隙来控制压力和流量，实现调压或调速的目的。同时，液压元件（如液压缸）的泄漏也属于缝隙流动，所以流体流经小孔和间隙的流动特性，对流体传动元件的性能具有较大的影响。研究流体流经薄壁小孔、短孔、细长孔以及各种间隙的流动规律，以及影响它们的因素，才能正确分析元件和系统的工作特性，为合理设计流体传动系统提供依据。

2.4.1　孔口流量

孔口根据它们的长径比可分为三种：当孔口的长径比为 $l/d \leqslant 0.5$ 时，称为薄壁小孔；当 $0.5 < l/d \leqslant 4$ 时，称为短孔；当 $l/d > 4$ 时，称为细长孔。

1. 薄壁小孔流量

图 2-15 所示为进口边做成刃口形的典型薄壁小孔。由于流体的惯性作用，液流通过孔口时要发生收缩现象，在靠近孔口的后方出现收缩最大的通流截面。对于薄壁圆孔，当孔前通道直径与小孔直径之比 $D/d \geqslant 7$ 时，流束的收缩作用不受孔前通道内壁的影响，这时的收缩称为完全收缩；反之，当 $D/d < 7$ 时，孔前通道对液流进入小孔起导向作用，这时的收缩称为不完全收缩。

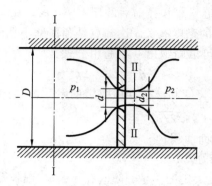

图 2-15　液体在薄壁上小孔中的流动

对孔前通道断面 Ⅰ—Ⅰ 和收缩断面 Ⅱ—Ⅱ 之间的液体列出伯努利方程：

$$p_1 + \rho g h_1 + \frac{1}{2}\rho \alpha_1 v_1^2 = p_2 + \rho g h_2 + \frac{1}{2}\rho \alpha_2 v_2^2 + \Delta p_w$$

式中：$h_1 = h_2$；因 $v_1 \ll v_2$，则 v_1 可为忽略不计；因收缩断面的流动是湍流（紊流），故 $\alpha_2 = 1$；而 Δp_w 仅为局部损失，即 $\Delta p_w = \zeta \dfrac{\rho v_2^2}{2}$，代入上式后可得

$$v_2 = \frac{1}{\sqrt{1+\zeta}}\sqrt{\frac{2}{\rho}(p_1 - p_2)} = C_v \sqrt{\frac{2}{\rho}\Delta p} \qquad (2-44)$$

式中：C_v——速度系数，$C_v = \dfrac{1}{\sqrt{1+\zeta}}$；

　　　Δp——孔口前后的压力差，$\Delta p = p_1 - p_2$。

由此可得通过薄壁小孔的流量公式为

$$q = A_2 v_2 = C_v C_c A_T \sqrt{\frac{2}{\rho}\Delta p} = C_q A_T \sqrt{\frac{2}{\rho}\Delta p} \qquad (2-45)$$

式中：A_2——收缩断面的面积；

　　　C_c——收缩系数，$C_c = A_2/A_T = d_2^2/d^2$；

　　　A_T——孔口的过流断面面积，$A_T = \pi d^2/4$；

　　　C_q——流量系数，$C_q = C_v C_c$。

C_v、C_c、C_q 的数值可由实验确定。在液流完全收缩的情况下，当 $\mathrm{Re} \leqslant 10^5$ 时，C_v 及 C_c、C_q 与 Re 之间的关系按下式计算：

$$C_q = 0.964\mathrm{Re}^{-0.05}\ (\mathrm{Re} = 800 \sim 5000) \qquad (2-46)$$

当 $\mathrm{Re} > 10^5$ 时，它们可被认为是不变的常数，计算时可取平均值 $C_v = 0.97 \sim 0.98$，$C_c = 0.61 \sim 0.63$，$C_q = 0.7 \sim 0.8$。当孔口不是薄刃式而是带棱边或小倒角时，C_q 值将更大。薄壁小孔由于流程短，只有局部损失，流量对油量的变化不敏感，因此流量稳定，适合于做节流器。但薄壁小孔加工困难，因此，实际应用较多的是短孔。

2. 短孔和细长孔流量

短孔的流量公式仍按薄壁小孔流量公式计算；流经细长孔的液流，由于黏性而流动不畅，流速低，故多为层流，所以其流量计算可以应用圆管层流流量公式：

$$q = \frac{\pi d^4}{128\mu l}\Delta p \qquad (2-47)$$

在这里，液体流经细长孔的流量 q 和孔前后的压差 Δp 成正比，而和液体的黏度 μ 成反比。可见细长孔的流量与液压油的黏度有关。这一点是和薄壁小孔的特性大不相同的。

综合各孔的流量公式，可以归纳出一个通用公式：

$$q = CA_{\mathrm{T}}\Delta p^{\varphi} \tag{2-48}$$

式中：C——由孔口的形状、尺寸和液体性质决定的系数，对于细长孔有 $C = d^2/(32\mu l)$，对于薄壁孔有 $C = C_q\sqrt{2/\rho}$；

$\quad\quad A_{\mathrm{T}}$——孔口的过流断面面积；

$\quad\quad \Delta p$——孔口前后的压力差；

$\quad\quad \varphi$——由孔口的长径比决定的指数，薄壁孔$=0.5$，细长孔$=1$。

这个孔口的流量通用公式经常用于分析孔口的流量压力特性。

2.4.2　缝隙流量

液压零件之间，尤其是有相对运动的零件之间，一般都存在缝隙（或称为间隙）。流过缝隙的油液流量就是缝隙泄漏流量，同时液压油也总是从压力较高处流向压力较低处或大气中，前者称为内泄漏，后者称为外泄漏。因此，通常来讲，缝隙流动有三种状况：一种是由缝隙两端压差造成的流动，称为压差流动；另一种是形成缝隙的两壁面作相对运动所造成的流动，称为剪切流动；还有这两种流动的组合，叫作压差剪切流动。

泄漏主要是由压力差与间隙造成的。泄漏量过大会影响液压元件和系统的正常工作，另一方面泄漏也将使系统的效率降低，功率损耗加大，因此研究液体流经间隙的泄漏规律，对提高液压元件的性能和保证液压系统的正常工作都是至关重要的。

由于液压元件中相对运动的零件之间的间隙很小，一般在几微米至几十微米之间，水力半径很小，又由于液压油具有一定的黏度，因此缝隙液流的流态均为层流。

1. 平行平板缝隙流量

图 2-16 所示为平行平板缝隙间流体流动情况。设缝隙高度为 h，宽度为 b，长度为 l，一般有 $b \gg h$ 和 $l \gg h$，设两端的压力分别为 p_1、p_2，其压差为 $\Delta p = p_1 - p_2$。从缝隙中取出一微小的平行六面体 $b\mathrm{d}x\mathrm{d}y$，其左右两端所受的压力分别为 p 和 $p + \mathrm{d}p$，上下两侧面所受的摩擦切应力分别为 τ 和 $\tau + \mathrm{d}\tau$，则在水平方向上的力平衡方程为

$$pb\mathrm{d}y + (\tau + \mathrm{d}\tau)b\mathrm{d}x = (p + \mathrm{d}p)b\mathrm{d}y + \tau b\mathrm{d}x \tag{2-49}$$

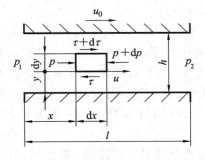

图 2-16　平行平板缝隙液流

经整理并将牛顿内摩擦定律公式代入式(2-49)，得

$$\frac{\mathrm{d}^2 u}{\mathrm{d}y^2} = \frac{1}{u}\frac{\mathrm{d}p}{\mathrm{d}x} \tag{2-50}$$

对式(2-50)中 y 两次积分得

$$u = \frac{1}{2u}\frac{\mathrm{d}p}{\mathrm{d}x}y^2 + C_1 y + C_2 \tag{2-51}$$

式(2-51)中，C_1 和 C_2 为积分常数。当平行平板间的相对运动速度为 u_0 时，利用边界条件：$y=0$ 处 $u=0$；$y=h$ 处 $u=u_0$，得 $C_1 = -\frac{h}{2u}\frac{\mathrm{d}p}{\mathrm{d}x}$，$C_2=0$；此外，液流作层流时压力 p 只是 x 的线性函数，即

$$\frac{\mathrm{d}p}{\mathrm{d}x} = \frac{p_2 - p_1}{l} = -\frac{p_1 - p_2}{l} = -\frac{\Delta p}{l} \tag{2-52}$$

把式(2-52)代入式(2-51)，并考虑到运动平板有可能反方向运动，可得

$$u = \frac{\Delta p}{2ul}(h-y)y \pm \frac{u_0}{h}y \tag{2-53}$$

由此得液体在平行平板缝隙中的流量为

$$q = \int_0^h bu\,\mathrm{d}y = \int_0^h b\left(\frac{\Delta p}{2ul}(h-y)y \pm \frac{u_0}{h}y\right)\mathrm{d}y = \frac{bh^3}{12\mu l}\Delta p \pm \frac{u_0}{2}bh \tag{2-54}$$

当平行平板间没有相对运动($u_0=0$)时，其值为

$$q = \frac{bh^3}{12\mu l}\Delta p \tag{2-55}$$

当平行平板间没有压差($\Delta p=0$)时，其值为

$$q = \frac{u_0}{2}bh \tag{2-56}$$

如果将上面这些流量理解为液压元件缝隙中的泄漏量，则可以看出，通过缝隙的流量与缝隙值的三次方成正比，说明液压元件内缝隙的大小对其泄漏量的影响是最大的。此外，若将泄漏所造成的功率损失写成：

$$P_1 = \Delta pq = \Delta p\left(\frac{bh^3}{12\mu l}\Delta p \pm \frac{u_0}{2}b\right) \tag{2-57}$$

可得出结论：缝隙 h 越小，泄漏功率损失也越小。但并不是 h 越小越好。h 太小会使液压元件中的摩擦功率损失增大，缝隙 h 有一个使这两种功率损失之和达到最小的最佳值。

2. 圆环缝隙流量

圆环缝隙流量分成三种：流过同心圆环缝隙的流量、流过偏心圆环缝隙的流量和圆环平面缝隙流量。

流过同心圆环缝隙的流量分在内外表面之间有相对运动和没有相对运动两种情况，相应的同心圆环流量公式分别如下：

$$q = \frac{\pi bh^3}{12\mu l}\Delta p \pm \frac{\pi dhu_0}{2} \tag{2-58}$$

$$q = \frac{\pi bh^3}{12\mu l}\Delta p \tag{2-59}$$

式中：d——圆柱体直径；

　　　h——缝隙值；

l——缝隙长度。

流过偏心圆环缝隙的流量是指内外圆环不同心，且偏心距为 e，则其流量公式为

$$q = \frac{\pi b h^3}{12 \mu l} \Delta p (1 + 1.5 \varepsilon^2) \pm \frac{\pi d h u_0}{2} \qquad (2-60)$$

式中：h——内外圆同心时的缝隙值；

　　　ε——相对偏心率，$\varepsilon = e/h$。

当内外圆表面没有相对运动（$u_0 = 0$）时，其值为

$$q = \frac{\pi b h^3}{12 \mu l} \Delta p (1 + 1.5 \varepsilon^2) \qquad (2-61)$$

由式（2-61）可以看出，当 $\varepsilon = 0$ 时，它是同心圆环缝隙的流量公式；当 $\varepsilon = 1$ 时，即在最大偏心情况下，理论上其压差流量为同心圆环缝隙压差流量的 2.5 倍。在实用中可估计约为 2 倍。可见在液压元件中，为了减小圆环缝隙的泄漏，应使相互配合的零件尽量处于同心状态，例如，在滑阀阀心上加工一些压力平衡槽就能达到使阀心和阀套同心配合的目的。

圆环平面缝隙流量是指圆环与平面缝隙之间无相对运动，液体自圆环中心向外辐射流出。设圆环的大、小直径分别为 r_1 和 r_2，它与平面的间隙为 h，则圆环平面缝隙流量公式为

$$q = \frac{\pi h^3}{6 \mu \ln \dfrac{r_2}{r_1}} \Delta p \qquad (2-62)$$

2.5　空穴现象和液压冲击

在液压传动系统中，空穴现象和液压冲击都会给系统带来不利影响，因此需要了解这些现象产生的原因，并采取防治措施加以有效控制。

2.5.1　空穴现象

在流动的液体中，如果某处的压力低于空气分离压，溶解在液体中的空气就会分离出来，从而导致液体中出现大量的气泡，这种现象称为空穴现象，也叫作气穴现象；如果液体中的压力进一步降低到饱和蒸气压，则液体将迅速汽化，产生大量蒸气泡，使空穴现象加剧。

空穴多发生在阀口和液压泵的进口处。由于阀口的通道狭窄，液流的速度增大，压力则下降，容易产生空穴；当泵的安装高度过高、吸油管直径太小、吸油管阻力太大或泵的转速过高时，都会造成进口处真空度过大，进而产生空穴。

空穴现象是一种有害的现象。如果液压系统中发生了空穴现象，液体中的气泡随着液流运动到压力较高的区域，气泡在较高压力作用下将迅速破裂，从而引起局部液压冲击，造成噪音和振动；另一方面，由于气泡破坏了液流的连续性，降低了油管的通流能力，造成流量和压力的波动，使液压元件承受冲击载荷，影响其使用寿命。同时气泡中的氧也会腐蚀金属元件的表面，一般把因发生空穴现象而造成的腐蚀叫气蚀。

在液压传动装置中，气蚀现象可能发生在油泵、管路以及其他具有节流装置的地方，

特别是油泵装置，这种现象最为常见。汽蚀现象是液压系统产生各种故障的原因之一，特别在高速、高压的液压设备中更应注意。

为了减少汽蚀现象，应使液压系统内所有各点的压力均高于液压油的空气分离压力，应避免流速的剧烈变化和外界空气的混入。

为减少空穴和气蚀的危害，通常采取下列措施：

（1）减小阀孔或缝隙前后的压差。一般希望孔口或缝隙前后的压力比 $p_1/p_2 < 3.5$；

（2）正确设计液压泵的结构参数，降低泵的吸油高度，适当加大吸油管直径，限制吸油管的流速，尽量减小吸油管路中的压力损失（如及时清洗过滤器或更换滤芯等）。对于自吸能力差的泵要安装辅助供油装置，如辅助泵；

（3）管路要有良好的密封，防止空气进入；

（4）提高液压零件的抗气蚀能力，提高材料的机械强度并采用抗腐蚀能力强的金属材料，减小零件表面粗糙度值等。

2.5.2　液压冲击

在液压系统中，当油路突然关闭或换向时，由于液流受阻产生惯性力的作用，液体会产生急剧的压力升高，形成压力峰值，这种现象叫作液压冲击。液压冲击在多数情况下给工作系统造成危害，但有些设备却是应用了液压冲击力来实现功能，如图 2-17 和图 2-18 所示的振动锤和液压锤。

图 2-17　振动锤　　　　　　　　　　图 2-18　液压锤

造成液压冲击的主要原因是液流速度的急剧变化、高速运动工作部件的惯性力和某些液压元件反应动作不灵敏。在阀门突然关闭或运动部件快速制动等情况下，液体在系统中的流动会突然受阻。这时，由于液流的惯性作用，液体就从受阻端开始，迅速将动能逐层转换为液压能，因而产生了压力冲击波；此后，这个压力冲击波又从该端开始反向传递，将压力能逐层转化为动能，这使得液体又反向流动；然后，在另一端又再次将动能转化为压力能，如此反复地进行能量交换。由于这种压力波的迅速往复传播，便在系统内形成压力振荡。在这一振荡过程中，由于液体受到摩擦力以及液体和管壁的弹性作用不断消耗能量，才使振荡过程逐渐衰减而走向稳定。产生液压冲击的本质是液流在极短时间内的动量变化。

当产生液压冲击时，系统中的压力瞬间就要比正常压力大好几倍，特别是在压力高、流量大的情况下，极易引起系统的振动、噪音甚至管路或某些液压元件的损坏，既影响系统的工作质量，又会缩短其使用寿命。由于冲击产生的高压力还可能使某些液压元件（如压力继电器）产生误动作，而损坏设备。

避免液压冲击的主要办法有：

（1）避免液流速度的急剧变化。延长阀门的关闭时间和运动部件的制动时间，以延缓速度变化的时间，如将液动换向阀和电磁换向阀联用，因为液动换向阀能把换向时间控制得慢一些。实践证明，当运动部件制动时间大于 0.2 s 时，液压冲击的副作用就会大为缓解。

（2）正确设计阀口，限制管道流速及运动部件速度，使运动部件制动时速度变化比较均匀。例如，在机床液压传动系统中，通常将管道流速限制在 4.5 m/s 以下，液压缸驱动的运动部件速度一般不宜超过 10 m/min。

（3）在某些精度要求不高的工作机械上，使液压缸两腔油路在换向阀回到中位时瞬时互通。

（4）适当加大管道直径，尽量缩短管道长度。加大管道直径既可以降低流速，也可以减小压力冲击波速度值；缩短管道长度的目的是减小压力冲击波的传播时间；必要时，还可以在冲击区域附近设置安全阀（也可称为卸荷阀）和安装蓄能器等缓冲装置，或采用软管增加系统的弹性，以减小压力冲击。

【工程应用】

流体力学在工程中被广泛用于液压机械装备。例如，液压升降机用于垂直移动货物或人员；车辆制动系统是以液压系统工作原理构成的液压制动器；液压助力转向是车辆的重要组成部分，有助于将车辆的方向改变为左或右，该系统减少了驾驶员的精力并吸收了道路冲击；液压千斤顶更坚固，可以举起更重的负载，等等。

生活中的流体力学

人们生活在一个充满流体的世界，生活离不开流体。鹰击长空，鱼翔浅底；许许多多的现象都与流体力学有关。生活中的很多事物都巧妙地运用了流体力学的原理，让其行动变得更灵活快捷。

若认真观察，可发现许许多多的实际应用例子。

高尔夫球的表面做成有凹点的粗糙表面，就是利用粗糙度使层流转变为紊流的临界雷诺数减小，使流动变为紊流，以减小阻力；管壳式换热器常用于炼油厂和其他大型化工过程。

飞驰的汽车是汽车运动与流体力学的巧妙结合。汽车发明于 19 世纪末，当时人们认为汽车的阻力主要来自前部对空气的撞击，因此早期的汽车后部是陡峭的，称为箱型车，阻力系数（CD）很大，约为 0.8。实际上汽车阻力主要来自后部形成的尾流，称为形状阻力。20 世纪 30 年代起，人们开始运用流体力学原理改进汽车尾部形状，出现甲壳虫型，阻力系数降至 0.6。20 世纪 50～60 年代改进为船型，阻力系数为 0.45。80 年代经过风洞实验系统研究后，又改进为鱼型，阻力系数为 0.3，以后进一步改进为楔型，阻力系数为 0.2。90 年代后，科研人员研制开发的未来型汽车，阻力系数仅为 0.137。可以说汽车的发展历程代表了流体力学不断完善的过程（见图 2-19）。

图 2-19　流体力学在汽车设计中的应用

一、理想流体与实际流体

因为流体有黏性，流体的一部分机械能不可逆地转化为热能，使流体流动出现许多复杂的现象，如边界层效应、摩擦效应、非牛顿流效应等。

在自然界中，理想流体是不存在的，仅是真实流体的近似模型。但在许多流体传动的分析和研究中，理想流体模型可以简化流动问题，它虽不能准确地反映流体的流动特征，但能反映流体流动的变化趋势和基本规律，所以理想流体的模型仍具有重要的使用价值。

流体主要分为牛顿流体和非牛顿流体。满足牛顿内摩擦定律的流体，称为牛顿流体，否则称为非牛顿流体。非牛顿流体是剪应力与剪切应变率之间不是线性关系的流体。自然界中许多流体是牛顿流体，如水、酒精等大多数纯液体，轻质油，低分子化合物溶液以及低速流动的气体等。绝大多数生物流体都属于非牛顿流体，如一般高分子聚合物的浓溶液和悬浮液等，非牛顿流体广泛存在于生活、生产和大自然中。

非牛顿流体的特性有：射流胀大、爬杆效应、无管虹吸或开口虹吸和湍流减阻（也称 Toms 效应）等，它的特性是"吃软不吃硬"，当表面受到压力时，会开始变硬，具备一定的固体特性。当表面没有压力时，又非常柔软，和液体一样。图 2-20 为非牛顿流体的应用实例，"吃软不吃硬"和"轻功水上漂"。

图 2-20　非牛顿流体的应用实例

非牛顿流体还有其他一些受到人们重视的奇妙特性，如拔丝性（能拉伸成极细的细丝，可见"春蚕到死丝方尽"一文），剪切变稀（可见"腱鞘囊肿治愈记"一文），连滴效应（其自由射流形成的小滴之间有液流小杆相连），液流反弹等。

二、流体传动中液压冲击现象的利与弊

液压冲击是流体传动系统中常见的一类问题，液压冲击的存在给系统工作过程的稳定性和可靠性等诸多方面带来了极大的不良影响，所以要采取有效措施加以控制。但在工程实践中，有时也可利用液压冲击的作用完成一些对生产有利的应用。例如，利用水锤原理可制造称为液压油缸的简单水泵，有时可以使用水锤检测泄漏，可以在管道中检测封闭的气穴。

类似以上的情况在工程中时常见到，因此，在从事工程技术相关工作中，要以辩证思维和系统眼光全面分析复杂问题，从错综复杂的关系中找出问题的本质，才更利于工程问题的对照解决和创新发展。

【思考题和习题】

2-1　如何定义液体中某点的压力？压力有哪几种表示方法？液压系统的压力与外界负载有什么关系？

2-2　静止流体内任一点所受到的压力在各个方向上为什么都相等？

2-3　解释下述概念：理想流体、定常流动、流量、层流、湍流（紊流）和雷诺数。

2-4　连续性方程的本质是什么？它的物理意义是什么？

2-5　说明伯努利方程的物理意义并指出理想液体伯努利方程和实际液体伯努利方程的区别。

2-6　如图 2-21 所示的连通器中，内装两种液体，其中已知水的密度是 $\rho_1 = 1000 \text{ kg/m}^3$，$h_1 = 60 \text{ cm}$，$h_2 = 75 \text{ cm}$，试求另一种液体的密度 ρ_2。

2-7　如图 2-22 所示的渐扩水管，已知 $d = 15 \text{ cm}$，$D = 30 \text{ cm}$，$p_A = 6.86 \times 10^4 \text{ Pa}$，$p_B = 5.88 \times 10^4 \text{ Pa}$，$h = 1 \text{ m}$，$v_B = 1.5 \text{ m/s}$。试求（1）$v_A$；（2）水流的方向；（3）压力损失。

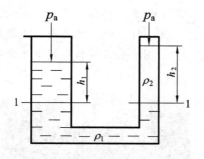

图 2-21　题 2-6图

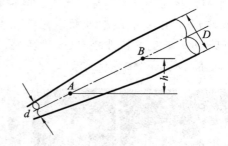

图 2-22　题 2-7图

2-8　如图 2-23 所示，液压柱塞缸缸筒直径 $D = 150 \text{ mm}$，柱塞直径 $d = 100 \text{ mm}$，负载 $F = 5 \times 10^4 \text{ N}$。若不计液压油自重及柱塞与缸体重量，试求图示两种情况下液压柱塞缸内的液体压力。

2-9　消防水龙软管如图 2-24 所示，已知水龙出口直径 $d = 50 \text{ mm}$，水流流量 $q = 2.36 \text{ m}^3/\text{min}$，水管直径 $D = 100 \text{ mm}$，为保持消防水管不致后退，试确定消防员的握持力。

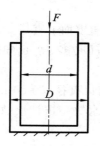 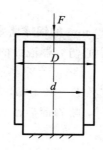

图 2-23 题 2-8 图

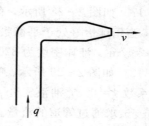

图 2-24 题 2-9 图

2-10 沿直径 $d=200$ mm，长度 $l=3000$ m 的钢管（$\varepsilon=0.1$ mm），输送密度 $\rho=900$ kg/m³ 的油液，流量为 $q=9\times10^4$ kg/h，若其黏度为 $\nu=1.092$ cm²/s，试求沿程损失。

2-11 如图 2-25 所示，液压泵的流量 $q=25$ L/min，吸油管直径 $d=25$ mm，泵入口比油箱液面高出 400 mm，管长 $l=600$ mm。如果只考虑吸油管中的沿程压力损失 Δp_λ，当用 32 号液压油，并且油温为 40℃时，液压油的密度 $\rho=900$ kg/m³。试求油泵入口处的真空度。

2-12 管路系统如图 2-26 所示，A 点的标高为 10 米，B 点的标高为 12 米，管径 $d=250$ mm，管长 $l=1000$ mm，求管路中的流量 q。（沿程阻力系数 $\lambda=0.03$；局部阻力系统：入口 $\zeta_1=0.5$，弯管 $\zeta_2=0.2$，出口 $\zeta_3=1.0$）

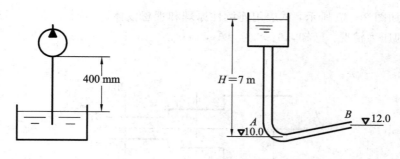

图 2-25 题 2-11 图   图 2-26 题 2-12 图

2-13 已知容器中空气的压力为 1.1705×10^5 Pa（绝对压力），空气的温度为 0℃，经管嘴喷入压力为 1.103×10^5 Pa 的大气中。计算喷嘴出口处气流的速度。

2-14 把绝对压力为 0.1 MPa，温度为 20℃的某容积空气压缩到容积 $0.1V_0$（V_0 为压缩前的初容积）时，试求分别按等温、绝热过程压缩后的压力和温度。

2-15 设湿空气的压力为 0.1013，温度为 20℃，相对湿度为 50%，试求：（1）绝对湿度；（2）含湿量；（3）露点；（4）温度为 20℃时空气的密度。

2-16 如题 2-27 图中所示的压力阀，当 $p_1=6$ MPa 时，液压阀动作。若 $d_1=10$ mm，$d_2=15$ mm，$p_2=0.5$ MPa。

试求：（1）弹簧的预压力 F_s；

（2）当弹簧刚度 $k=10$ N/mm 时的弹

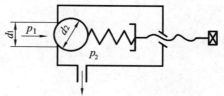

图 2-27 题 2-16 图

簧预压缩量 x_0。

2-17　如图 2-28 所示，有半径 $R=100$ mm 的钢球堵塞着垂直壁面上直径 $d=1.5R$ 的圆孔，当钢球恰好处于平衡状态时，钢球中心与容器液面的距离 H 是多少？已知钢密度为 8000 kg/m³，液体密度为 820 kg/m³。

2-18　如图 2-29 所示，喷管流量计直径 $D=50$ mm，喷管出口直径 $d=30$ mm。局部阻力系数 $\zeta=0.8$，油液密度 $\rho=800$ kg/m³，喷管前后压力差由水银差压计读数，$H=175$ mm。试求通过管道的流量。

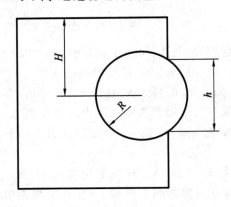

图 2-28　题 2-17 图

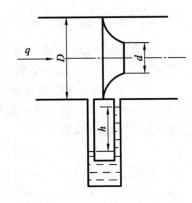

图 2-29　题 2-18 图

2-19　如图 2-30 所示，试应用连续性原理和理想液体伯努利方程，分析变截面水平管道内各处的压力情况。已知，$A_1>A_2>A_3$，$\alpha_1=\alpha_2=\alpha_3$。

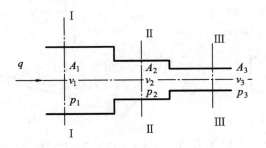

图 2-30　题 2-19 图

第二篇

结构原理与基本应用篇

第 3 章　流体传动与控制动力元件

　　本章主要以起重机液压泵为案例介绍液压泵的工作原理与性能参数。通过本章的学习，要求掌握齿轮式、叶片式、柱塞式液压泵的工作原理、主要结构及性能特点；了解不同类型的泵之间的性能差异及适用范围，为正确选用动力元件奠定基础。

案例三　汽车起重机液压泵

案例简介

　　起重机液压动力元件受起重力负载和室外复杂环境因素的影响，要求工作压力高、抗污染性好，目前主要使用的泵的类型有齿轮泵和柱塞泵。图 3-1 所示是几种起重机常用的液压泵。

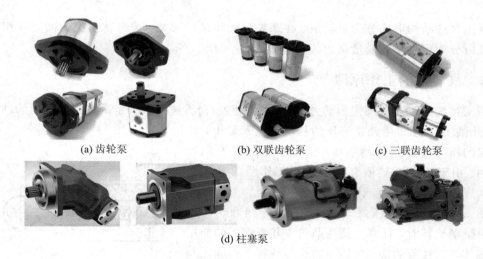

(a) 齿轮泵　　　　　(b) 双联齿轮泵　　　　　(c) 三联齿轮泵

(d) 柱塞泵

图 3-1　几种起重机常用的液压泵

案例分析

　　液压泵由原动机(电动机或柴油机等)驱动，把输入的机械能转换成油液或气体的压力能再传输到流体传动系统中去，为执行元件提供动力。它们是汽车起重机流体传动与控制系统的核心元件，其性能好坏将直接影响系统是否能正常工作。液压泵是起重机实现支腿伸缩、转台回转、吊臂收缩、吊臂变幅和吊重起升等的动力来源。

【理论知识】

3.1　概　述

　　液压泵和气源装置是流体传动系统中的动力元件，是能量转换装置，是流体传动与控制系统的能源装置。下面分别介绍液压和气压传动的动力元件液压泵和气源装置。

　　手动液压泵的实物如图 3-2 所示，液压泵站的实物如图 3-3 所示。这里所说的液压泵站是指可以提供多种压力、多种流量的液压能源。

图 3-2　手动液压泵

图 3-3　液压泵站

　　液压泵按结构形式分为齿轮泵、柱塞泵和叶片泵三大类；按每转排出的油液体积能否改变又可分为定量泵和变量泵。

3.1.1　液压泵的工作原理

　　液压系统是以液压泵作为动力元件(能源装置)向系统提供一定的流量和压力的动力元件。液压泵由电动机带动将液压油从油箱吸入泵中，并以一定的压力输送到传动系统中，使执行元件推动负载做功。由于这种泵是依靠泵的密封工作腔的容积变化来实现吸油和压油的，因而称为容积式泵。

　　图 3-4 所示为液压泵的工作原理图。当凸轮 1 由原动机带动旋转时，柱塞 2 便在凸轮 1 和弹簧 4 的作用下在泵体 3 内往复运动。泵体 3 内孔与柱塞 2 外圆之间有良好的配合精度，保证柱塞在泵体 3 孔内作往复运动时没有泄漏。当柱塞右移时，泵体内工作腔 a 的容积变大，产生真空，油箱中的油液便在大气压力作用下通过吸油阀 6 吸入泵内，实现吸油。如果偏心轮不断地旋转，液压泵就会不断地完成吸油和压油动作，因此就会连续不断地向液压系统供油。容积式泵的流量大小取

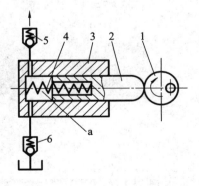

1—凸轮；2—柱塞；3—泵体；4—弹簧；
5—压油(单向)阀；6—吸油(单向)阀

图 3-4　液压泵工作原理

决于密封工作腔容积变化的大小和次数。若不计泄漏，则流量与压力无关。

从上述液压泵的工作原理可看出液压泵的主要特点有以下三方面：

（1）必须具有若干个密封且又可以周期性变化的空间。液压泵的输出流量与此密封空间变化量和单位时间的变化次数成正比，与其他因素无关。这是容积式液压泵的一个至关重要的特性。

（2）油箱内液体的绝对压力必须恒大于或等于大气压力。油箱内油液的绝对压力值恒大于或等于大气压力值，这是容积式液压泵能够吸入油液的外部条件。因此，为保证液压泵正常吸油，油箱必须与大气相通，或要采用密闭的充压油箱。

（3）必须具有相应的配流机构。液压泵应具有相应的配流机构将吸油腔与排油腔隔开，保证液压泵有规律地连续吸、排油过程。液压泵的结构原理不同，其配流机构也不相同。图 3-4 所示的单柱塞泵的配流机构就是单向阀 5 和单向阀 6。

3.1.2　液压泵的性能参数

液压泵的性能参数主要是指泵的压力、排量和流量、功率和效率等。

1. 压力

液压泵的压力参数主要是工作压力和额定压力。

1）工作压力

液压泵实际工作时的输出压力称为液压泵的工作压力。工作压力取决于外负载的大小和排油管路上的压力损失之和，而与液压泵的流量无关。泵的最大工作压力是由液压泵和组成部分零件的结构强度及密封的好坏来决定的，随着泵工作压力的提高，它的泄漏量会增大，效率将降低。

2）额定压力

在保证液压泵的容积效率、使用寿命和额定转速的前提下，液压泵长期连续运转时允许使用的最高压力限值，称为液压泵的额定压力。额定压力是泵在正常工作条件下，按实验标准规定能连续运转的最高压力。当泵的工作压力超过额定压力时就会过载，这是应该避免发生的工况。

3）最高允许压力

在超过额定压力的条件下，根据试验标准规定，允许液压泵短暂运行的最高压力值，称为液压泵的最高允许压力，超过此压力时，泵的泄漏量会迅速增加。

由于液压传动系统用途的不同，所需要的压力也不相同，为了便于液压元件的设计、生产和使用，将压力分为几个等级，如表 3-1 所示。但需说明一点，随着科学技术的不断发展和人们对液压传动系统要求的不断提高，压力分级也相应发生变化，压力分级的原则也不是一成不变的。

表 3-1　压 力 分 级

压力分级	低压	中压	中高压	高压	超高压
压力 / MPa	≤2.5	>2.5~8	>8~16	>16~32	>32

2. 排量和流量

排量是泵主轴每转一周所排出液体体积的理论值，是根据泵密封容腔几何尺寸的变化进行计算得到的泵每转排出的液体体积。如果泵的排量固定，则是定量泵；如果排量可变，则为变量泵。一般情况下，定量泵密封性较好、泄漏小，所以在高压时效率会比较高。

流量是泵在单位时间内排出的液体体积的大小。流量的单位是立方米每秒（m³/s）或升每分钟（L/min）。

1）理论流量 q_t

理论流量是指在不考虑液压泵的泄漏流量的条件下，在单位时间内所排出的液体体积。如果液压泵的排量为 V，其主轴转速为 n，则该液压泵的理论流量为

$$q_t = Vn \tag{3-1}$$

式中：V——液压泵的排量（m³/r）；

n——主轴转速（r/s）。

2）实际流量 q

在具体的工况下，液压泵单位时间内所排出的液体体积称为实际流量，它等于理论流量 q_t 减去泄漏和压缩损失后的流量 q_1，即

$$q = q_t - q_1 \tag{3-2}$$

3）额定流量 q_n

额定流量是指液压泵在正常工作条件下，按照试验标准规定（如在额定压力和额定转速下）必须保证的流量。

3．功率和效率

1）效率

液压泵的功率损失有容积损失和机械损失两部分。

液压泵的容积损失是指在流量上的损失。液压泵的实际输出流量总是小于它的理论流量，主要原因是由于液压泵内部高低压腔之间的泄漏、油液的压缩以及在吸油过程中由于吸油阻力太大、油液黏度大以及液压泵转速高等原因，导致油液不能全部充满密封工作腔。

液压泵的容积损失用容积效率来表示，它等于液压泵的实际输出流量 q 与其理论流量 q_t 的比值，即

$$\eta_V = \frac{q}{q_t} = \frac{q_t - q_1}{q_t} \tag{3-3}$$

因此，液压泵的实际输出流量 q 为

$$q = q_t \eta_V = Vn\eta_V \tag{3-4}$$

机械损失是指液压泵在转矩上的损失。液压泵的实际输入转矩 T 总是大于理论上所需要的转矩 T_t，主要原因是液压泵泵体内相对运动部件之间由于机械摩擦而引起的摩擦转矩损失，以及因液体的黏性而引起的摩擦损失。液压泵的机械损失以机械效率来表示。

机械效率等于液压泵的理论转矩 T_t 与实际输入转矩 T 之比。设转矩损失为 T_1，则液压泵的机械效率为

$$\eta_m = \frac{T_t}{T} = \frac{1}{1 + \dfrac{T_1}{T_t}} \tag{3-5}$$

2）功率

液压泵的输入功率 P_i 是指作用在液压泵主轴上的机械功率，当输入转矩为 T_i、角速

度为 ω 时，有

$$P_i = T_i \omega \tag{3-6}$$

液压泵的输出功率 P 是液压泵在工作过程中吸压油口间的实际压差 Δp 和输出流量 q 的乘积，即

$$P = \Delta p q \tag{3-7}$$

3）总效率

液压泵的总效率是指液压泵的实际输出功率与其输入功率的比值，也是液压泵容积效率和机械效率的乘积，即

$$\eta = \frac{P}{P_i} = \frac{\Delta p q_t \eta_V}{T_i \omega} = \eta_V \eta_m \tag{3-8}$$

例 3.1　某液压系统，泵的排量 $V = 10$ mL/r，电机转速 $n = 1200$ r/min，泵的输出压力 $p = 5$ MPa，泵的容积效率 $\eta_V = 0.92$，机械效率 $\eta_m = 0.98$，试求：（1）泵的理论流量；（2）泵的实际流量；（3）泵的输出功率；（4）驱动电机功率。

解　（1）泵的理论流量为

$$q_t = V n = 10 \times 10^{-3} \times 1200 \text{ L/min} = 12 \text{ L/min}$$

（2）泵的实际流量为

$$q = q_t \eta_V = 12 \times 0.92 \text{ L/min} = 11.04 \text{ L/min}$$

（3）泵的输出功率为

$$P = \Delta p q = \frac{5 \times 10^6 \times 11.04 \times 10^{-3}}{60} = 920 \text{ W}$$

（4）驱动电机功率即泵的输入功率为

$$P_i = \frac{P}{\eta} = \frac{920}{0.92 \times 0.98} = 1.02 \times 10^3 \text{ W}$$

3.2　齿　轮　泵

齿轮泵是液压泵中结构最简单的一种，且价格便宜，故在一般机械上被广泛使用。

3.2.1　齿轮泵的结构及工作原理

齿轮泵是定量泵，根据齿轮的啮合形式分为外啮合齿轮泵和内啮合齿轮泵两种。

1. 外啮合齿轮泵

1）工作原理

外啮合齿轮泵的工作原理图如图 3-5 所示。外啮合齿轮泵是由装在壳体内的一对齿轮组成的，齿轮两侧有端盖（图中未画出），壳体和齿轮的各个齿间槽共同组成了密封工作腔。当齿轮按图示方向旋转时，右侧吸油腔由于相互啮合的轮齿逐渐脱开，密封工作容积逐渐增大，形成部分真空，则油箱中的油

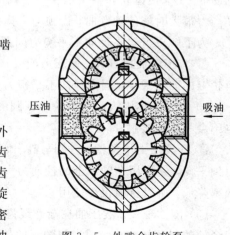

图 3-5　外啮合齿轮泵

液在外界大气压力的作用下，经吸油管进入吸油腔，将齿间槽充满，随着齿轮旋转，把油液带到左侧压油腔内；在压油区一侧，由于轮齿在该部分会逐渐进入啮合，密封工作腔容积不断减小，油液便被排放出去，从压油腔输送到压力管路中去。在齿轮泵的工作过程中，只要两齿轮的旋转方向不变，其吸、排油的位置也确定不变。在啮合点处的齿面接触线分隔开高、低两油腔，并起着配油作用，因此在齿轮泵中无须设置专门的配流机构，这是齿轮泵和其他类型的容积式液压泵的结构不同之处。

2）结构特点

外啮合齿轮泵的泄漏、困油和液压径向不平衡力是影响泵性能指标和寿命的三大问题。各种不同齿轮泵的结构特点的差异性，都是因为用了不同的结构措施来解决这三个问题的缘故。

（1）泄漏。由外啮合齿轮泵的结构及工作原理可知：壳体、端盖和齿轮的各个齿间槽组成许多密封工作腔，而泵中组成密封工作腔的零件作相对运动，使零件之间具有间隙，间隙产生的泄漏将影响泵的实际工作性能。

齿轮泵压油腔的压力油主要通过三个途径泄漏至低压腔中：

① 泵体内表面和齿顶径向间隙的泄漏。由于齿轮转动方向与泄漏方向相反，压油腔到吸油腔通道较长，所以其泄漏量相对较小，约占总泄漏量的 $10\%\sim15\%$ 左右。

② 齿面啮合处间隙的泄漏。由于齿形误差的存在会使齿轮啮合时沿齿宽方向接触不好，产生间隙，使压、吸油腔之间产生泄漏，这部分泄漏量很少。

③ 齿轮端面与前后盖间隙的泄漏。齿轮端面与前后盖之间的端面间隙较大，该端面间隙封油长度较短，因此泄漏量最大，可占泵总泄漏量的 $70\%\sim75\%$。

从以上内容可知，齿轮泵由于泄漏量较大，其额定工作压力不高，若要提高齿轮泵的额定压力并保证较高的容积效率，首先要减少端面间隙的泄漏问题。

（2）液压径向不平衡力。在齿轮泵中吸油腔与压油腔间存在压差，在泵体内表面与齿轮齿顶之间又存在径向间隙，所以可认为压油腔中油液的压力将逐渐分级下降到吸油腔油液的压力，这些液体压力综合作用的结果，相当于给齿轮一个径向的作用力（即不平衡力，见图 3-6），使齿轮和轴承承受一定载荷作用。工作压力越大，径向不平衡力越大。径向不平衡力很大时能使轴弯曲，齿顶与壳体发生接触，同时加速轴承的磨损，缩短轴承的寿命。

为了解决齿轮泵径向不平衡力问题，可以采用以下三个方法：

① 减小压油口直径，使压力油仅作用在一个齿到两个齿的范围内，这样压力油作用于齿轮上的面积减小，因而径向不平衡力也相应地减小。

② 增大泵体内表面与齿轮齿顶圆的间隙，保证即使齿轮在径向不平衡力作用下，齿顶也不会和泵体接触。

③ 开设压力平衡槽，分别与高、低压油腔相通，这样吸油腔与压油腔相对应的径向力得到平衡，使作用在轴承上的径向力大大地减小。但此种方法会使泵的内泄漏增加，容积效率降低，所以目前很少使用。

（3）困油现象。液压油在渐开线齿轮泵运转过程中，常有一部分液压油被封闭在齿轮啮合处的封闭体积内，因齿间的封闭体积大小随时间改变，会导致该封闭体积内液体的压

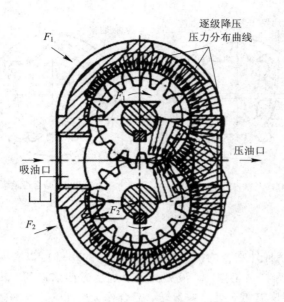

图 3-6　齿轮泵的径向不平衡现象

力急剧波动变化，这种现象称为齿轮泵的困油现象。

　　齿轮泵要连续平稳工作，齿轮啮合的重叠系数必须大于1，即要求在一对轮齿即将脱开啮合前，后一对轮齿就要开始进入啮合状态。在两对轮齿同时啮合的一小段时间内，留在齿间的油液被困在两对轮齿和前后泵盖所形成的一个密闭空间中，如图 3-7 所示。当齿轮继续旋转时，这个空间的容积逐渐减小，而油液的可压缩性很小，当封闭空间的容积减小时，被困的油液受到挤压，压力急剧上升，油液从零件接合面的缝隙中强行挤出，使齿轮和轴承受到很大的径向力；

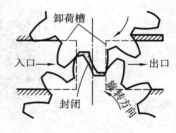

图 3-7　齿轮泵的困油现象

当齿轮继续旋转时，这个封闭容积又逐渐增大而造成局部真空，使油液中溶解的气体分离，产生气穴现象，这些都将使齿轮泵产生极大的震动和噪音，这就是齿轮泵困油现象的整个过程。

　　为减小液压泵的困油现象，必须在侧板上开设卸荷槽。卸荷措施是在前后盖板或浮动轴套上开卸荷槽。开设卸荷槽的原则：两卸荷槽之间的距离必须保证在任何时候都不能使吸油腔和压力腔互相连通，而又要使密封容积在缩小时，通过右边卸荷槽与压力腔相通；在密封容积增大时，通过左边卸荷槽与吸油腔相通，这样就基本上消除了困油现象。

　　2. 内啮合齿轮泵

　　内啮合齿轮泵有渐开线齿形和摆线齿形两种，其工作原理如图 3-8 所示。它与外啮合齿轮泵的工作原理基本相同，只是齿轮啮合的形式不同。

　　内啮合齿轮泵共同的特点是：由于内外齿轮转向相同，齿面间相对速度、运转噪音小；因齿数相异，没有困油现象，但因外齿轮的齿端必须始终与内齿轮的齿面紧贴，以防内漏，故不适用较高的压力场合，泵的额定压力可达到 30 MPa。

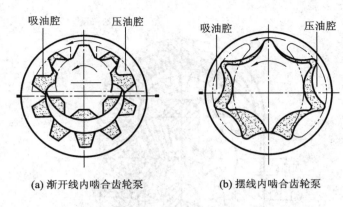

(a) 渐开线内啮合齿轮泵　　　　　　(b) 摆线内啮合齿轮泵

图 3-8　内啮合齿轮泵工作原理

3. 螺杆泵

螺杆泵实质上是一种外啮合的摆线齿轮泵，泵内的螺杆可以有两个或三个，其工作原理如图 3-9 所示。在螺杆泵工作时，液压油是沿螺旋方向前进的，转轴径向负载各处均相等，脉动小，故运动时噪音低，可高速运转，适合作大容量泵。

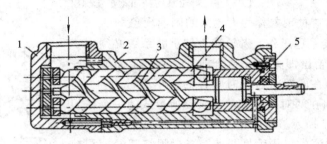

1—后盖；2—泵体；3—主螺杆；4—从动螺杆；5—前盖

图 3-9　螺杆泵工作原理

螺杆泵不适合用于高压工作场合，一般用于燃油、润滑油泵而不用作液压泵。目前，螺杆泵常用在精密机床上和用来输送黏度大或含有颗粒物质的液体。螺杆泵的缺点是其加工工艺复杂，加工精度高，所以它的应用受到了很大的限制。

3.2.2　齿轮泵的流量和排量

齿轮泵的排量 V 是齿轮每转一周，泵所排出的液体体积，它近似地等于两个齿轮的齿间容积之和。设齿间槽的容积等于轮齿体积，可得出齿轮泵的排量为

$$V = \pi DhB = 2\pi zm^2 B \tag{3-9}$$

式中：D——齿轮节圆直径；

$\quad\ h$——齿轮齿高；

$\quad\ B$——齿轮齿宽；

$\quad\ z$——齿轮齿数；

$\quad\ m$——齿轮模数。

由于齿间容积比轮齿的体积稍大，并且齿数越少其差值越大，考虑到这一因素，将 2π

用 6.66 代替比较符合实际情况，因此，齿轮泵实际排量为

$$V = 6.66zm^2B \tag{3-10}$$

齿轮泵实际流量 q 为

$$q = Vn\eta_V = 6.66zm^2Bn\eta_V \tag{3-11}$$

式中：n——齿轮泵的转速；

η_V——齿轮泵的容积效率。

式（3-11）是齿轮泵的平均流量。根据齿轮啮合原理可知，齿轮在啮合过程中由于啮合点位置不断变化，吸、压油腔在每一瞬时的容积变化率是不均匀的，所以齿轮泵的瞬时流量是脉动的。设 q_{max} 和 q_{min} 分别表示齿轮泵的最大和最小瞬时流量，则其流量的脉动率 δ_q 为

$$\delta_q = \frac{q_{max} - q_{min}}{q} \times 100\% \tag{3-12}$$

通过已有研究可知，齿轮泵的齿数越少，δ_q 就越大。表 3-2 给出了不同齿轮齿数时齿轮泵的流量脉动率。在相同情况下，内啮合齿轮泵的流量脉动率要小得多。

表 3-2　不同齿数齿轮泵的流量脉动率

z	6	8	10	12	14	16	20
$\delta_q/(\%)$	34.7	26.3	21.2	17.8	15.3	13.4	10.7

3.2.3　平衡式外啮合余弦齿轮泵

平衡式外啮合余弦齿轮泵是一种新型的齿轮泵，它的结构和工作原理与外啮合齿轮泵基本相同，但它的结构紧凑、流量脉动小、功率密度高、中心齿轮受力平衡。

1. 结构及工作原理

平衡式外啮合余弦齿轮泵是在结合复合式齿轮泵和普通余弦齿轮泵的基础上发展出来的一种新型液压动力元件。此新型余弦齿轮泵主要由中心余弦齿轮（主动轮）、3 个均匀分布的从动余弦齿轮、泵体端盖及配流盘等组成，如图 3-10 所示。

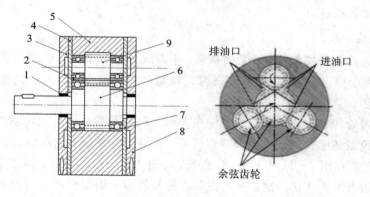

1—轴封；2—滑动轴承；3—左配流盘；4—左端盖；5—泵体；
6—中心余弦齿轮；7—右端盖；8—右配流盘；9—从动余弦齿轮

图 3-10　结构原理

原动机加载在中心齿轮上，与周围的 3 个从动余弦齿轮构成独立的齿轮泵（简称子泵）。在余弦齿轮传动中啮合线为 3 条曲线，如图 3－11 所示。

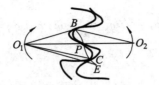

图 3－11　余弦齿轮啮合传动

2. 特性分析

1）功率密度和径向力

（1）功率密度。由图 3－11 可知，在同等参数下，平衡式外啮合余弦齿轮泵的平均流量、几何排量和瞬时流量与普通外啮合齿轮泵的相比，均增加了 2 倍，即在输出流量一定时，泵的体积和重量均减小了，也就是功率密度明显提高了。

（2）轴向力分析。由图 3－12 可知，平衡式外啮合余弦齿轮泵的 3 个从动轮均匀分布在中心余弦齿轮的周围，3 个子泵的进油口对中心齿轮所形成的径向液压力在齿轮的圆周方向也均匀分布，各子泵的压力分布区的径向力合力都相等，并分别指向中心余弦齿轮。

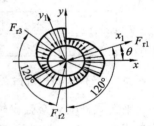

图 3－12　中心轴径向力

在 x、y 轴方向的合力都为 0，所以力系与坐标系的选取无关，同理齿轮啮合传动之间产生的啮合力在坐标系中的投影合力的径向力在中心轮上也为零，这样就降低了中心轴的磨损，使泵的使用寿命得以延长。

3 个从动齿轮与主动轮构成的从动子泵的工作原理与普通外啮合齿轮泵相同，从动齿轮的受力状况与普通余弦齿轮泵的相同，从动齿轮上承受的不平衡径向力最终合成的总的不平衡径向力可近似计算。

2）流量特性分析

普通余弦齿轮泵的排量，即子泵的排量，平衡式外啮合余弦齿轮泵的排量就是各子泵排量的和。普通余弦齿轮泵的流量，即子泵的流量，平衡式外啮合余弦齿轮泵的流量就是各子泵流量的和。

由于余弦齿轮传动过程中啮合线是一条曲线，而不是渐开线齿轮传动的直线，所以余弦齿轮泵瞬时流量随啮合点的位置改变而改变，其输出流量最大的点出现在啮合点距最小处，最小的点出现在图 3－11 中的 B、C 点处，即进入或退出啮合时。当主动齿轮每转过一个齿距角时，输出流量变化一次，因此主动齿轮每转过一周都会产生与齿数相当的比较严重的周期性脉动。

3. 平衡式外啮合余弦齿轮泵的特点

（1）在同等参数下，与普通外啮合齿轮泵相比，平衡式外啮合余弦齿轮泵的平均流量、几何排量均增加了 2 倍。

（2）当中心轮齿数 $z_1 = 3k \pm 1$ 时，平衡式外啮合余弦齿轮泵的流量脉动率约为普通余弦齿轮泵的 1/3，如图 3-13 所示，流量品质得到了提高。

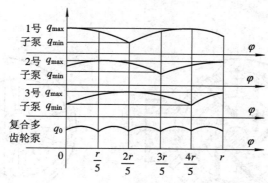

图 3-13　各泵的流量脉动

（3）平衡式外啮合余弦齿轮泵的优点是流量脉动小、功率密度高、中心齿轮受力平衡。

总之，这种新型平衡式外啮合余弦齿轮泵可拓展齿轮泵的应用领域，有较高的研究和应用价值。

3.2.4　齿轮泵特点及应用

齿轮泵的优点是结构简单、制造工艺性好、价格便宜、自吸能力较好、抗污染能力强，而且可承受冲击性载荷。齿轮泵的缺点是流量脉动大、泄漏大、噪声大、效率低、零件的互换性差，磨损后不易修复。

齿轮泵主要应用于环境差、精度要求不高、通常工作压力值小于 10 MPa 的场合，如工程机械、建筑机械、农用机械等。

3.3　叶　片　泵

叶片泵是常见的一类液压泵，被广泛应用于中、低压的液压系统中。叶片泵具有运转平稳、压力脉动小、噪音低、结构紧凑、流量大等优点。但它也存在对油液清洁度要求高（如油液中有杂质，则叶片容易卡死）、与齿轮泵相比结构较复杂等缺点。因此，它广泛应用于机械制造行业中的专用机床、注射机、自动线、起重机械和船舶等工程机械领域。

叶片泵有两种结构形式：一种是工作容积在转子旋转一周吸排油一次的单作用叶片泵；另一种是工作容积在转子旋转一周吸排油两次的双作用叶片泵。

单作用叶片泵常作变量泵，工作压力最大为 7 MPa，双作用叶片泵常作定量泵，一般最大工作压力亦为 7 MPa。经结构改进的高压叶片泵最大工作压力可达 16～21 MPa。

3.3.1　单作用叶片泵

单作用叶片泵的工作原理如图 3-14 所示，泵主要由转子 1、定子 2、叶片 3 和端盖等组成。定子具有圆柱形内表面，定子和转子之间有偏心距 e，叶片装在转子槽中，并可在槽内滑动，当转子回转时，由于离心力的作用，使叶片紧靠在定子内壁。叶片泵的这种结构使相邻两叶片及配流盘间形成密闭容积，当转子每转动一周时，密闭容积大小发生一次变化，实现一次吸、压油。由于进排油腔有压差，转子受不平衡径向液压力作用，所以也称为非平衡式叶片泵。

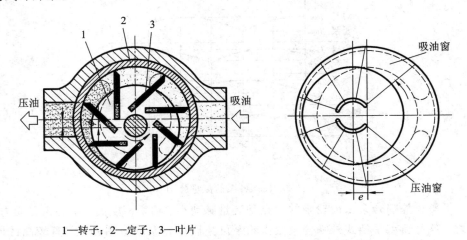

1—转子；2—定子；3—叶片

图 3-14　单作用叶片泵工作原理

叶片泵叶片槽根部也有压力油的吸油和压油过程，但如果叶片槽根部全部通压力油会带来一定的副作用：① 定子的吸油腔内部被叶片刮破，造成磨损；② 部分压力油进入叶片槽根部，减少了泵的理论排量；③ 可能引起瞬时理论流量脉动。

单作用叶片泵的流量是有脉动的，从理论上分析，泵内叶片数越多，流量脉动率越小。此外，叶片数为奇数的泵的脉动率比叶片数为偶数的泵的脉动率小，所以单作用叶片泵的叶片数均为奇数，一般为 13 或 15 片。

单作用叶片泵的流量和排量近似公式如下：

$$V = 2\pi DBe \tag{3-13}$$

$$q = 2\pi DBen\eta_V \tag{3-14}$$

式中：D——定子直径；

　　　B——转子的宽度；

　　　e——定子与转子的偏心距；

　　　n——转子的速度；

　　　η_V——泵的容积效率。

单作用叶片泵的结构特点如下：

（1）改变转子与定子的偏心距，即可改变泵的流量，偏心越大，流量越大，如调节成转子与定子几乎是同心，则流量趋近于零。因此，单作用叶片泵大多为变量泵。

（2）另外还有一种限压式变量泵，当负荷小时，泵输出流量大，负载可快速移动，当负荷增加时，泵输出流量变少，输出压力增加，负载速度降低，如此可减少能量消耗，避免油温上升。

（3）理论分析表明，泵内叶片数越多，流量脉动率越小，此外，奇数叶片的泵的脉动率比偶数叶片的泵的脉动小。

（4）为了防止吸、排油腔的连通，配流盘的吸、排油口间密封角要略大于两相邻叶片间的夹角。当两个叶片通过密封区时，容积发生变化，会产生困油现象，但并不严重，可采用在配流盘的排油口边缘开设三角卸荷槽的方法来消除此现象。

（5）叶片沿着旋转方向后倾安装。由于叶片仅靠离心力的作用和定子内表面接触，考虑到叶片受惯性力的作用，同时考虑叶片顶部的摩擦力以及叶片的离心力作用，三者的合力尽量与槽的倾斜方向一致，防止侧向分力影响叶片的伸出，所以转子槽是后倾的。

（6）转子上的径向力不平衡，轴及轴承的负荷较大，泵的工作压力提高受到限制。

3.3.2　双作用叶片泵

双作用叶片泵的工作原理如图 3-15 所示，它主要是由定子 1、转子 2、叶片 3 和配流盘（见图 3-16）等组成。转子和定子的中心重合，同心安装，定子内表面近似为椭圆，两个吸油区和两个压油区对称布置。双作用叶片泵与单作用叶片泵的工作原理相同，不同的是双作用叶片泵的转子每转一周，密封的工作容积完成两次由大到小的变化，实现两次吸油和两次压油，因此，双作用叶片泵大多是定量泵。

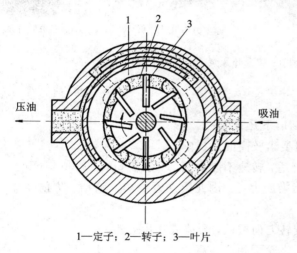

1—定子；2—转子；3—叶片

图 3-15　双作用叶片泵的工作原理

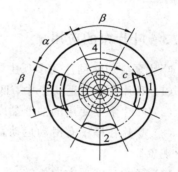

1、3—压油窗口；2、4—吸油窗口

图 3-16　配流盘结构

如不考虑叶片厚度，双作用叶片泵的输出流量是均匀的，但实际叶片是有厚度的，长半径圆弧和短半径圆弧也不可能完全同心，尤其是叶片底部槽与压油腔相通，因此泵的输出流量将出现微小的脉动，但其脉动率较其他形式的泵（螺杆泵除外）小得多，且在叶片数为 4 的整数倍时最小，为此，双作用叶片泵的叶片数一般为 12 片或 16 片。

在工作过程中，叶片受到离心力和叶片底部的液压力作用，使叶片和定子紧密接触。当叶片转到压油区时，定子内壁迫使叶片缩向转子中心。在双作用叶片泵中，将叶片顺着转子回转方向前倾一个角度，可减小定子内壁对叶片作用的侧向力，使叶片在槽中移动灵活，并减少磨损。

双作用叶片泵的配流盘结构如图 3-16 所示。在配流盘上有两个吸油窗口 2、4 和两个排油窗口 1、3，窗口之间为密封区，密封区的中心角 α 略大于或大于两个叶片间的夹角 β，保证高低压油区分隔开。当两个叶片间的密封油液由吸油区过渡到密封区时，压力基本上是吸油压力。当转子在转过一个微小的角度时，该密封腔和压油腔相通，油压突然升高，油液的体积收缩，压油腔的油液倒流到该腔，泵的瞬时流量突然减小而引起液压泵的流量脉动、压力脉动、振动和噪声。为了消除这一现象，可在配流盘的压油窗口靠近叶片处从吸油区进入密封区的一边开设三角槽。通常在配流盘接近中心位置处开槽。槽和压油腔相通，并和转子叶片槽底部相通，使叶片底部作用有压力油。

双作用叶片泵因两个排油口对称布置，转子所受径向液压力完全平衡，故又称平衡式叶片泵。由于双作用叶片泵驱动轴的轴承受力平衡，其工作压力、使用寿命都比单作用叶片泵高。

双作用叶片泵除有单联泵外，还有双联、三联的双作用叶片泵，如图 3 - 17 所示。

(a) 叶片泵的组成及实体结构　　　　　　　(b) 双联叶片泵　　　(c) 三联叶片泵

图 3 - 17　叶片泵

3.3.3　叶片泵的应用

叶片泵应用时的注意事项主要包括以下几方面：

（1）叶片泵主要适用于中、低压且要求较高的系统中。

（2）叶片泵中使用的油液黏度要合适，转速不能太低，一般在 $500\sim1500$ r/min。

（3）叶片在槽中有滑动运动，抗污染能力差，因此要注意油液的清洁，防止叶片出现卡死现象。

（4）通常只能单方向旋转，如果旋转方向错误，会造成叶片折断。

（5）制造加工要求高，因此成本与齿轮泵相比要高。

3.4　柱　塞　泵

柱塞泵是通过柱塞在液压缸内作往复运动来实现吸油和压油过程的。与齿轮泵和叶片泵相比，该类泵能以最小的尺寸和最小的重量供给最大的动力，是一种高效率的泵，但制造成本相对较高。该泵适用于高压、大流量、大功率的场合。

柱塞泵可分为轴向柱塞泵和径向柱塞泵两种。柱塞沿径向放置的泵称为径向柱塞泵，柱塞沿轴向布置的泵称为轴向柱塞泵。为了实现连续吸油和压油过程，柱塞数必须大于等于 3。

3.4.1　轴向柱塞泵

轴向柱塞泵的结构及工作原理如图 3 - 18 所示。轴向柱塞泵可分为斜盘式（见图 3 - 18(a)）和斜轴式（见图 3 - 18(b)）两种，这两种泵都是变量泵，通过调节斜盘或斜轴倾角 γ，即可改变泵的输出流量。

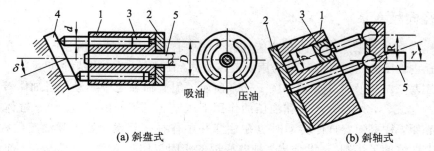

(a) 斜盘式　　　　　　　　　　　　　　　(b) 斜轴式

1—缸体；2—配流盘；3—柱塞；4—斜盘；5—传动轴

图 3 - 18　轴向柱塞泵的结构及工作原理

　　斜盘式轴向柱塞泵是由传动轴 5、斜盘 4、柱塞 3、缸体 1 和配流盘 2(见图 3 - 19)等主要零件组成的。传动轴带动缸体旋转，斜盘和配流盘是固定不动的。柱塞均布于缸体内，并且柱塞头部靠机械装置或在低压油作用下紧压在斜盘上。斜盘的法线和缸体轴线交角为斜盘倾角 γ。当传动轴旋转时，柱塞随缸体转动同时还在机械装置或低压油的作用下，在缸体内作往复运动，柱塞在其自下而上的半圆周内旋转时向外伸出，使缸体内孔和柱塞形成的密封工作容积不断增加，产生局部

图 3 - 19　配流盘

真空，将油液经配流盘的吸油口吸入；柱塞在其自上而下的半圆周内旋转时又逐渐压入缸体内，使密封容积不断减小，将油液从配流盘窗口向外压出。缸体每转动一次，完成吸、压油一次。如果改变倾角 γ 的大小，就能改变柱塞行程长度，也就改变了泵的排量；如果改变斜盘倾角 γ 的方向，就能改变吸、压油的方向，此时就成为双向变量轴向柱塞泵。

　　图 3 - 18(b)是斜轴式轴向柱塞泵的工作原理图。当传动轴在电动机的带动下转动时，斜轴式轴向柱塞泵的连杆推动柱塞在缸体中往复运动，同时连杆的侧面带动柱塞连同缸体一同旋转，利用固定不动的平面配流盘的吸入、压出窗口进行吸油、压油。若改变缸体的倾斜角度 γ，就可改变泵的排量；若改变缸体的倾斜方向，就可成为双向变量轴向柱塞泵。

　　轴向柱塞泵缸体旋转一周排出的液体体积即排量为

$$V = \frac{\pi}{2} z d^2 R \tan\gamma \tag{3-15}$$

　　泵的实际输出流量 q 为

$$q = \frac{\pi}{2} z d^2 n R \tan\gamma \eta_V \tag{3-16}$$

式中：z——柱塞数；

　　　　d——柱塞直径；

　　　　R——缸体上柱塞孔的分布圆半径；

　　　　γ——斜盘倾角；

　　　　n——轴的转速；

　　　　η_V——泵的容积效率。

3.4.2　径向柱塞泵

径向柱塞泵的柱塞运动方向与液压缸缸体的中心线垂直,柱塞沿径向均匀分布在缸体上的柱塞孔内。径向柱塞泵又可分为固定液压缸式和回转液压缸式两种。

径向柱塞泵结构及工作原理如图3-20所示。配流轴和定子不动,当缸体转动时,柱塞随缸体一起旋转,并在离心力和油压的作用下压紧在定子的内环上。由于缸体与定子有一定的偏心距,柱塞随着缸体转动时也在柱塞孔中作往复运动,处于吸油腔的柱塞(见图3-20(a)中缸体的下半圆)逐渐伸出,柱塞底部的密闭工作腔增大,形成真空,油液经配流轴上的吸油窗口吸入其内;处于排油腔的柱塞(见图3-20(a)中缸体的上半圆)逐渐缩回,油液受挤压,经配流轴上的排油窗口排出。

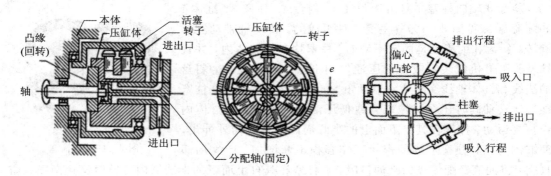

(a) 回转液压缸式径向柱塞泵　　　　　　　(b) 固定液压缸式径向柱塞泵

图3-20　径向柱塞泵结构及工作原理

设柱塞的直径为d,柱塞数为z。由于径向柱塞泵的定子和转子存在偏心距e,所以缸体每转一周时,各柱塞吸、排油各一次,完成一个往复行程,其行程长度等于偏心距的2倍。因此,泵的理论排量V及实际流量q为

$$V = \frac{\pi}{2}zed^2 \tag{3-17}$$

$$q = \frac{\pi}{2}zend^2\eta_V \tag{3-18}$$

3.4.3　柱塞泵的特点及应用

与齿轮泵和叶片泵相比,柱塞式液压泵具有以下特点:

(1)柱塞泵工作压力高,一般情况下压力范围在20~40 MPa,最高工作压力可达到100 MPa;容积效率高,可达到92%~98%,因此,额定工作压力高,可达35 MPa。

(2)流量大,易于实现变量,可制成各种类型的变量泵。

(3)工作转速高,功率与质量之比在所有的液压泵中最大;流量、压力脉动小,运转平稳。

(4)主要零件均受压,使材料的强度得以充分利用,寿命长,单位功率重量小。但零件制造精密,制造成本高,使用时对油液的清洁度要求高。

由于柱塞泵的综合性能好,因此广泛应用于高压、大流量、大功率的液压系统中,如

冶金、工程机械、船舶、航空、武器装备等各个部门。

3.5 各类液压泵的性能比较及应用

3.5.1 液压泵的图形符号

各类液压泵的图形符号如图 3 - 21 所示。

　(a) 单向定量液压泵　　(b) 单向变量液压泵　　(c) 双向定量液压泵　(d) 双向变量液压泵

图 3 - 21 液压泵的图形符号

3.5.2 液压泵的选择原则

1. 变量的要求

选择液压泵首先要考虑液压系统对泵的要求中是否要求变量。径向柱塞泵、轴向柱塞泵、单作用叶片泵可作为变量泵，齿轮泵和双作用叶片泵多为定量泵。

2. 工作压力的确定

不同类型的液压泵提供的工作压力大小有很大区别：柱塞泵的压力一般为 31.5 MPa；叶片泵压力一般为 6.3 MPa，高压化以后可达 16 MPa；齿轮泵压力一般为 2.5 MPa，高压化以后可达 21 MPa。

3. 工作环境

工作环境的好坏会直接影响到液压泵的选择，齿轮泵的抗污染能力最好，而叶片泵和柱塞泵抗污染能力较差。

4. 噪声指标

低噪声泵有内啮合齿轮泵、双作用叶片泵和螺杆泵；双作用叶片泵和螺杆泵的瞬时流量均匀。

5. 效率

轴向柱塞泵的总效率最高；同结构的泵，排量大的泵总效率高；同排量的泵在额定工况下总效率最高。

在选择液压泵时，通常是先根据对液压泵的性能要求来选定液压泵的形式，再根据液压泵所应保证的额定压力和额定流量来确定它的具体规格。

液压泵的工作压力是根据执行元件的最大工作压力来决定的，考虑到各种压力损失，泵的最大工作压力 $p_泵$ 可按下式确定：

$$p_泵 \geqslant k_压 \times p_缸 \qquad\qquad (3-19)$$

式中：$p_泵$——液压泵所需要提供的压力（Pa）；

$k_压$——系统中压力损失系数，取 $1.3\sim1.5$；

$p_缸$——液压缸中所需的最大工作压力(Pa)。

液压泵的输出流量取决于系统所需最大流量及泄漏量，即

$$q_泵 \geqslant K_流 \times q_缸 \tag{3-20}$$

式中：$q_泵$——液压泵所需输出的流量($\mathrm{m^3/min}$)。

$K_流$——系统的泄漏系数，取 $1.1\sim1.3$；

$q_缸$——液压缸所需提供的最大流量($\mathrm{m^3/min}$)。若为多液压缸同时动作，$q_缸$ 应为同时动作的几个液压缸所需的最大流量之和。

在 $p_泵$、$q_泵$ 求出以后，就可具体选择液压泵的规格，选择时应使实际选用泵的额定压力大于所求出的 $p_泵$ 值，通常可放大 25%。泵的额定流量略大于或等于所求出的 $q_缸$ 值即可。

3.5.3　电动机参数的选择

驱动液压泵所需的电动机功率可按下式确定：

$$P = \frac{p_泵 \times q_泵}{60\eta}$$

式中：P——电动机所需的功率(kW)；

$p_泵$——泵所需的最大工作压力(Pa)；

$q_泵$——泵所需输出的最大流量($\mathrm{m^3/min}$)；

η——泵的总效率。

各种泵的总效率大致如下：齿轮泵 $0.6\sim0.7$；叶片泵 $0.6\sim0.75$；柱塞泵 $0.8\sim0.85$。

3.5.4　液压泵的性能比较

在经济发展的各个领域中，液压泵的应用范围很广，可以整体归纳为两大类：一类统称为固定设备用液压装置，如各类机床、液压机、注塑机、轧钢机等；另一类统称为移动设备用液压装置，如起重机、汽车、飞机等。这两类液压装置对液压泵的选用有较大的差异，它们的区别如表 3-3 所示。

表 3-3　两类不同液压装置的主要区别

固定设备用	移动设备用
原动机多为电动机，驱动转速较稳定，且多在 1450 r/min 左右	原动机多为内燃机，驱动转速变化范围较大，一般在 500~4000 r/min 左右
多采用中压范围，压力范围为 7~21 MPa，个别可达 25 MPa	多采用中、高压范围，压力范围为 14~35 MPa，个别高达 40 MPa
环境温度稳定，液压装置工作温度约为 50~70℃	环境温度变化大，液压装置工作温度约为 -20~110℃
工作环境较清洁	工作环境较脏，尘埃多
因在室内工作，要求噪声低，应不超过 80 dB	因在室外工作，噪声可较大，允许达到 90 dB
空间布置尺寸较宽裕，利于维修、保养	空间布置尺寸紧凑，不利于维修、保养

3.6　气　源　装　置

　　气动系统的动力元件可分为冷气动力元件和热气动力元件两类。常用的冷气动力元件又可分为由空气压缩机供气和由储气罐供气两种。通常将产生、处理和储存压缩空气的设备叫空气压缩机。空气压缩机是供气的动力元件，主要用在工作时间长、供气量大的一般工业用气场合。储气罐供气是用钢瓶内经过处理的高压气体作为气源。它主要用在工作时间短、供气量小、对重量和体积要求都较严格的场合，如导弹或鱼雷的控制系统等。热气动力元件是指在一个燃气发生器中燃烧燃料，使之产生高温高压气体，经处理后供系统使用的气源。热气动力元件具有重量轻、体积小、储存简单的优点，主要用于一些导弹、宇宙飞行器的自动控制系统。

　　气源装置与液压泵一样是动力元件，为系统提供动力来源。气压传动系统中的气源装置是为气动系统提供满足一定质量要求的压缩空气，它是气压传动系统的重要组成部分。气源装置的主体是空气压缩机，空气压缩机产生的压缩空气需要经过降温、净化、减压、稳压等一系列的处理来满足气压系统的工作要求。而使用过的压缩空气排放进入大气时，会产生噪声，应采取降噪措施，改善劳动条件和环境。

3.6.1　气源装置的组成和布置

1. 对压缩空气的要求

　　(1) 要求压缩空气具有一定的压力和足够的流量。因为压缩空气是气动装置的动力源，没有一定的压力不但不能保证执行机构产生足够的推力，甚至都难以保证控制机构实现正确动作；没有足够的流量，就不能满足对执行机构运动速度和程序的要求等。总之，压缩空气没有一定的压力和流量，气动装置的功能就无法实现。

　　(2) 要求压缩空气有一定的清洁度和干燥度。清洁度是指气源中含油量、含灰尘杂质的质量及颗粒大小。干燥度是指压缩空气中含水量的多少，气动装置要求压缩空气的含水量越低越好。由空气压缩机排出的压缩空气虽然能满足一定的压力和流量的要求，但由于清洁度和干燥度达不到要求也不能为气动装置直接使用。因为一般气动设备所使用的空气压缩机都是属于工作压力较低(小于 1 MPa)、用油润滑的活塞式空气压缩机。空气压缩机从大气中吸入含有水分和灰尘的空气，经压缩后，空气温度均提高到 $140\sim180℃$，这时空气压缩机气缸中的润滑油也部分成为气态，这样，油分、水分以及灰尘便形成混合的胶体微尘，与杂质混在压缩空气中一同排出，这样的空气清洁度不高，干燥度不达标。如果将此压缩空气直接输送给气动装置使用，将会产生下列影响：

　　① 混在压缩空气中的油蒸气可能聚集在储气罐、管道、气动系统的容器中形成易燃物，有引起爆炸的危险；另一方面，润滑油被气化后，会形成一种有机酸，对金属设备、气动装置有腐蚀作用，影响设备的寿命。

　　② 混在压缩空气中的杂质能沉积在管道和气动元件的通道内，减少了通道面积，增加了管道阻力。特别是会对内径只有 $0.2\sim0.5$ mm 的某些气动元件造成阻塞，使压力信号不能正确传递、整个气动系统不能稳定工作甚至失灵。

③ 压缩空气中含有的饱和水分，在一定的条件下会凝结成水，并聚集在个别管道中。在寒冷的冬季，凝结的水会使管道及附件结冰而损坏，影响气动装置的正常工作。

④ 压缩空气中的灰尘等杂质，对气动系统中作往复运动或转动的气动元件（如气缸、气马达、气动换向阀等）的运动副会产生研磨作用，使这些元件因漏气而降低效率，影响其使用寿命。

因此气源装置必须设置一些辅助设备，用以除油、除水、除尘，并使压缩空气干燥，提高压缩空气质量和对气源进行净化处理。在实际工程应用中，对压缩空气具有一定的净化要求，如要求其所含灰尘等杂质颗粒平均直径一般不超过以下数值：气缸、膜片和截止式气动元件，不大于 $50~\mu m$；气马达、硬配滑阀，不大于 $25~\mu m$；射流元件，不大于 $10~\mu m$。

（3）有些气压装置和气压仪表还要求压缩空气的压力波动要小，能稳定在一定的范围之内才能正常工作。

2. 压缩空气站的设备组成及布置

压缩空气站主要由气源装置和一些辅助设备组成。气压传动系统主要是由压缩空气的产生和输送系统以及压缩空气消耗系统三个主要部分组成，其中压缩空气站的设备组成及布置如图 3 – 22 所示。

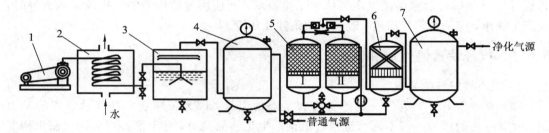

1—空气压缩机；2—后冷却器；3—油水分离器；4、7—储气罐；5—干燥器；6—过滤器

图 3 – 22　压缩空气站设备组成及布置

在图 3 – 22 中，1 为空气压缩机，用以产生压缩空气，一般由电动机带动。其吸气口装有空气过滤器以减少进入空气压缩机的杂质量。2 为后冷却器，用以降温冷却压缩空气，使净化的水凝结出来。3 为油水分离器，用以分离并排出降温冷却的水滴、油滴、杂质等。4 为储气罐，用以储存压缩空气，稳定压缩空气的压力并除去部分油分和水分。5 为干燥器，用以进一步吸收或排除压缩空气中的水分和油分，使之成为干燥空气。6 为过滤器，用以进一步过滤压缩空气中的灰尘、杂质颗粒。7 为储气罐。储气罐 4 输出的压缩空气可用于一般要求的气压传动系统，储气罐 7 输出的压缩空气可用于要求较高的气动系统（如气动仪表及射流元件组成的控制回路等）。

3. 气源装置

气源装置为气动设备提供满足要求的压缩空气，是系统的动力源。气源装置一般由气压发生装置（空气压缩机）、压缩空气净化处理装置和传输管路系统等组成。空气压缩机将电机或内燃机的机械能转化为压缩空气的压力能，提供给气压传动执行元件实现相应的运动和动作。

3.6.2　空气压缩机

1. 空气压缩机的分类及选用原则

1) 分类

空气压缩机是一种气压发生装置，它是将机械能转化成气体压力能的能量转换装置，其种类很多，分类形式也有多种。

空气压缩机按工作原理可分为容积式空压机和速度式空压机两大类。容积式空压机的工作原理是压缩空压机中气体的体积，使单位体积内空气分子的密度增加，以提高压缩空气的压力。速度式空压机的工作原理是提高气体分子的运动速度，以此增加气体的动能，然后将气体分子的动能转化为压力能以提高压缩空气的压力。

空气压缩机按结构和工作形式可分为往复式与回转式两大类。往复式可细分为活塞式与膜片式，回转式可细分为叶片式与螺杆式。

2) 空气压缩机的选用原则

选用空气压缩机的根据是气压传动系统所需要的工作压力和流量两个参数。一般空气压缩机为中压空气压缩机，额定排气压力为 1 MPa；低压空气压缩机的排气压力为 0.2 MPa；高压空气压缩机的排气压力为 10 MPa；超高压空气压缩机的排气压力为 100 MPa。

气动系统的输出流量是根据整个气动系统对压缩空气的需要再加一定的备用余量之和进行计算的，并把计算结果作为选择空气压缩机的流量依据。空气压缩机铭牌上的流量是自由空气流量。

2. 空气压缩机的工作原理

气压传动系统中最常用的空气压缩机是往复活塞式，其工作原理如图 3-23 所示。当活塞 3 向右运动时，气缸 2 内活塞左腔的压力低于大气压力，吸气阀 9 被打开，空气在大气压力作用下进入气缸 2 内，这个过程　称为"吸气过程"。当活塞向左移动时，吸气阀 9 在缸内压缩气体的作用下关闭，缸内气体被压缩，这个过程称为压缩过程。当气缸内空气压力增高到略高于输气管内压力后，排气阀 1 被打开，压缩空气进入输气管道，这个过程称为"排气过程"。活塞 3 的往复运动是由电动机带动曲柄转动，通过连杆、滑块、活塞杆转化为直线往复运动产生的。图 3-23 中只表示出一个活塞一个缸的空气压缩机，大多数空气压缩机是多缸多活塞的组合。

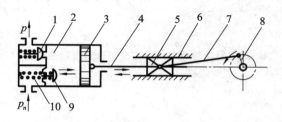

1—排气阀；2—气缸；3—活塞；4—活塞杆；5、6—十字头与滑道；

7—连杆；8—曲柄；9—吸气阀；10—弹簧

图 3-23　往复活塞式空气压缩机工作原理

【工程应用】

　　液压泵主要应用在各类工程机械、加工机床、石油机械、纺织机械和船舶、飞机等多种场合，不同泵由于特点不同，应用的范围也有所差别，如表3-4所示。气源装置主要用于压力要求不高、反应时间短、环境无污染的场合，除了实现基本的传动功能外很多情况下用于实现控制。

表3-4　各类液压泵的应用

类　型	应用范围
齿轮泵	机床、农业机械、工程机械、航空、船舶、一般机械
叶片泵	机床、注塑机、工程机械、液压机、飞机等
螺杆泵	精密机床及机械、食品化工、石油、纺织机械等
柱塞泵	工程机械、运输机械、锻压机械、船舶和飞机、机床和液压机

案例拓展

计算科学推动液压传动技术的快速发展

　　随着数学方法与计算科学及工具的快速发展，计算机仿真技术被广泛用于液压泵的创新设计和性能的研究中。图3-24为不同斜盘与轴夹角时的柱塞泵输出特性的比较，从两组输出结果对比中可明显看出夹角的变化对能量的输出有显著影响。

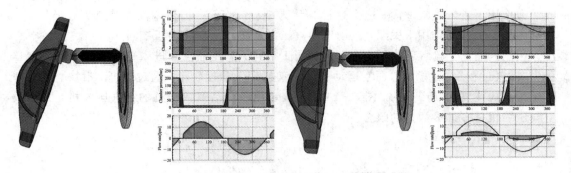

图3-24　不同斜盘与轴夹角时的柱塞泵输出特性比较

知识延伸

液压泵站的组成及应用

　　液压泵站也称液压站，是独立的液压系统，它按驱动装置的要求供油，并控制油流的方向、压力和流量。液压泵站使用在主机与液压装置可分离的各种液压机械中。使用前将液压泵站与主机上的执行机构用油管相连，液压机械即可实现各种规定的操作。

液压泵站通常由液压泵组、油箱组件、控温组件、过滤器组件和蓄能器组件五个相对独立的部分组成。其中，液压泵组由两个及以上的液压泵组成，可为液压系统提供多种工作压力及工作流量。油箱组件、控温组件、过滤器组件和蓄能器组件的具体组成及作用等详见第六章流体传动与控制辅助元件的有关内容。

液压泵组按布置方式可分为上置式液压泵站（见图 3-25(a)、(b)）、非上置式液压泵站（见图 3-25(c)）、柜式和便携式液压泵站。

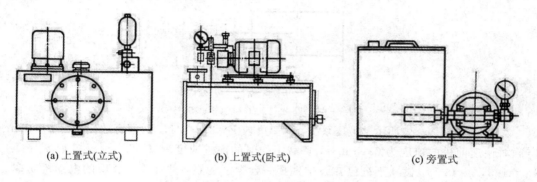

(a) 上置式(立式)　　　　　　(b) 上置式(卧式)　　　　　　(c) 旁置式

图 3-25　液压泵站中液压泵组的不同布置方式

液压泵组按驱动方式可分为电动型、机动性和手动型。

液压泵组按输出压力高低和流量特性可分为低压、中压、高压和超高压。

【思考题和习题】

3-1　外啮合齿轮泵运转时泄漏途径有哪些？是否适合用作高压泵？解决泄漏问题的方法有哪些？

3-2　如何解决齿轮泵径向不平衡力的问题？

3-3　液压泵在工作过程中会产生哪些能量损失？产生损失的原因是什么？

3-4　单作用叶片泵的结构特点是什么？

3-5　叶片泵叶片槽根部全部通压力油会带来什么副作用？

3-6　外啮合齿轮泵为什么有较大的流量脉动？流量脉动大会产生什么危害？

3-7　螺杆泵与其他泵相比的特点是什么？

3-8　双作用叶片泵和单作用叶片泵各有哪些特点？

3-9　从理论上讲，为什么柱塞泵比齿轮泵、叶片泵的额定压力高？

3-10　在实际应用中应如何选用液压泵？

3-11　若某液压泵的输出流量为 60 L/min，排油压力为 10 MPa，则其输出功率是多少？

3-12　外啮合齿轮泵的排量为 16 m³/r，容积效率 $\eta_V = 0.9$，在转速为 1450 r/min 和排油压力为 10 MPa 的工况条件下，原动机输入功率为 4 kW，试求：(1) 泵的输出功率；(2) 输入转矩；(3) 泵的总效率。

3-13　轴向柱塞泵的排量为 125 cm³/r，在转速为 1500 r/min 和排油压力为 20 MPa

的工况条件下，其输出流量为 179 L/min。若原动机的输入功率为 67 kW，试求：（1）泵的输出功率；（2）输入转矩；（3）泵的总效率。

3-14　已知齿轮泵的齿轮模数 $m=3$ mm，齿数 $z=15$，齿宽 $B=25$ mm，转速 $n=1450$ r/min，在额定压力下输出流量 $q=25$ L/min，求该泵的容积效率是多少？

3-15　已知某液压系统如图 3-26 所示，工作时，活塞上所受的外载荷为 $F=9720$ N，活塞有效工作面积 $A=0.008$ m²，活塞运动速度 $v=0.04$ m/s。那么应选择额定压力和额定流量为多少的液压泵？驱动它的电机功率应为多少？

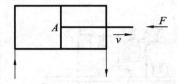

图 3-26　题 3-15 图和题 3-16 图

3-16　如图 3-26 所示的液压系统，已知负载 $F=30\,000$ N，活塞有效面积 $A=0.01$ m²，空载时快速前进的速度为 0.05 m/s，负载工作时的前进速度为 0.025 m/s，选取 $k_{压}=1.5$，$k_{流}=1.3$，$\eta=0.75$，试从下列已知泵中选择一台合适的泵，并计算其相应的电动机功率。

已知泵的参数如下：

YB-32 型叶片泵，$q_n=32$ L/min，$p_n=63$ kgf/cm²

YB-40 型叶片泵，$q_n=40$ L/min，$p_n=63$ kgf/cm²

YB-50 型叶片泵，$q_n=50$ L/min，$p_n=63$ kgf/cm²

3-17　如题 3-27 图所示，已知液压泵的额定压力和额定流量，管道内压力损失和液压缸、液压马达的摩擦损失忽略不计，图 3-27(c) 中的支路上装有节流小孔，试说明如图 3-27 所示各种工况下液压泵出口处的工作压力值。

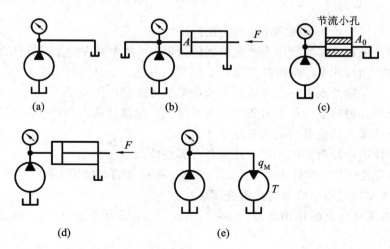

题 3-27　题 3-17 图

3-18　液压泵的额定流量为 100 L/min，额定压力为 2.5 MPa，当转速为 1450 r/min 时，机械效率为 0.9。由实验测得，当液压泵的出口压力为零时，流量为 106 L/min；压力为 2.5 MPa 时，流量为 100.7 L/min。

试求：

（1）液压泵的容积效率；

（2）如果液压泵的转速下降到 500 r/min，在额定压力下工作时，估算液压泵的流量。

（3）在上述两种转速下液压泵的驱动功率。

3－19　某组合机床用双联叶片泵 YB 4/16×63，快速进、退时双泵供油，系统压力 $p=1$ MPa。工作进给时，大泵卸荷（设其压力为 0），只有小泵供油，这时系统压力 $p=3$ MPa，液压泵效率 $\eta_V=0.8$。

试求：

（1）所需电动机功率；

（2）如果采用一个 $q=20$ L/min 的定量泵，所需的电动机功率。

3－20　图 3－28 所示为齿轮液压泵，已知转速 $n=1500$ r/min，工作压力为 7 MPa，齿顶圆半径 $R=28$ mm，齿顶宽 $t=2$ mm，齿厚 $b=2.9$ cm，设每个齿轮与液压泵壳体相接触的齿数为 $Z_0=11$，齿顶间隙 $h=0.08$ mm，油液黏度 $\mu=3\times10^{-2}$ Pa·s，试求通过齿顶间隙的泄漏量 q。

3－21　如图 3－29 所示，$d=20$ mm 的柱塞在力 $F=40$ N 作用下向下运动，导向孔与柱塞的间隙 $h=0.1$ mm，导向孔长度 $L=70$ mm，试求当油液黏度 $\mu=0.784\times10^{-1}$ Pa·s，柱塞与导向孔同心，柱塞下移 0.1 m 所需的时间 t_0。

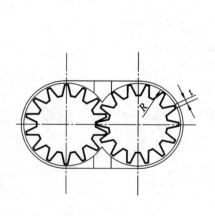

图 3－28　题 3－20 图

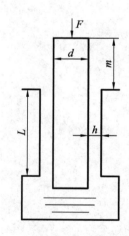

图 3－29　题 3－21 图

3－22　当气源及室温均为 15℃时，将压力为 0.7 MPa（绝对）的压缩空气通过有效截面积 $A=30$ mm² 的阀口，充入容积为 85 L 的气罐中，试求压力从 0.02 MPa 上升到 0.63 MPa 时的充气时间及气罐的温度。

3－23　在图 3－30 所示的液压千斤顶中，小活塞直径 $d=10$ mm，大活塞直径 $D=40$ mm，重物 $G=50\ 000$ N，小活塞行程为 20 mm，杠杆 $L=500$ mm，$l=25$ mm，试求：

（1）杠杆端需加多少力才能顶起重物 G？

（2）此时液体内所产生的压力；

（3）杠杆每上下一次，重物升高多少？

3-24　如图 3-31 所示的安全阀，当压力 $p=5$ MPa 时，阀开启，试求弹簧的预压缩量。设弹簧刚度 $K_s=100$ N/mm，$D=22$ mm，$d=20$ mm。

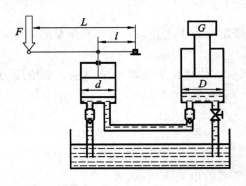

图 3-30　题 3-23 图

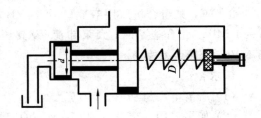

图 3-31　题 3-24 图

第4章　流体传动与控制执行元件

　　本章以起重机的支腿液压缸转台和吊重升降马达为案例，介绍液压缸与液压马达的功用、工作原理、性能参数及主要结构。通过本章的学习，应了解不同类型的液压缸与液压马达的性能及适用范围，掌握输出力与速度的正确分析计算，为正确选用液压缸与液压马达奠定基础。

案例四　起重机的支腿液压缸和吊重升降液压马达

案例简介

1. 起重机的支腿液压缸

　　汽车起重机的支腿必须做成可伸缩的。在传统的起重机上，支腿的伸缩都是人力的，极为不便。在现代的液压起重机中，支腿的伸缩也是液压传动的。

　　H 式支腿外伸距离大，每一支腿有两个液压缸：一个是水平的（或略带倾斜的），一个是垂直的支承液压缸，支腿外伸后呈 H 形。为保证足够的外伸距离，左右支腿相互叉开。H 式支腿对地面适应性好，易于调平，广泛应用在中、大型起重机上。

2. 吊重升降液压马达外抱制动器

　　吊重升降机构使用的是双向液压马达，常见的液压马达实物如图 4-1 所示。对吊重升降液压马达起制动作用的是常闭式外抱制动器，它的制动力取决于弹簧力。弹簧力越大制动锁紧效果越好，但过大的弹簧力又会使制动器松闸能耗加大，所以外抱制动器是吊重升降液压马达锁紧方案的辅助手段。

　　(a) 液压制动器　　　　　(b) 汽车液压马达驱动车轮　　　　(c) 机器人伺服系统

图 4-1　液压马达及其不同实际应用结构

┫**案例分析**┣

支腿液压缸可以使支腿全部外伸时作业区域分四块：右侧方作业区、前方作业区、左侧方作业区和后方作业区。支腿跨距的确定完全从稳定的角度出发。支腿横向外伸跨距的最小值是要保证起重机在正侧方吊重的稳定，即在起吊临界起重量时，全部重量的合力将落在支腿中心线上，也就是要使支腿中心连线内、外的力矩处于平衡状态。

吊重升降液压马达制动器是一种负载能力高的液压马达，能适用于高压力下的长时间运行。欲使液压缸、液压马达长久地不产生内泄漏是很难实现的，其密封件磨损后泄漏就会产生。这样，若想使锁紧牢固就只有安装制动器一种方法，且只能在使吊重升降的液压马达上采用，其他的（如对吊臂伸缩、变幅等）则无法采用。

【理 论 知 识】

流体传动与控制执行元件包括各种缸和马达，是将液体或气体的压力能转换成机械能，然后将其输出的装置。缸的输出主要是直线运动和力，也有输出往复摆动和扭矩的；马达的输出则是连续旋转运动和扭矩。

以液体为工作介质的缸和马达称为液压缸和液压马达。以气体（压缩空气）作为工作介质的缸和马达称为气缸和气马达。液体的工作压力高，因此液压缸和液压马达常用于需要大的输出力和扭矩的场合。气缸和气马达的工作压力小，产生的输出力和扭矩较小，但因为压缩空气不污染环境，气压元件反应迅速、动作快，所以在自动化生产中，尤其是在电子工业和食品工业中得到广泛应用。

液压缸和液压马达同气缸和气马达相比，工作基本原理相同，但是由于它们所使用工作介质性质上的差异性，导致两类执行元件的结构强度、材质要求和密封条件不同，因此，两类缸和马达不能互换使用。

4.1　缸的分类和特点

执行元件中的缸是使负载作直线运动的装置。缸的结构简单，工作可靠，与杠杆、连杆、齿轮齿条、棘轮棘爪、凸轮等机构配合使用能实现多种机械运动，或与其他传动形式组合满足各种要求，在流体传动系统中得到了广泛的应用。

除几种特殊气缸外，普通气缸的种类及结构形式与液压缸基本相同。因此，本章以液压缸为主来讲解缸的结构、工作原理及应用。

缸的形式有多种，按其结构特点的不同可分为活塞缸、柱塞缸和摆动缸三大类；按照作用方式的不同又可分为单作用液压缸和双作用液压缸两类。单作用液压缸又分为无弹簧式、弹簧式、柱塞式三种，如图 4-2 所示。双作用液压缸又分为单杆式和双杆式两种，如图 4-3 所示。

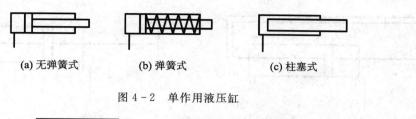

图 4 – 2　单作用液压缸

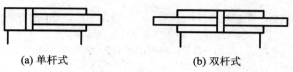

图 4 – 3　双作用液压缸

4.1.1　活塞缸

活塞缸是流体传动中最常用的执行元件。活塞缸可分为单杆活塞缸和双杆活塞缸两种结构形式。其固定方式有缸筒固定和活塞杆固定两种。

1. 双杆活塞缸

双杆活塞缸两端都有杆伸出，当两活塞直径相同、液体或气体的压力和流量不变时，活塞(或缸体)在两个方向上的运动速度和推力都相等。双杆活塞缸常用于要求往返运动速度相同的场合，如外圆磨床工作台往复运动的液压缸。

图 4 – 4 所示为双杆活塞缸的工作原理，当两活塞杆直径相同、流体的压力和流量不变时，活塞(或缸体)在两个方向上的运动速度 v 和推力 F 的大小为

$$v = \frac{q}{A}\eta_{V} = \frac{4q}{\pi(D^2 - d^2)}\eta_{V} \tag{4-1}$$

$$F = A(p_1 - p_2)\eta_{m} = \frac{\pi(D^2 - d^2)(p_1 - p_2)}{4}\eta_{m} \tag{4-2}$$

式中：q——缸的输入流量；

$\quad\quad A$——活塞有效作用面积；

$\quad\quad \eta_{V}$——缸的容积效率；

$\quad\quad \eta_{m}$——缸的机械效率；

$\quad\quad D$——活塞直径(即缸筒内径)；

$\quad\quad d$——活塞杆直径；

$\quad\quad p_1$——缸的进口压力；

$\quad\quad p_2$——缸的出口压力。

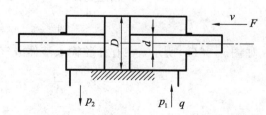

图 4 – 4　双杆活塞缸工作原理

图 4 – 5 所示是双杆活塞缸的两种固定形式。图 4 – 5(a)所示为缸体固定结构，缸的左腔进入流体，推动活塞向右移动，右腔的流体排出；反之，活塞反向移动。缸体固定结构的活塞缸运动范围约等于活塞有效行程的三倍，一般用于中小型设备。图 4 – 5(b)所示为活塞固定结构的活塞缸，缸的左腔进液体或气体，推动缸体向左移动，右腔的液体或气体排出；反之，缸体反向移动。它的运动范围约等于缸体有效行程的两倍，因此常用于大中型设备中。

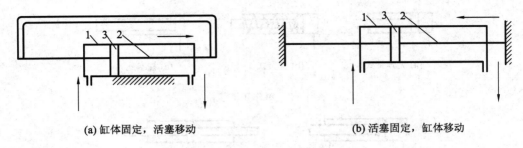

1—缸筒；2—活塞杆；3—活塞

图 4-5　双杆活塞缸

2. 单杆活塞缸

图 4-6 所示为单杆活塞缸。其一端伸出活塞杆，两腔有效面积不相等，当向缸两腔分别供流体，保证压力和流量不变时，活塞在两个方向上的运动速度和推力不相等。如图 4-6(a)所示，在无杆腔输入液体或气体时，活塞的运动速度 v_1 和推力 F_1 分别为

$$v_1 = \frac{q}{A_1}\eta_V = \frac{4q}{\pi D^2}\eta_V \tag{4-3}$$

$$F_1 = (p_1 A_1 - p_2 A_2)\eta_m = \frac{\pi}{4}\big[(p_1 - p_2)D^2 + p_2 d^2\big]\eta_m \tag{4-4}$$

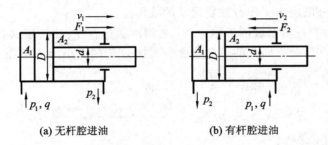

(a) 无杆腔进油　　　　　　(b) 有杆腔进油

图 4-6　单杆活塞缸

如图 4-6(b)所示，在有杆腔输入液体或气体时，活塞的运动速度 v_2 和推力 F_2 分别为

$$v_2 = \frac{q}{A_2}\eta_V = \frac{4q}{\pi(D^2 - d^2)}\eta_V \tag{4-5}$$

$$F_2 = (p_1 A_2 - p_2 A_1)\eta_m = \frac{\pi}{4}\big[(p_1 - p_2)D^2 - p_1 d^2\big]\eta_m \tag{4-6}$$

式中：q——缸的输入流量；

A_1——无杆腔的活塞有效作用面积；

A_2——有杆腔的活塞有效作用面积；

η_V——缸的容积效率；

η_m——缸的机械效率；

D——活塞直径(即缸筒内径)；

d——活塞杆直径；

p_1——缸的进口压力；

p_2——缸的出口压力。

比较上述各式，由于 $A_1 > A_2$，所以 $v_1 < v_2$，$F_1 > F_2$。可推导出缸往复运动时的速度比为

$$\varphi = \frac{v_2}{v_1} = \frac{D^2}{D^2 - d^2} \qquad (4-7)$$

式(4-7)表明，当活塞杆直径越小时，速度比越接近1，在两个方向上缸的运动速度差值就愈小。

图 4-7 所示为单杆活塞缸的另一种连接方式。它把右腔的回油管道和左腔的进油管道相连通，这种连接方式称为差动连接。在差动连接回路中，由于无杆腔受力面积大于有杆腔受力面积，使得活塞向右的作用力大于向左的作用力，因此活塞杆作伸出运动，并将有杆腔中的流体挤出，流进无杆腔，加快了活塞杆的伸出速度。活塞前进的速度 v_3 及推力 F_3 为

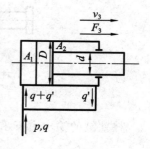

图 4-7　差动缸

$$v_3 = \frac{q + q'}{A_1} = \frac{q + \frac{\pi}{4}(D^2 - d^2)v_3}{\frac{\pi}{4}D^2} \qquad (4-8)$$

在考虑了缸的容积效率 η_V 后，活塞杆的伸出速度 v_3 为

$$v_3 = \frac{4q}{\pi d^2}\eta_V \qquad (4-9)$$

欲使差动连接缸的往复运动速度相等，即 $v_3 = v_2$，则由式(4-5)与式(4-9)可得 $D = \sqrt{2}d$。在忽略两腔连通回路压力损失的情况下，差动连接缸有 $p_2 \approx p_1 = p$，在考虑机械效率 η_m 后，活塞的推力 F_3 为

$$F_3 = p(A_1 - A_2)\eta_m = p\frac{\pi d^4}{4}\eta_m \qquad (4-10)$$

由式(4-9)与式(4-10)可知，差动连接时实际的有效作用面积是活塞杆的横截面积。与非差动连接无杆腔进液体或气体工况相比，在液体或气体压力和流量不变的条件下，差动联结时活塞运动速度较快，产生的推力较小，所以差动连接常用于空载快进场合。在实际应用中，流体传动系统常通过控制阀来改变单杆活塞缸的回路连接，使它有不同的工作方式，从而获得快进(差动连接)—工进(无杆腔进流体)—快退(有杆腔进流体)的工作循环。差动连接是在不增加泵流量的条件下，实现快速运动的有效方法，常应用于组合机床和各类专用机床中。

4.1.2　柱塞缸

活塞缸的选用受活塞杆和缸筒相对运动长度的限制，并不适合作为大型的或超长行程的液压缸来使用，在这种情况下可以采用柱塞缸。柱塞缸是由缸筒、柱塞、导套、密封圈和压盖等零件组成的，柱塞和缸筒内壁不接触，因此缸筒内孔不需精加工，工艺性好，成本低。

柱塞缸是在大型设备或超长行程要求时采用。柱塞缸只能制成单作用缸(见图 4-8(a))。在大型工程设备中，为了得到双向运动，柱塞缸必须成对使用(见图 4-8(b))。柱塞

端面是受压面，其面积大小决定了柱塞缸的输出速度和推力。为了保证柱塞缸有足够的推力和稳定性，柱塞一般较粗，重量也较大，水平安装容易产生单边磨损，所以缸柱塞适宜于垂直安装使用，常用于长行程机床，如龙门刨床、导轨磨床、大型拉床等。

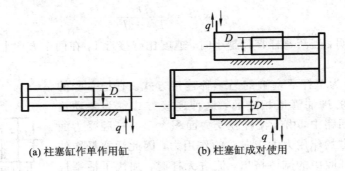

(a) 柱塞缸作单作用缸　　　　　　(b) 柱塞缸成对使用

图 4 - 8　柱塞缸

柱塞缸的输出力 F 和运动速度 v 的计算公式如下：

$$F = \frac{\pi}{4} D^2 p \eta_m \qquad (4-11)$$

$$v = \frac{4q}{\pi D^2} \eta_V \qquad (4-12)$$

4.1.3　摆动缸

摆动式液压缸也称摆动马达。当通入液压油时，摆动缸的主轴输出的运动是小于 $360°$ 的往复摆动。图 4 - 9 所示是摆动缸的结构和工作原理。摆动缸是由定子块 1、缸体 2、摆动轴 3、叶片 4、左右支承盘和左右盖板等主要零件组成的，定子块固定在缸体上，叶片和摆动轴连接在一起。图 4 - 9(a)所示为单叶片式摆动缸，其工作原理为：当工作介质由进油口进入缸内时，叶片被推动并带动轴作逆时针方向回转，叶片另一侧的工作介质经排油口排出；反之，则工作介质进出口相反，叶片带动轴回转的方向也相反。

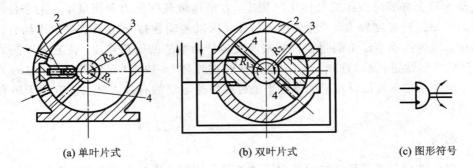

(a) 单叶片式　　　　　　(b) 双叶片式　　　　　　(c) 图形符号

1—定子块；2—缸体；3—摆动轴；4—叶片

图 4 - 9　摆动缸

当摆动缸进出油口压力为 p_1 和 p_2，输入流量为 q 时，考虑到机械效率 η_m 和容积效率 η_V，它的输出转矩 T 和角速度 ω 为

$$T = ZB\eta_{\mathrm{m}}\int_{R_1}^{R_2}(p_1 - p_2)r\mathrm{d}r = \frac{B}{2}Z(R_2^2 - R_1^2)(p_1 - p_2)\eta_{\mathrm{m}} \tag{4-13}$$

$$\omega = 2\pi n\eta_{\mathrm{V}} = \frac{2q}{ZB(R_2^2 - R_1^2)}\eta_{\mathrm{V}} \tag{4-14}$$

式中：Z——叶片数；

$\quad\quad B$——叶片的宽度；

$\quad\quad R_1$、R_2——叶片底部、顶部的回转半径；

$\quad\quad p_1$、p_2——缸的进、出口压力；

$\quad\quad q$——缸的输入流量；

$\quad\quad \eta_{\mathrm{m}}$——机械效率；

$\quad\quad \eta_{\mathrm{V}}$——容积效率。

由上述公式可知：在同等流量下，双叶片式摆动缸（见图 4 - 9(b)）的摆动角度和角速度为单叶片摆动缸的一半，理论输出转矩是单叶片式的两倍。双叶片式摆动缸的摆动角度最大可达 150°，单叶片式摆动缸的摆动角度较大，可达 300°。

4.1.4　其他形式的常用缸

其他形式的常用缸主要有增压缸、伸缩缸、齿轮缸、气压油缸、气液阻尼缸、薄膜式气缸、多速缸和冲击气缸等。

1. 工作原理

1）增压缸

增压缸（又称增压器）能将输入的低压转变为高压，供流体传动系统中的高压回路使用，在某些短时或局部需要高压的系统中，常用增压缸与低压大流量泵配合使用。单作用增压缸的工作原理如图 4 - 10(a)所示，输入低压力 p_1 的液压油，输出高压力为 p_2 的液压油，压力增大关系如式(4 - 15)。在式(4 - 15)中由于 D 的值一定大于 d 的值，所以比值一定大于 1，因此压力 p_2 比压力 p_1 大 $\left(\dfrac{D}{d}\right)^2$ 倍。

$$\frac{p_2}{p_1} = \left(\frac{D}{d}\right)^2 \tag{4-15}$$

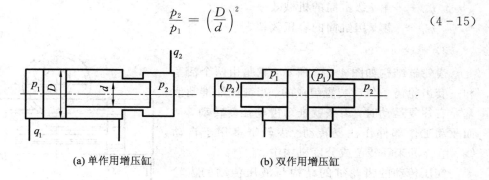

(a) 单作用增压缸　　　　　　　　　(b) 双作用增压缸

图 4 - 10　增压缸

单作用增压缸的结构决定了它不能连续向系统提供高压油，图 4 - 10(b)所示为双作用增压缸，它可由两个高压端连续向系统供油。

2）伸缩缸

如图 4-11 所示，伸缩缸由两个或多个活塞式液压缸套装而成，前一级活塞缸的活塞是后一级活塞缸的缸筒，可获得较大工作行程，活塞伸出的顺序是从大到小，相应的推力也是从大到小，而伸出的速度是由慢变快。活塞空载缩回的顺序则相反，一般是从小到大。

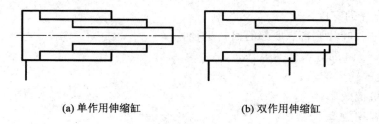

(a) 单作用伸缩缸　　　　　　　　　　**(b) 双作用伸缩缸**

图 4-11　伸缩缸

由于工作行程大，占用空间小，结构紧凑等优点，伸缩缸被广泛用于工程机械和其他行走运输机械中，常用于起重机伸缩臂液压缸、翻斗汽车、拖拉机翻斗挂车和清洁车自卸系统举升液压缸，液压电梯等装置中。

如图 4-11(a) 所示，单作用伸缩缸各级缸在缩回时必须依靠重力或外力作用来保证实现。如图 4-11(b) 所示，双作用伸缩缸不须外力，依靠液压力即可进行双方运动。双作用伸缩缸在各级依次伸出时，液压缸的有效面积是逐级变化的。在输入流量和压力不变的情况下，液压缸运动到第 i 级时的输出推力 F_i 和速度 v_i 也逐级变化，其值为

$$F_i = \frac{\pi}{4} D_i^2 p \eta_{mi} \tag{4-16}$$

$$v_i = \frac{4q}{\pi D_i^2} \eta_{vi} \tag{4-17}$$

式中：D_i——第 i 级缸筒的内径；

　　　q——缸的输入流量；

　　　p——缸的进口压力；

　　　η_{mi}——第 i 级缸筒的机械效率；

　　　η_{vi}——第 i 级缸筒的容积效率。

3）齿轮缸

齿轮缸结构如图 4-12 所示，它是由两个活塞和一套齿轮齿条传动装置组成的。当液压油推动活塞左右往复运动时，齿条就推动齿轮往复转动，从而驱动工作部件作往复转动。齿轮缸多用于自动线、组合机床等转位或分度机构中。

气压传动的齿轮缸的结构与液压传动的齿轮缸结构相似。

齿轮缸工作时，齿轮轴输出的扭矩 T 和回转角速度 ω 计算公式如下：

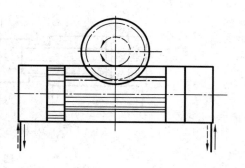

图 4-12　齿轮缸

$$T = \frac{\pi}{4} D^2 \frac{D_f}{2} p \eta_m \qquad (4-18)$$

$$\omega = \frac{8q}{\pi D^2 D_f} \eta_V \qquad (4-19)$$

式中：q——缸的输入流量；

p——缸的进口压力；

D——缸的直径；

η_m——齿轮缸的机械效率；

η_V——齿轮缸的容积效率。

D_f——齿轮的分度圆直径。

4）气压油缸

气压油缸是一种使气压直接转换成液压的装置，利用气压控制达到液压传动的目的。气压油缸无须使用油泵和驱动电机，即可获得结构简单、价格低廉、速度平稳和可调的液压传动系统。但因液压缸的压力等于压缩空气的压力，无法实现高压，只能用于传递功率较小的场合。

气压油缸的工作原理如图 4-13 所示，压缩空气进入气压油缸 2 后，直接作用在油的液面上，使缸内油液具有和压缩空气相同的压力，并通过管道将油液输送到工作油缸 3，去推动活塞运动。因为油的可压缩性极小，所以可以使工作油缸获得平稳的运动速度，还可通过节流阀进行调速，当差压控制换向阀 1 切换气路后，工作油缸的活塞因自重而下降，油液经单向阀流回气压油缸，空气经换向阀排至大气中。

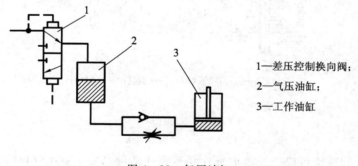

1—差压控制换向阀；
2—气压油缸；
3—工作油缸

图 4-13 气压油缸

5）气液阻尼缸

在普通气缸工作时，由于气体的压缩性，当外部载荷变化较大时，会产生"爬行"或"自走"现象，使气缸的工作不稳定。为了使气缸运动平稳，普遍采用气液阻尼缸。

气液阻尼缸是由气缸和油缸组合而成的，它的工作原理如图 4-14 所示。它是以压缩空气为能源，并利用油液的不可压缩性和控制油液排量来获得活塞的平稳运动和调节活塞的运动速度。它将油缸和气缸串联成一个整体，两个活塞固定在一根活塞杆上。当气缸右端供气时，气缸克服外负载并带动油缸同时向左运动，此时油缸左腔排油、单向阀关闭。油液只能经节流阀缓慢流入油缸右腔，对整个活塞的运动起阻尼作用。调节节流阀的阀口大小就能达到调节活塞运动速度的目的。当压缩空气经换向阀从气缸左腔进入时，油缸右腔排抽，此时因单向阀开启，活塞能快速返回原来位置。

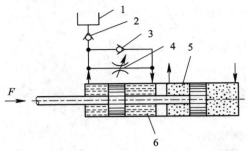

1—油杯；2、3—单向阀；4—节流阀；5、6—液压缸

图 4-14　气液阻尼缸工作原理

　　这种气液阻尼缸的结构一般是将双杆活塞缸作为油缸。因为这样可使油缸两腔的排油量相等，此时油箱内的油液只用来补充因油缸泄漏而减少的油量，一般用油杯即可。

　　6）薄膜式气缸

　　薄膜式气缸是一种利用压缩空气通过膜片推动活塞杆作往复直线运动的气缸。它由缸体、膜片、膜盘和活塞杆等主要零件组成。其功能类似于活塞式气缸，它分单作用和双作用两种，如图 4-15 所示。

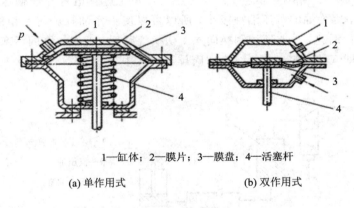

1—缸体；2—膜片；3—膜盘；4—活塞杆

(a) 单作用式　　　　　　　　　　　　(b) 双作用式

图 4-15　薄膜式气缸

　　薄膜式气缸的膜片可以做成盘形膜片和平膜片两种形式。膜片材料为夹织物橡胶、钢片或磷青铜片，常用的是夹织物橡胶，橡胶的厚度为 5~6 mm，有时也可用 1~3 mm 的。金属式膜片只用于行程较小的薄膜式气缸中。

　　薄膜式气缸和活塞式气缸相比较具有结构简单、紧凑、制造容易、成本低、维修方便、寿命长、泄漏小、效率高等优点。但是膜片的变形量有限，故其行程短（一般不超过 40~50 mm），且气缸活塞杆上的输出力随着行程的加大而减小。

　　7）多速缸

　　多速缸又称复合缸，它是以较大活塞缸的活塞杆作为较小活塞缸的缸体，再配以小活塞或柱塞组成的，如图 4-16 所示。图中两个活塞在缸中的有效作用面积分别为 A_1、A_2 和 A_3，且 $A_1 > A_2 > A_3$。控制三个进排油口的进、排油组合，可使大活塞获得六种运动速度和输出力，如表 4-1 所示。多速缸结构紧凑、体积小，但缸的制造技术要求高，难度较大，常用于液压机、注塑机、机械手和某些数控机床的主轴。

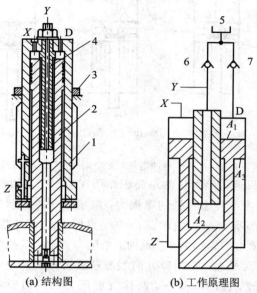

(a) 结构图　　　　　　　　　(b) 工作原理图

1—主缸体；2—主缸活塞；3—主缸锁线；4—小活塞；5—充液油箱；6、7—充液单向阀。

图 4-16　双套多速缸

表 4-1　多速缸的运动速度及输出力的计算

动作名称	X、Y、Z 的进排液组合	活塞杆的输出力	活塞杆的运动速度
大活塞杆外伸	X 进液，Y 进液，Z 排液	$F_1 = p(A_1 + A_2)$	$v_1 = \dfrac{q}{A_1 - A_2}$
	X 进液，Y 吸液，Z 排液	$F_2 = pA_1$	$v_2 = \dfrac{q}{A_1}$
	X 吸液，Y 进液，Z 排液	$F_3 = pA_2$	$v_3 = \dfrac{q}{A_2}$
	X、Z 差动连接，Y 吸液	$F_4 = p(A_1 - A_3)$	$v_4 = \dfrac{q}{A_1 - A_3}$
	Y、Z 差动连接，X 吸液	$F_5 = p(A_2 - A_3)$	$v_5 = \dfrac{q}{A_2 - A_3}$
回程	Z 进液，X、Y 排液	$F_6 = pA_3$	$v_6 = \dfrac{q}{A_3}$

8）冲击气缸

　　冲击气缸是使压缩空气在缸内形成短时的高速气流，推动活塞等快速下行并产生很大的动能，以完成破碎、模锻等需要瞬时大能量的工作，如型材下料、打印、铆接、弯曲、冲孔、镦粗等。

　　冲击气缸具有一个一定容积的蓄能腔和喷嘴，普通型冲击气缸的工作原理及工作过程如图 4-17 所示。

　　普通型冲击气缸工作过程的初始状态如图 4-17(a) 所示。当压缩空气开始进入气缸上

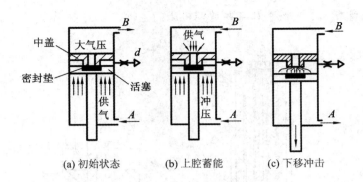

(a) 初始状态　　　　(b) 上腔蓄能　　　　(c) 下移冲击

图 4-17　普通型冲击气缸的工作原理及工作过程

部的蓄能腔时，其压力只通过喷嘴口的小面积作用在活塞上，如图 4-17(b)所示，仍不能克服有杆腔的排气背压力和各密封处的摩擦力，喷嘴处于关闭状态。随着蓄能腔中充气压力逐渐升高，当作用在喷嘴口面积上的总推力能克服有杆腔的排气压力和摩擦力的总和时，活塞向下移动，如图 4-17(c)所示。此时，喷嘴口开启，蓄能腔中的压缩空气通过喷嘴突然作用在活塞的全部面积上，喷嘴口处的气流速度可达到声速。喷入无杆腔的高速气流进一步膨胀，产生冲击波，波的阵面压力高达气源压力的几倍到几十倍，给活塞很大的向下推力。此时，有杆腔处于排气状态，气压很低，活塞便在很大压差的作用下立即加速下行，加速度可达 $1000 \ \mathrm{m/s^2}$ 以上，在约 $0.25 \sim 1.25 \ \mathrm{s}$ 的短时间内，以平均约 $8 \ \mathrm{m/s}$ 的高速向下冲击，获得很大的动能。

2. 几种液压缸的图形符号

几种单作用液压缸和双作用液压缸的图形符号如图 4-18 和图 4-19 所示。其中，带缓冲装置的液压缸可以使活塞在接近行程终端时速度降下来，以防止活塞与端盖发生机械碰撞，产生很大的冲击和噪声。

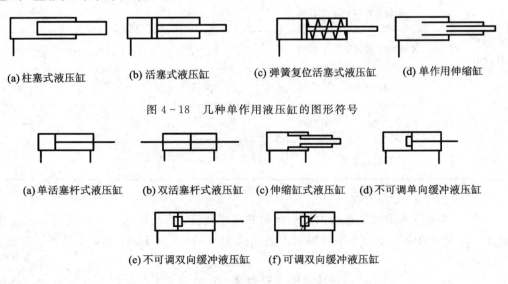

(a) 柱塞式液压缸　　　(b) 活塞式液压缸　　　(c) 弹簧复位活塞式液压缸　　　(d) 单作用伸缩缸

图 4-18　几种单作用液压缸的图形符号

(a) 单活塞杆式液压缸　　(b) 双活塞杆式液压缸　　(c) 伸缩缸式液压缸　　(d) 不可调单向缓冲液压缸

(e) 不可调双向缓冲液压缸　　　(f) 可调双向缓冲液压缸

图 4-19　几种双作用液压缸的图形符号

4.2　缸的结构及设计计算

4.2.1　缸的结构

在流体传动系统中，活塞缸较常用和相对复杂，因此本节主要介绍活塞缸。

图 4-20 所示为液压活塞缸结构图，通常活塞缸是由后端盖、缸筒、活塞、活塞杆和前端盖等主要部分组成的。为防止工作介质向缸外或由高压腔向低压腔泄漏，在缸筒与端盖、活塞与活塞杆、活塞与缸筒、活塞杆与前端盖之间均设有密封装置。在前端盖外侧还装有防尘装置。为防止活塞快速运动到行程终端时撞击缸盖，缸的端部还应设置缓冲装置。

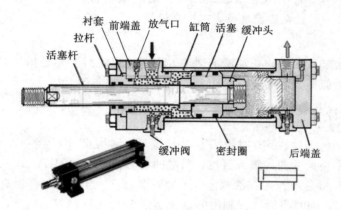

图 4-20　液压活塞缸剖面结构

下面简要介绍各部分缸结构。

1）缸筒

缸筒主要是由钢材制成的，缸筒内要经过精细加工，表面粗糙度 $Ra < 0.08~\mu m$，以减少密封件的摩擦。

2）盖板

盖板通常由钢材制成，有前端盖和后端盖，安装在缸筒的前后两端，盖板和缸筒的连接方法有焊接、拉杆、法兰、螺纹连接等。

3）活塞

活塞的材料通常用钢或铸铁，也可采用铝合金。活塞和缸筒内壁间需要密封，采用的密封件有 O 形环、V 形油封、U 形油封、X 形油封和活塞环等。活塞应有一定的导向长度，一般取活塞长度为缸筒内径的 0.6～1.0 倍。

4）活塞杆

活塞杆是由钢材做成的实心杆或空心杆，表面经淬火再镀铬处理并抛光。

5）缓冲装置

为了防止活塞在行程终点与前后端盖板发生碰撞，引起噪音，影响工件精度或使液压缸损坏，常在液压缸前后端盖上设置缓冲装置，以使活塞移到快接近行程终点时速度减慢下来直至停止。图 4－20 所示为前后端盖上的缓冲阀附近有单向阀的结构。当活塞接近端盖时，缓冲环插入端盖板压力油出入口，强迫压力油必须经缓冲阀的孔口流出，使活塞的速度变慢。相反，当活塞从行程的尽头离去时，压力油只作用在缓冲环上，活塞要移动的那一瞬间将非常不稳定，甚至无足够力量推动活塞，故必须使压力油经缓冲阀内的止回阀作用在活塞上，如此才能使活塞平稳地前进。

6）放气装置

在安装过程或停止工作一段时间后，空气将渗入液压系统，缸筒内如存留空气，将使液压缸在低速时产生爬行、颤抖现象，换向时易引起冲击，因此在液压缸结构上要及时排除缸内留存的气体。一般双作用液压缸不设专门的放气孔，而是将液压油出入口布置在前后盖板的最高处。大型双作用液压缸则必须在前后端盖板设放气栓塞。对于单作用液压缸，液压油出入口一般设在缸筒底部，在最高处设放气栓塞。

7）密封装置

液压缸的密封装置用以防止油液的泄漏，液压缸的密封主要是指活塞、活塞杆处的动密封和缸盖等处的静密封，常采用 O 形密封圈和 Y 形密封圈。

4.2.2　缸的设计计算

一般来说缸是标准件，但有时也需要自行设计，结构设计可参考 4.2.1 小节的内容，这里主要介绍缸主要尺寸的计算及强度、刚度的验算方法。如图 4－21 所示，液压缸缸体固定，液压油从 A 口进入作用在活塞上，产生一推力 F，通过活塞杆以克服负荷 W，活塞以速度 v 向前推进，同时将活塞杆侧内的油液通过 B 口流回油箱。相反，如高压油从 B 口进入，则活塞后退。

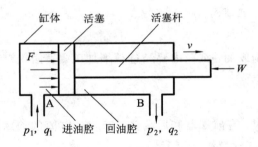

图 4－21　液压缸结构

1. 缸的主要尺寸计算

对于活塞缸，缸的直径是指缸的内径。缸内径 D 和活塞杆直径 d 可根据最大总负载和选取的工作压力确定。对于单杆缸，当无杆腔进流体时，不考虑机械效率，由式（4－4）可得

$$D = \sqrt{\frac{4F_1}{\pi(p_1 - p_2)} - \frac{d^2 p_2}{p_1 - p_2}} \qquad (4-20)$$

当有杆腔进液体或气体时，不考虑机械效率，由式（4－6）可得：

$$D = \sqrt{\frac{4F_2}{\pi(p_1 - p_2)} + \frac{d^2 p_1}{p_1 - p_2}} \tag{4-21}$$

式中：p_2——背压，一般选取背压 $p_2 = 0$。

这时，式(4-20)和式(4-21)便可简化，即为缸的无杆腔进流体时，有

$$D = \sqrt{\frac{4F_1}{\pi p_1}} \tag{4-22}$$

当缸的有杆腔进流体时，有

$$D = \sqrt{\frac{4F_2}{\pi p_1} + d^2} \tag{4-23}$$

若综合考虑排液或排气腔对活塞产生的背压、活塞和活塞杆处密封及导套产生的摩擦力以及运动件质量产生的惯性力等的影响，一般取机械效率 $\eta_m = 0.8 \sim 0.9$。

在式(4-23)中，杆径 d 可根据工作压力或设备类型选取，如表 4-2 和表 4-3 所示。当对液压缸的往复速度比有一定要求时，由(4-7)可得杆径 d 为

$$d = D \sqrt{\frac{\varphi - 1}{\varphi}} \tag{4-24}$$

表 4-2　液压缸工作压力与活塞杆直径

液压缸工作压力 p/MPa	<5	5~7	>7
推荐活塞杆直径 d	$(0.5 \sim 0.55)D$	$(0.6 \sim 0.7)D$	$0.7D$

表 4-3　设备类型与活塞杆直径

设备类型	磨床、珩磨及研磨机	插、拉、刨床	钻、镗、车、铣床
活塞杆直径 d	$(0.2 \sim 0.3)D$	$0.5D$	$0.7D$

缸的速度比 φ 过大会使无杆腔产生过大的背压，速度比 φ 过小则活塞杆太细，稳定性不好，推荐液压缸的速度比 φ 如表 4-4 所示。

表 4-4　液压缸往复速度比推荐值

工作压力 p/MPa	≤10	1.25~20	>20
往复速度比 φ	1.33	1.46~2	2

计算所得的液压缸内径 D 和活塞杆直径 d 应圆整为标准系列值(可查液压设计手册)。

液压缸的缸筒长度由活塞最大行程、活塞长度、活塞杆导向套长度、活塞杆密封长度和特殊要求的其他长度确定。其中，活塞长度 $B = (0.6 \sim 1.0)D$；导向套长度 $A = (0.6 \sim 1.5)d$。为减少加工难度，一般液压缸缸筒长度不应大于内径的 $20 \sim 30$ 倍。

缸的活塞杆直径 d 可用下式求得

$$d = \sqrt{\frac{4q}{\pi v}} \tag{4-25}$$

式中：q——液压缸配管内的流量，或工作压力下向气缸输入的空气流量；

v——液压配管内的液体的平均流速(一般取 $v = 4 \sim 5$ m/s)，或空气流经进出口时的流速(一般取 $v = 10 \sim 15$ m/s)。

计算得出的 d 数值需按照液压或气压的相关标准进行圆整。

2. 气缸的耗气量计算

气缸的耗气量通常用自由空气耗气量表示，以便于选择空气压缩机，它与缸径、活塞杆直径、气缸的运动速度和工作压力有关。对于一个单杆双作用气缸，全程往复一次的自由空气消耗量包括活塞杆外伸行程的耗气量和活塞杆内缩行程的耗气量。

（1）活塞杆外伸行程的耗气量 q_1 为

$$q_1 = \frac{\pi D^2}{4} \frac{L}{t_1} \frac{p + p_a}{p_a} \tag{4-26}$$

式中：D——气缸内径；

　　　L——气缸行程；

　　　t_1——杆外伸行程的时间；

　　　p——气缸工作压力；

　　　p_a——大气压力。

（2）活塞杆内缩行程的耗气量 q_2 为

$$q_2 = \frac{\pi(D^2 - d^2)}{4} \frac{L}{t_2} \frac{p + p_a}{p_a} \tag{4-27}$$

式中：d——活塞杆直径；

　　　t_2——杆内缩行程的时间。

考虑到换向阀至气缸之间的管路容积在气缸每次动作时要消耗空气，而且管路系统有泄漏损失，故实际耗气量 q 大于 q_1 和 q_2 之和，即

$$q = k(q_1 + q_2) \tag{4-28}$$

一般取系数 $k=1.3$。

3. 缸的强度计算与校核

1）缸筒壁厚 δ 的计算

缸筒是缸中最重要的零件，它承受液体或气体的压力，其壁厚需进行计算。活塞杆受轴向压缩负载时，为避免发生纵向弯曲，还要进行压杆稳定性验算。中、高压缸一般用无缝钢管作缸筒，大多数薄壁筒，即 $\frac{D}{\delta} \geqslant 10$ 时，其最薄处的壁厚用材料力学中的薄壁圆筒公式计算壁厚，即

$$\delta \geqslant \frac{pD}{2[\sigma]} \tag{4-29}$$

式中：δ——薄壁筒壁厚；

　　　p——筒内液体或气体的工作压力；

　　　$[\sigma]$——缸筒材料的许用应力，$[\sigma] = \frac{\sigma_b}{n}$（$\sigma_b$ 为材料的抗拉强度，n 安全系数，当 $\frac{D}{\delta} \geqslant 10$ 时，一般取 $n=5$）。

当缸筒的 $\frac{D}{\delta} < 10$ 时，称为厚壁筒，高压缸的缸筒大都属于此类。它们的安装支承方式通常有台肩支承和缸底支承两种。因不同支承方式受力的不同，两种支承方式的缸筒壁厚的计算方法也不同，如表 4-5 所示。对于气缸来说，计算出来的缸筒壁厚一般较薄，为了

加工方便通常人为地加厚。

表 4-5　厚壁筒壁厚的计算

缸筒材料及支承方式		计 算 公 式
塑性材料，按材料力学第四强度理论计算	台肩支承	$D_1 = D\sqrt{\dfrac{[\sigma]}{[\sigma]-\sqrt{3}p}}$
	缸底支承	$D_1 = D\sqrt{\dfrac{[\sigma]^2 + p\sqrt{4[\sigma]^2 - 3p^2}}{[\sigma]^2 - \sqrt{3}p^2}}$
脆性材料，按材料力学第二强度理论计算	台肩支承	$D_1 = D\sqrt{\dfrac{[\sigma]+0.4p}{[\sigma]-0.3p}}$
	缸底支承	$D_1 = D\sqrt{\dfrac{[\sigma]+0.7p}{[\sigma]-1.3p}}$
缸筒壁厚		$\delta = \dfrac{D_1 - D}{2}$
符号说明		D_1——缸的外径； D——缸的内径； $[\sigma]$——缸筒材料的许用应力； p——薄筒内液体或气体的工作压力； δ——筒壁厚。

2）活塞杆的稳定性计算

当活塞杆受轴向压力作用时，有可能产生弯曲，当此轴向力达到临界值 F_k 时，会出现压杆不稳定现象，临界值 F_k 的大小与活塞杆长度、直径以及缸的安装方式等因素有关。只有当活塞杆的计算长度 $l \geqslant 15d$ 时，才进行活塞杆的纵向稳定性计算。其计算按材料力学有关公式进行。

使缸保持稳定的条件为

$$F \leqslant \frac{F_{cr}}{n_{cr}} \tag{4-30}$$

式中：F——缸承受的轴向压力；

$\quad\quad F_{cr}$——活塞杆不产生弯曲变形的临界力；

$\quad\quad n_{cr}$——稳定性安全系数，一般取 $n_{cr}=2\sim6$。

F_{cr} 可根据细长比 l/k 的范围按下述有关公式计算：

（1）当细长比 $l/k > m\sqrt{i}$ 时，有

$$F_{cr} \leqslant \frac{i\pi^2 EJ}{l^2} \tag{4-31}$$

（2）当细长比 $l/k \leqslant m\sqrt{i}$，且 $m\sqrt{i}=20\sim120$ 时，有

$$F_{cr} \leqslant \frac{fA}{1+\dfrac{al}{ik}} \tag{4-32}$$

式中：l——安装长度，其值与安装形式有关，具体取值如表 4-6 所示；

$\quad\quad k$——活塞杆最小截面的惯性半径，$k=\sqrt{\dfrac{l}{A}}$；

m——柔性系数，对钢取 $m=85$；

i——由缸支承方式决定的末端系数，其值如表 4-6 所示；

E——活塞杆材料的弹性模量，对钢取 $E=2.06\times10^{11}\ \text{N/m}^2$；

J——活塞杆最小截面的惯性矩；

f——由材料强度决定的实验值；

A——活塞杆最小截面的截面积；

a——实验常数，对钢取 $a=1/5000$。

表 4-6　缸的安装长度

支承方式	支承说明	末端系数 i
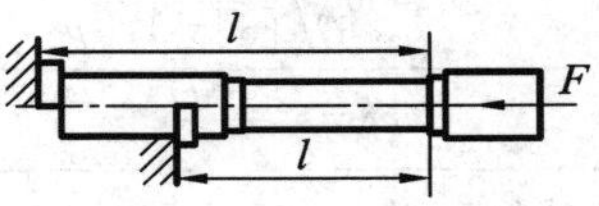	一端固定 一端自由	1/4
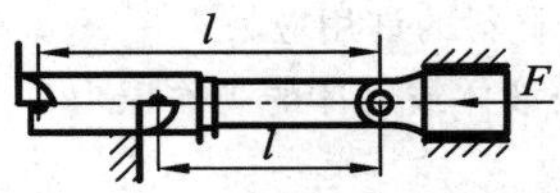	两端球铰	1
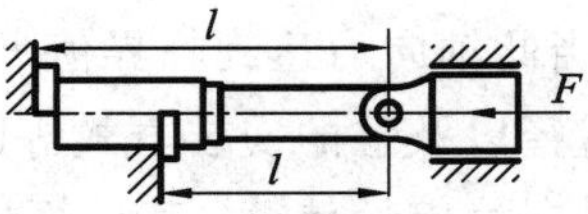	一端固定 一端球铰	2
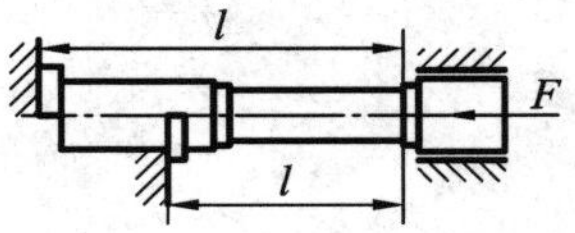	两端固定	4

4.3　马　　达

　　马达和泵在工作原理上是互逆的。液压马达和液压泵一样也是靠密封容积的变化来工作的。液压马达是使负载作连续旋转的执行元件，其内部构造与液压泵类似，差别仅在于液压泵的旋转是由电机所带动，输出的是液压油；而液压马达是输入液压油，输出的是转矩和转速。因此，液压马达和液压泵在结构上基本相同，只是在细微结构上存在一些差别。二者的任务和要求有所不同，故在实际结构上只有少数泵能做马达使用，通常同类型的泵和马达不能互换使用。

　　一般情况下液压泵与液压马达不能互换使用的原因是由于两者的结构存在以下差异：

　　(1) 泵的进油口比出油口大，马达的进、出油口相同；

　　(2) 结构上要求泵有自吸能力，而马达不需要；

　　(3) 马达要正反转，结构具有对称性；而泵只单方向转动，所以不需要结构对称；

（4）要求马达的结构及润滑能保证在宽速度范围内正常工作；

（5）液压马达应有较大的启动扭矩和较小的脉动。

液压马达按其结构类型可以分为齿轮式、叶片式、柱塞式等。也可按液压马达的额定转速分为高速小转矩液压马达和低速大转矩液压马达两大类。额定转速高于 500 r/min 的属高速小转矩液压马达，额定转速低于 500 r/min 的则属于低速大转矩液压马达。

高速液压马达的基本形式有齿轮式、螺杆式、叶片式和轴向柱塞式等。高速液压马达的主要特点是转速高、转动惯量小，便于启动和制动。通常高速液压马达输出转矩不大（仅几十牛米到几百牛米）。低速大转矩液压马达的基本形式是径向柱塞式，低速大转矩液压马达的主要特点是排量大、体积大、转速低（可达每分钟几转甚至零点几转）、输出转矩大（可达几千牛米到几万牛米）。

图 4-22、图 4-23、图 4-24、图 4-26 所示分别是齿轮马达、叶片马达、斜盘式和斜轴式柱塞马达的工作原理图。从以上各图可看出，各种类型的马达结构与相应类型的泵结构基本相同。不管是哪种类型的马达在进行工作时，都是由压力油提供的压力能经过马达转换成了由传动轴输出的机械能。

4.3.1　高速液压马达

1. 齿轮马达

齿轮马达分外啮合齿轮马达和内啮合齿轮马达两类。图 4-22（a）所示为外啮合齿轮马达的工作原理。两个相互啮合的齿轮置于马达壳体内，其中一个齿轮带有输出轴。当压力油输入马达的吸油腔时，油液压力作用于齿轮齿面上的力使两个齿轮按图示方向旋转，并输出转矩和转速。随着齿轮旋转，油液被带到排油腔排出。进、排油口互换，即可改变马达的旋转方向。

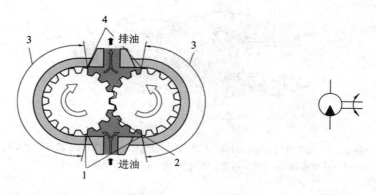

1、4—密封腔过渡位置；2—进油腔；3—油压不变区域

(a) 工作原理　　　　　　　　　　　　　　　　(b) 图形符号

图 4-22　外啮合齿轮马达的工作原理

由于进油腔为高压而排油腔为低压，因此齿轮和支撑齿轮的轴承将受到径向不平衡力的作用，影响马达的使用寿命。此外，由于液压马达的正、反转特性，在马达旋转方向改变时，其进、排油口随之改变，因此，马达进、排油口都有可能输入压力油，这样，泄漏到液

压马达壳体的油液需要通过单独的泄油口流回油箱。

　　齿轮马达结构简单，抗污染能力强，价格低，但当内部零件磨损后，其轴向间隙增大，容积效率低，低速稳定性较差。因此，齿轮马达一般作为高速小转矩定量马达应用于中、低压的液压系统中。

2. 叶片马达

　　叶片马达的工作原理如图 4-23 所示。叶片可以在转子的槽中滑动，转子通过花键与传动轴连接，由压力油作用于矩形叶片上的力而产生转矩。叶片马达通常是双作用的，即有对称设置的两个进油腔和两个排油腔，转子所受径向液压力平衡。

　　叶片马达体积小，转动惯量小，可高频换向，但其内泄漏大，低速稳定性差。叶片马达一般适用于高转速、小转矩以及要求高频率换向的工作场合。

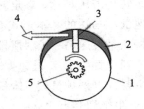

1—转子；2—压力油；3—叶片；
4—叶片运动方向；5—传动轴

图 4-23　叶片马达的工作原理

3. 轴向柱塞式液压马达

　　轴向柱塞式液压马达可以分成斜盘式和斜轴式两种。图 4-24 所示为斜盘式轴向柱塞马达的工作原理，其传动轴与缸体同轴，柱塞均布于缸体圆周上的缸孔中。斜盘固定不动并与传动轴有一定倾角。当压力油经配流盘的进油窗口输入缸孔时，作用于柱塞底部的压力油推动柱塞伸出，并对倾斜的斜盘产生一个作用力，该作用力可分解为径向力和轴向力。轴向力与柱塞上的液压力相平衡，而径向力则对缸体回转中心产生一个转矩，推动缸体带动传动轴旋转。当缸孔转到配流盘上的排油窗口时，斜盘迫使柱塞回缩，油液受挤压向排油窗口排油。若马达的进、排油口互换，则马达反转。

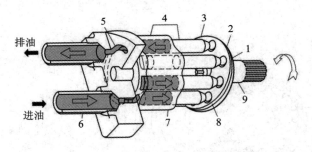

1—斜盘；2—柱塞推力作用在斜盘上产生转矩；3—柱塞、回程盘、缸体一起旋转；
5—排油通路；6—进油通路；7—柱塞伸出；8—回程盘；9—传动轴

图 4-24　斜盘式轴向柱塞马达的工作原理

　　斜盘式轴向柱塞马达可做定量马达也可做变量马达。变排量马达的排量与斜盘倾角 γ 有关，其变量原理如图 4-25 所示。当改变斜盘倾角 γ 时，即改变了柱塞的伸缩行程，马达排量随之改变。斜盘倾角 γ 越大，马达排量和对外输出的转矩就越大，而转速降低。通常，以斜盘倾角最小值来保证力矩和转速在工作范围。

　　轴向柱塞马达除斜盘式柱塞马达外，还有斜轴式柱塞马达。此种马达的缸体和传动轴轴线不同，而是互成一定角度，其工作原理如图 4-26 所示。当压力油输入缸体的缸孔时，

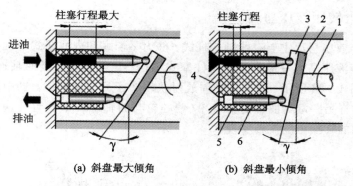

(a) 斜盘最大倾角　　　　　(b) 斜盘最小倾角

1—转动轴；2—斜盘；3—回程盘；4—配流盘；5—缸体；6—柱塞

图 4-25　斜盘式轴向柱塞马达的变量原理

作用于柱塞底部的压力油推动柱塞伸出，柱塞对传动轴上圆盘的作用力可分解为平行于传动轴轴线方向的轴向分力和使缸体旋转的切向分力。切向分力对传动轴轴线产生转矩，推动传动轴旋转。柱塞缸进、排油的转换由配流盘实现。马达的转速与输入流量成正比。若马达的进、排油口互换，则马达反转。

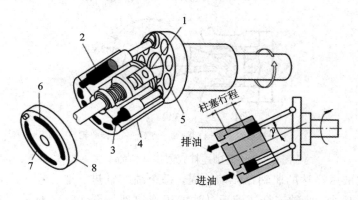

1—球铰接头；2—柱塞缩回排油；3—压力油输入；4—缸体；5—圆盘；
6—进油窗口；7—排油窗口；8—配流盘

图 4-26　斜轴式轴向柱塞马达的工作原理

　　斜轴式轴向柱塞马达也可做定量马达和变量马达。做变量马达时的排量与缸体摆角 γ（即斜轴倾角）有关，其变量工作原理如图 4-26 所示。当改变缸体摆角 γ 时，柱塞的伸缩行程改变，马达排量随之改变。缸体摆角 γ 越大，马达排量和输出的转矩就越大，而转速则降低。通常斜轴有最小倾角值，以保证力矩和转速在工作范围。

　　轴向柱塞液压马达由于工作腔是柱塞式的结构，密封性能好，容积效率高，因此额定工作压力高，其功率质量比也最大，并可较方便地改变马达的排量，实现马达转速的无级调速。轴向柱塞马达的综合性能指标优于叶片马达和齿轮马达。

　　轴向柱塞马达的缺点是低速稳定性差，一般只作高速小转矩马达使用。

　　在实际应用中，为了获得较低的转速和较大的转矩，可采用轴向柱塞马达和减速器等传动装置共同实现。

4.3.2　低速大转矩液压马达

低速大转矩液压马达主要有曲轴连杆式、静力平衡式和内曲线式等。

低速大转矩液压马达一般都是径向柱塞式结构，比较典型的是曲轴连杆式液压马达，如图4-27和图4-28所示。在壳体圆周放射状均布了五个柱塞缸，缸中的柱塞通过球铰与连杆连接，连杆另一端与曲轴的偏心轮（偏心轮与曲轴旋转中心有一偏心距）外圆接触。柱塞缸进、排油的转换由配流轴实现。

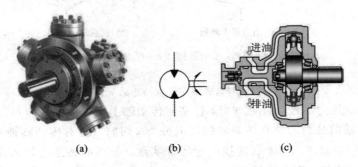

(a)　　　　　(b)　　　　　(c)

图4-27　曲轴连杆式液压马达剖视图

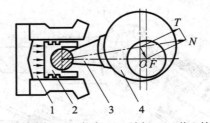

1—柱塞缸；2—柱塞；3—连杆；4—偏心轮

图4-28　曲轴连杆式液压马达的工作原理

曲轴连杆式液压马达的曲轴每转动一周，每个柱塞缸进、排油各一次，是一种单作用低速大转矩液压马达。曲轴连杆式液压马达的工作原理如图4-28所示。压力油输入到柱塞缸中，在柱塞上产生的液压力经连杆作用到偏心轮上。作用于偏心轮上的力 N 可分解为法向力 F 和切向力 T。切身力 T 对曲轴的旋转中心 O 产生转矩，使曲轴绕中心 O 旋转。当曲轴旋转时，压力油通过配流轴依次输入相应的柱塞中，使马达连续不断地旋转；同时，随曲轴的旋转，其余柱塞缸内的油液在柱塞推动下通过配流轴的排油窗口排出。马达进、排油口互换，则液压马达反转。曲轴连杆式液压马达结构简单，价格相对其他低速马达低，但其转速、转矩脉动大，低速稳定性差。

低速大转矩液压马达的特点是排量大、输出转矩大，低速运转平稳，可直接与工作机构连接，传动装置紧凑。这类马达广泛用于起重运输、工程机械、船舶、冶金、矿山机械等工业领域。

4.3.3　液压马达的主要参数

1）工作压力和额定压力

马达入口工作介质的实际压力称为马达的工作压力。马达入口压力和出口压力的差值称为马达的工作压差。在马达出口直接通油箱排气的情况下，为便于定性分析问题，通常近似认为马达的工作压力等于工作压差。

马达在正常工作条件下，按实验标准规定连续运转的最高压力称为马达的额定压力。马达的额定压力与泵的额定压力一样，都是受泄漏和强度的制约，超过额定压力值时会过载。

2）排量和流量

马达的排量是指马达每转一周由其密封容腔几何尺寸变化计算而得到的液体体积。马达的实际流量是指马达入口处的流量。马达的理论流量是指马达密封容积变化所需要的流量。马达的泄漏量是指马达的实际流量与理论流量的差值。

3）转速和容积效率

马达的理论输出转速 n_t 等于输入马达的流量 q 与排量 V 的比值，即

$$n_t = \frac{q}{V} \qquad (4-33)$$

因马达实际工作时存在泄漏，在计算实际转速 n 时，应考虑马达的容积效率 η_v。当液压马达的泄漏流量为 q_1 时，则马达的实际流量为 $q = q_t + q_1$。这时，液压马达的容积效率为

$$\eta_v = \frac{q_t}{q} = \frac{q-q_1}{q} = 1 - \frac{q_1}{q}$$

则马达的实际转速为

$$n_t = \frac{q}{V}\eta_v \qquad (4-34)$$

4）转矩和机械效率

设马达的出口压力为零，入口压力即工作压力为 p，排量为 V，则马达的理论输出转矩 T_t 为

$$T_t = \frac{pV}{2\pi} \qquad (4-35)$$

在马达实际工作时，必然存在摩擦损失，因此，计算实际输出转矩时应考虑机械效率 η_m。当液压马达的转矩损失为 T_1 时，则马达的实际转矩为 $T = T_t - T_1$。这时，液压马达的机械效率 η_m 为

$$\eta_m = \frac{T}{T_t} = \frac{T_t - T_1}{T_t} = 1 - \frac{T_1}{T_t}$$

因此，液压马达的实际输出转矩为

$$T = T_t\eta_m = \frac{pV}{2\pi}\eta_m \qquad (4-36)$$

5）功率和总功率

马达的输入功率 P_i 为

$$P_i = pq \qquad (4-37)$$

马达的输出功率 P_o 为

$$P_o = 2\pi nT \qquad (4-38)$$

马达的总效率 η 为

$$\eta = \frac{P_o}{P_i} = \frac{2\pi nT}{pq} = \eta_m \eta_V \qquad (4-39)$$

例 4.1　某齿轮液压马达的排量 $V = 10$ mL/r，供油压力 $p = 10$ MPa，供油流量 $q = 4 \times 10^{-4}$ m³/s，容积效率 $\eta_V = 0.87$，机械效率 $\eta_m = 0.87$，试求马达的实际转速、理论转矩和实际输出功率。

解　（1）马达的实际转速为

$$n_t = \frac{q}{V}\eta_V = \frac{4 \times 10^{-4}}{10 \times 10^{-6}} \times 0.87 \text{ r/s} = 34.8 \text{ r/s}$$

（2）理论转矩为

$$T_t = \frac{pV}{2\pi} = \frac{10 \times 10^6 \times 10 \times 10^{-6}}{2\pi} \text{ N} \cdot \text{m} = 15.9 \text{ N} \cdot \text{m}$$

（3）实际输出功率为

$$P_o = pq\eta_m\eta_V = 10 \times 10^6 \times 4 \times 10^{-4} \times 0.87 \times 0.87 \text{ W} = 3028 \text{ W} = 3.028 \text{ kW}$$

4.3.4　液压马达的图形符号

常见的液压马达的图形符号如图 4-29 所示。

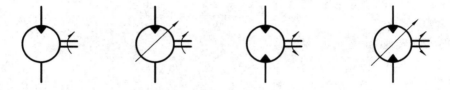

(a) 单向定量液压马达　(b) 单向变量液压马达　(c) 双向定量液压马达　(d) 双向变量液压马达

图 4-29　液压马达的图形符号

【工程应用】

液压缸和液压马达是各种工程机械、煤矿机械、特种车辆和大型机械的专用部件，在工业生产中可以用于锻压机械、注塑机、机床、加工中心、机器人、矿山机械、包装机械等。

汽车起重机支腿液压回路中的液压缸和转台回转回路马达

图 4-30 所示为某型号汽车起重机支腿液压回路，它共有八个液压缸，即四个水平缸和四个垂直缸，这八个液压缸属于起重机下车液压系统的支腿液压回路，每个液压缸都有一个双向液压锁。

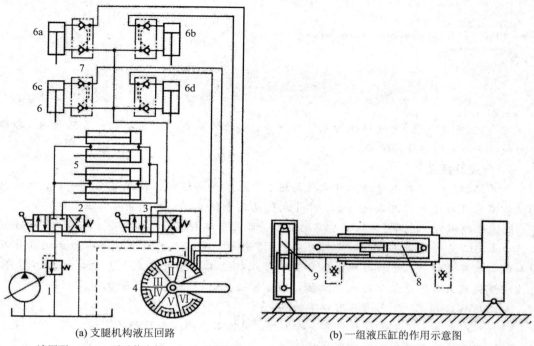

(a) 支腿机构液压回路　　　　　　　　　　(b) 一组液压缸的作用示意图

1—液压泵；2、3—手动换向阀；4—六位通转阀；5、8—水平液压缸；6、9—垂直液压缸；7—双向液压锁

图 4-30　汽车起重机支腿液压回路

　　下车液压支腿共有五个工作状态：① 无工作；② 水平同步伸；③ 水平同步缩；④ 垂直同步伸；⑤ 垂直同步缩。

　　汽车起重机转台回转回路起到使吊臂回转，实现重物水平移动的作用。如图 4-31 所示，转台回转机构液压回路主要由液压泵、换向阀和液压马达组成，由于回转力比较小，所以其结构没有起升回路复杂。回转机构使重物水平移动的范围有限，但所需功率小，所以一般汽车起重机都设计成全回转式的，即可在左右方向任意进行回转。

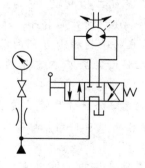

图 4-31　转台回转机构液压回路

　　转台的回转由一个大转矩液压马达驱动，它能双向驱动转台回转。通过齿轮、蜗杆机构减速，转台的回转速度为 $1\sim3$ r/min。由于转台速度较低，惯性较小，一般不设缓冲装置。液压马达的回转由三位四通手动换向阀控制，当三位四通手动换向阀工作在左位或右

位时，分别驱动液压马达正向或反向回转。

知识延伸

气　马　达

气马达(气压马达)是气动执行元件的一种。它的作用相当于电动机或液压马达，即输出力矩，拖动机构作旋转运动。

1. 分类及特点

气马达按结构形式可分为叶片式气马达、活塞式气马达和齿轮式气马达等。最为常见的是活塞式气马达和叶片式气马达。叶片式气马达制造简单，结构紧凑，但低速运动转矩小，低速性能不好，适用于中、低功率的机械，目前在矿山及风动工具中应用普遍，如手提工具、复合工具传送带、升降机和拖拉机等。活塞式气马达在低速情况下有较大的输出功率和较好的转矩特性，启动准确，且启动和停止特性都优于叶片式气马达，低速性能好，适宜于载荷较大和要求低速运转的机械，如起重机、绞车、绞盘、拉管机等。

与液压马达相比，气马达具有以下特点：

(1) 工作安全，可以在易燃易爆场所工作，同时不受高温和振动的影响。

(2) 可以长时间满载工作而温升较小。

(3) 可以无级调速，控制进气流量，即可调节气马达的转速和功率，转速范围宽，可达到 0～50 000 r/min。

(4) 具有较高的启动力矩，可以直接带负载运动。

(5) 可实现正、反方向旋转，结构简单，操纵方便，维护容易，成本低。

(6) 输出功率相对较小，最大只有 20 kW 左右，但功率范围宽，功率小至几百瓦，大至几千千瓦。

(7) 转矩随转速的增大而降低，特性较软，耗气量较大，效率较低，噪声大。

2. 工作原理

图 4-32(a)所示是叶片式气马达的工作原理。它的主要结构和工作原理与液压叶片马达相似，主要包括一个径向装有 3～10 个叶片的转子，转子偏心地安装在定子内，转子两侧有前后盖板(图中未画出)，叶片在转子的槽内可径向滑动，叶片底部通有压缩空气，转子转动是靠离心力和叶片底部气压将叶片紧压在定子内表面上的。定子内有半圆形的切沟，提供压缩空气及排出废气。

当压缩空气从 A 口进入定子内时，会使叶片带动转子作逆时针旋转，产生转矩，废气从排气口排出，定子腔内残留气体则从 B 口排出。如需改变气马达旋转方向，只需改变进、排气口即可。

图 4-32(b)所示是径向活塞式气马达的工作原理。压缩空气经进气口进入分配阀(又称配气阀)后再进入气缸，推动活塞及连杆组件运动，再使曲柄旋转。曲柄旋转的同时，带动固定在曲轴上的分配阀同步转动，使压缩空气随着分配阀角度位置的改变而进入不同的缸内，依次推动各个活塞运动，由各活塞及连杆带动曲轴连续运转。与此同时，与进气缸相对应的气缸则处于排气状态。

图 4-32(c)所示是薄膜式气马达的工作原理。它实际上是一个薄膜式气缸,当它作往复运动时,通过推杆端部的棘爪使棘轮转动。

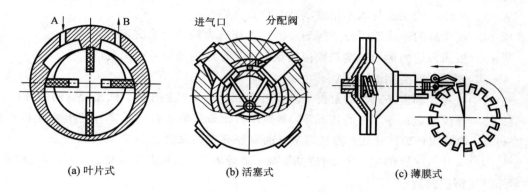

(a) 叶片式　　　　　　(b) 活塞式　　　　　　(c) 薄膜式

图 4-32　气马达工作原理

表 4-7 列出了各种气马达的性能、特点及应用范围,可供选择时参考。

表 4-7　各种气马达的性能、特点及应用范围

形式	转矩	速度	功率	每千瓦耗气量 $q/(\text{m}^3/\text{min})$	特点及应用范围
叶片式	低转矩	高速度	由零点几千瓦到 1.3 kW	小型:1.8~2.3 大型:1.0~1.4	制造简单,结构紧凑,但低速启动转矩小,低速性能不好,适用于要求低或中功率的机械,如手提工具、复合工具传送带、升降机、泵、拖拉机等
活塞式	中高转矩	低速中速	由零点几千瓦到 1.7 kW	小型:1.9~2.3 大型:1.0~1.4	在低速时有较大的功率输出和较好的转矩特性。启动准确,且启动和停止特性均较叶片式好,适用于载荷较大和要求低速转矩较高的机械,如手提工具、起重机、绞车、绞盘、拉管机等
薄膜式	高转矩	低速度	小于 1 kW	1.2~1.4	适用于控制要求很精确、启动转矩极高和速度低的机械

由于气缸承受的载荷一般不大,远小于液压缸承受的载荷,因此气缸的主要零部件(如缸筒、缸盖等)用铝或铝合金等材料制造而成。

气压马达在矿山机械中用得较多,在机械制造厂、油田、化工厂、造纸厂、炼钢厂、开凿隧道以及开凿水电站等场合也有使用。

【思考题和习题】

4-1　液压执行元件有几类?其作用各是什么?

4-2　从能量的角度看，液压泵与液压马达有什么区别和联系？从结构上来看，液压泵与液压马达有什么区别和联系？

4-3　单作用液压缸与双作用液压缸有什么区别？

4-4　液压缸的运动速度是如何确定的？工作压力是由什么决定的？

4-5　液压马达的运动速度是如何确定的？工作压力是由什么决定的？

4-6　列举不同类型的液压缸。

4-7　叶片式和齿条式摆动缸都是获得往复回转运动的液压缸，试比较它们的特点。

4-8　在供油流量 q 不变的情况下，要使单杆活塞式液压缸的活塞杆伸出速度和回程速度相等，油路应该怎样连接？而且活塞杆的直径 d 与活塞直径 D 之间有何关系？

4-9　为什么气缸的主要零部件（如缸筒、缸盖等）用铝或铝合金制造，而液压缸的主要零部件用钢铁制造？

4-10　已知单杆液压缸缸筒直径 $D=100$ mm，活塞杆直径 $d=50$ mm，泵供油流量 $q=10$ L/min。

试求：（1）液压缸差动连接时的运动速度？

（2）若缸在差动阶段所能克服的外负载 $F=1000$ N，则缸内油液压力有多大（不计管内压力损失）？

4-11　已知单杆液压缸缸筒直径 $D=100$ mm，活塞杆直径 $d=50$ mm，工作压力 $p_1=2$ MPa，流量 $q=10$ L/min，回油背压 $p_2=0.5$ MPa，试求活塞往复运动时的推力和运动速度。

4-12　在如图 4-33 所示的液压系统中，液压泵的铭牌参数为 $q=18$ L/min，$p=6.3$ MPa，设活塞直径 $D=90$ mm，活塞杆直径 $d=60$ mm，在不计压力损失且 $F=28\,000$ N时，试求在图示各情况下压力表的指示压力。

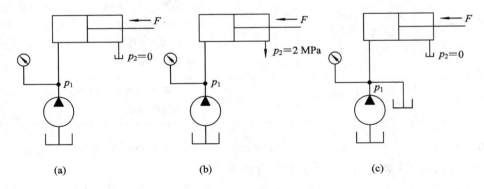

图 4-33　题 4-12 图

4-13　如图 4-34 所示的串联油缸，A_1、A_2 为有效工作面积，F_1、F_2 是两活塞杆的外负载，在不计损失的情况下，试求 p_1、p_2 和 v_1、v_2。

4-14　如图 4-35 所示的并联油缸，$A_1=A_2$，$F_1>F_2$，当油缸 2 的活塞运动时，试求 v_1、v_2 和液压泵的出口压力 p。

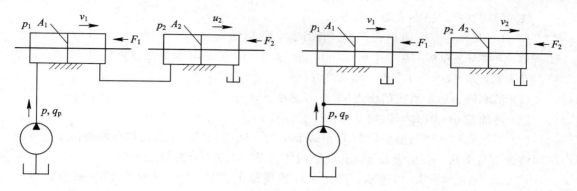

图 4-34   题 4-13 图

图 4-35   题 4-14 图

4-15   一个双叶片摆动液压缸的内径 $D=200$ mm，叶片宽度 $B=100$ mm，叶片轴的直径 $d=40$ mm，系统供油压力 $p=16$ MPa，流量 $q=63$ L/min，工作时的排油背压不计，试求该缸的输出转矩 T 和回转角速度 ω。

4-16   一个气缸的内径 $D=50$ mm，活塞杆直径 $d=32$ mm，工作行程 $S=500$ mm，工作行程外伸需要的时间 $t_1=2$ s，回程需要时间 $t_2=1.5$ s，气源压力 $p=0.7$ MPa，大气压力 $p_a=0.1033$ MPa，求该气缸的耗气量（管路容积耗气量忽略不计）。

4-17   设计一单杆活塞液压缸，要求快进时为差动连接，快进和快退（有杆腔进油）时的速度均为 6 m/min。工进时（无杆腔进油，非差动连接）可驱动的负载为 $F=25\,000$ N，回油背压力为 0.25 MPa，采用额定压力为 6.3 MPa、额定流量为 25 L/min 的液压泵供油，试求：

（1）缸筒内径和活塞杆直径。

（2）缸筒壁厚（缸筒材料选用无缝钢管）。

4-18   如图 4-36 示，液压缸两腔的油液分别通过滑阀相应的开口输入和排出。已知滑阀直径 $d=20$ mm，阀口两端压差 $\Delta p=4\times10^5$ Pa，通过流量 $q=100$ L/min。设通过阀口的流量系数 $C_q=0.65$，流速系数 $C_v=0.98$，油液密度 $\rho=900$ kg/m³，液体通过阀口的射流角 $\theta=69°$。试求：

（1）滑阀的开口量 X；

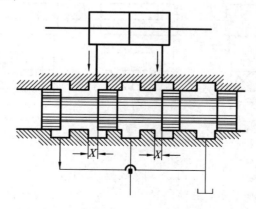

图 4-36   题 4-18 图

（2）阀所受总的稳态液动力和方向。

4-19 如图4-37所示为一立式液压缸，已知活塞直径 $D=50$ mm，活塞宽度 $B=52$ mm，活塞与缸壁的间隙 $\delta=0.02$ mm，活塞提升的重物 W 和活塞自重 G 共 5000 N，油液的动力黏度 $\mu=50\times10^{-3}$ Pa·s，试求：

（1）活塞向上运动所需的压力（摩擦力忽略不计）；

（2）进油量 $q=10$ L/min 时活塞的上升速度；

（3）当活塞移动到与缸底距离 $H=80$ mm 时关闭进油口，在重物和自重的作用下活塞将缓慢地自行下落，求在活塞与缸孔同心的情况下，活塞下降到缸底的时间。

4-20 如图4-38如所示，已知单杆液压缸的内径 $D=50$ mm，活塞杆直径 $d=35$ mm，泵的供油压力 $p=2.5$ MPa，供油流量 $q=10$ L/min。试求：

（1）液压缸差动连接时的运动速度和推力；

（2）若考虑管路损失，则实测 $p_1\approx p$，而 $p_2\approx2.6$ MPa，求此时液压缸的推力。

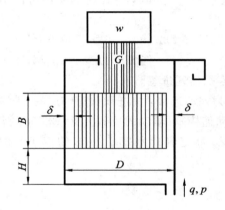

图4-37 题4-19图

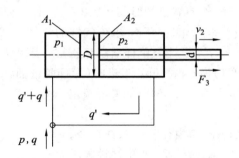

图4-38 题4-20图

4-21 如图4-39如所示，缸筒内径 $D=90$ mm，活塞杆直径 $d=60$ mm，进入液压缸的流量 $q=25$ L/min，进油压力 $p_1=5$ MPa，背压力 $p_2=0.5$ MPa，试计算图示不同负载情况下运动件运动速度的大小、方向以及最大推力。

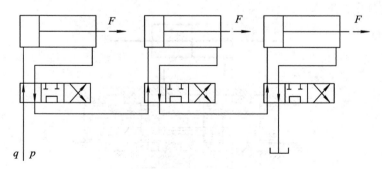

图4-39 题4-21图

4-22 如下图4-40所示，缸筒内径 $D=100$ mm，活塞杆直径 $d=60$ mm，进入液压缸的流量 $q=25$ L/min，进油压力 $p_1=5$ MPa，背压力 $p_2=0.3$ MPa，试计算图示各种情况下运动件运动速度的大小、方向以及最大推力。

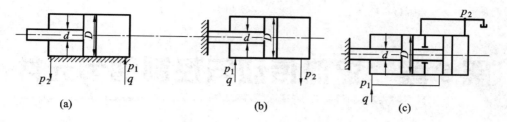

图 4 - 40　题 4 - 22 图

4 - 23　一双叶片摆动液压缸如图 4 - 41 示。缸径 D，轴径 d，叶片宽度 B。当输入流量为 q 时，若不计损失，回油口接油箱。试求输出转矩和角速度。

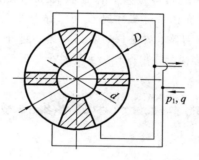

图 4 - 41　题 4 - 23 图

第5章　流体传动与控制调节元件

　　在流体传动控制系统中，各类控制阀的作用是控制流体的流动方向，调节系统的压力和流量，从而控制执行机构的运动与速度，保证执行机构按设计的要求带动负载进行工作。因此，控制阀是直接影响流体系统工作过程和工作特性的重要元件。本章以汽车起重机垂直支腿油缸液压锁、伸缩回路、安全阀、变副回路、起升回路为例，介绍方向控制阀、压力控制阀和流量控制阀的结构、工作原理、主要性能、图形符号及应用。

案例五　汽车起重机中的各类调节控制元件

案例简介

　　为了保证汽车起重机的回转、伸缩、变幅、起升和支撑等各项功能，在起重机液压系统中，使用了各类调节控制元件，以承担起重负载及调节速度和方向等，如图 5-1 中所示的 1、2 为手动换向阀组；3 为溢流阀(也称为安全阀)；4 为双向液压锁；5、6、8 为平衡阀；7 为节流阀；A、B、C、D、E、F 为手动换向阀。

案例分析

　　在图 5-1 所示的液压系统中，4 为由两个液控单身阀组成的双向液压锁。汽车起重机的支腿是可伸缩的，支腿回路主要由液压泵、液压缸和换向阀组成，依靠液压锁完成支撑时锁紧。液压锁可以看成是截止阀，打开时油路通，关闭时油路被截断，不通油。

　　在汽车起重机工作时，主供油回路向整个系统提供稳定压力的液压油及防止系统过载，故可以采用由溢流阀组成的单级调压回路满足要求。在调压回路中，采用安全阀(见图 5-1 中的 3)来限制系统最高工作压力，防止系统过载，对起重机超重起吊起安全保护作用。

　　汽车起重机变幅回路主要由液压泵、换向阀、平衡阀和变幅液压缸组成，如图 5-2 所示。在变幅机构落臂时，为限制重力超速现象，需设置限速装置以限速。国内外大都采用平衡阀(限速阀，如图 5-1 中的 5、6、8)的限速回路，既能防止超速下行，也可保证整个下降过程为匀速过程。

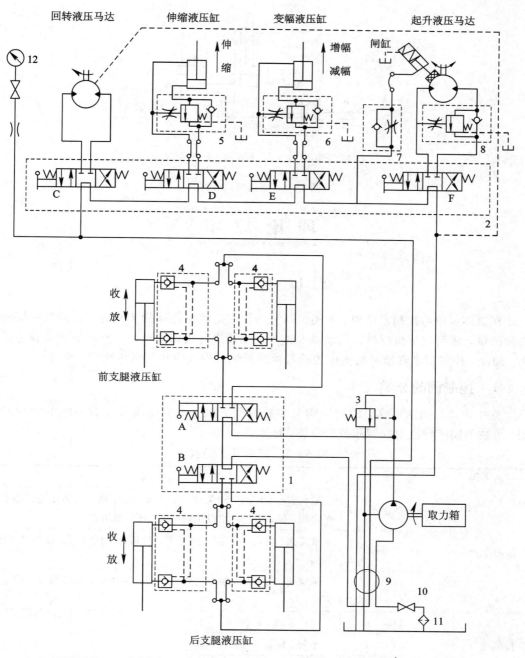

1、2—手动阀组；3—安全阀；4—双向液压锁；5、6、8—平衡阀；7—节流阀；9—中心回转接头；10—开关；11—过滤器；12—开关压力表；A、B、C、D、E、F—手动换向阀

图 5-1　Q2—8 型汽车起重机液压系统

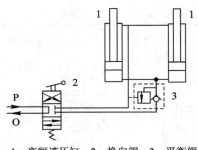

1—变幅液压缸；2—换向阀；3—平衡阀

图 5-2　变幅机构回路

【理 论 知 识】

5.1　概　　述

在流体传动与控制系统中，各类控制阀的作用是控制流体的流动方向、调节系统的压力和流量，从而控制执行机构的运动与速度，保证执行机构按设计的要求带动负载进行工作。因此，控制阀是直接影响流体传动与控制系统工作过程和工作特性的重要元件。

5.1.1　控制阀的分类

流体传动与控制系统中的控制阀有多种分类方式，每类控制阀又有不同的结构和应用。可按不同的特征对控制阀进行分类，如表 5-1 所示。

表 5-1　控制阀的分类

分类方法	种　类	品　　种
按机能分	压力控制阀	溢流阀、顺序阀、卸荷阀、平衡阀、减压阀、比例压力控制阀、缓冲阀、仪表截止阀、限压切断阀、压力继电器
	流量控制阀	节流阀、单向节流阀、调速阀、分流阀、集流阀、比例流量控制阀
	方向控制阀	单向阀、液控单向阀、换向阀、行程减速阀、充液阀、梭阀、比例方向阀
按结构分	滑阀	圆柱滑阀、旋转阀、平板滑阀
	座阀	锥阀、球阀、喷嘴挡板阀
	射流管阀	射流阀
按操作方法分	手动阀	手把及手轮、踏板、杠杆
	机动阀	挡块及碰块、弹簧、液压、气动
	液动阀	液控单向阀、液控换向阀、液控压力阀
	电动阀	电磁铁控制阀、伺服电动机控制阀、步进电动机控制阀

分类方法	种　类	品　种
按连接方式分	管式连接	螺纹式连接阀、法兰式连接阀
	板式及叠加式连接	单层连接板式阀、双层连接板式阀、整体连接板式阀、叠加阀
	插装式连接	螺纹式插装阀(二、三、四通插装阀)、法兰式插装阀(二通插装阀)
按输出参数可调节性分	开关控制阀	方向控制阀、顺序阀、限速切断阀
	输出参数连续可调的阀	溢流阀、减压阀、节流阀、调速阀、各类电液控制阀(比例阀、伺服阀)
按控制方式分	电液比例阀	电液比例压力阀、电液比例流量阀、电液比例换向阀、电液比例复合阀、电液比例多路阀;三级电液流量伺服阀
	伺服阀	单、两级(喷嘴挡板式、动圈式)电液流量伺服阀,三级电液流量伺服阀
	数字控制阀	数字控制压力阀、流量阀与方向阀

尽管各类控制阀的结构形式不同,控制功能各异,但它们具有如下共同点:

(1) 在结构上,所有的阀都由阀体、阀芯(转阀或滑阀)和驱使阀芯动作的零、部件(如弹簧、电磁铁)组成。

(2) 在工作原理上,所有阀的开口大小,阀进、出口间压差以及流过阀的流量之间的关系都符合孔口流量公式,只是各种阀的控制参数各不相同。

5.1.2　控制阀的性能参数

阀的规格用阀进、出油口的公称通径 D_g 表示(单位为 mm)。D_g 相同的阀,其阀口的实际尺寸不一定完全相同。控制阀的性能参数主要有额定压力、额定流量、额定压力损失、最小稳定流量等。近期生产的产品除对不同的阀规定一些不同的性能参数(如最大工作压力、开启压力、压力调整范围、允许背压、最大流量)外,同时还要给出若干条特性曲线,如压力—流量曲线、压力损失—流量曲线等,这样就能更确切地表明阀的性能。

对控制阀性能的基本要求包括:

(1) 动作灵敏,使用可靠,工作时冲击和振动小;

(2) 油液流过的压力损失小;

(3) 密封性能好;

(4) 结构紧凑,安装、调整、使用、维护方便,通用性强。

因液压传动在工业传动中有传递动力大、使用范围广等较显著优点,所以从 5.2 节至 5.5 节所介绍的控制阀都是液压控制阀,由于气动控制阀在工作原理与结构方面与液压控制阀具有很大的相似性,因此主要是在 5.6 节中集中讲述。

5.2　液压方向控制阀

液压方向控制阀主要是用来接通、切断油路或改变液流流动方向,以操纵执行元件的启动、停止或改变其运动方向的,如液压缸的前进、后退与停止,液压马达的正反转与停止等。它主要有单向阀和换向阀两大类。方向控制阀的种类很多，常见的液压方向控制阀的分类如表5-2所示。

表5-2　液压方向控制阀的分类

方向控制阀	单向阀	普通单向阀
		液控单向阀
	换向阀	按通路分类：二通阀、三通阀、四通阀、……
		按工作位置数分类：二位阀、三位阀、四位阀、……
		按控制方式分类：电磁阀、液控阀、电液控制阀……
		按操纵方式分类：手动阀、机动阀、气动阀、……

5.2.1　单向阀

单向阀的主要作用是控制流体的单向流动。液压系统中常见的单向阀有普通单向阀和液控单向阀两种。

1. 普通单向阀

1）工作原理

常用的单向阀有两种结构形式，图5-3是直通式单向阀；图5-4是直角式单向阀。

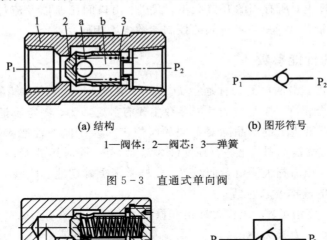

(a) 结构　　　　　　　　　　(b) 图形符号
1—阀体；2—阀芯；3—弹簧

图5-3　直通式单向阀

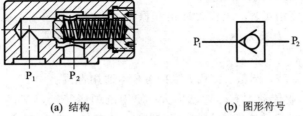

(a) 结构　　　　　　　　　　(b) 图形符号

图5-4　直角式单向阀

图5-3(a)所示是一种管式普通单向阀的结构。当压力油从阀体左端的通口 P_1 流入时，克服弹簧3作用在阀芯2上的力，使阀芯向右移动，打开阀口，并通过阀芯2上的径向孔 a、轴向孔 b 从阀体右端的通口流出。但是当压力油从阀体右端的通口 P_2 流入时，油液压力和弹簧力一起使阀芯锥面压紧在阀座上，使阀口关闭，油液无法通过。图5-3(b)所示是单向阀的图形符号。

　　直通式单向阀中的油流方向和阀的轴线方向相同；直角式单向阀的进出油口 P_1、P_2 的轴线均和阀体轴线垂直，所以阀的阻力较大。也有用钢球替代锥形阀芯的单向阀，但钢珠易漏油，只能承受较低的反向压力，故多用在低压场合。锥阀阀芯虽然结构复杂，但能承受很高的反向压力，阀芯的导向性好，运动平稳。

　　管式连接阀的油口可通过管接头和油管相连，阀体的重量靠管路支承，因此阀的体积不能太大。图 5-4 所示的阀属于板式连接阀，阀体用螺钉固定在机体上，阀体平面和机体平面紧密贴合，阀体上各油孔分别和机体上相对应的孔对接，用"O"形密封圈使它们密封。也有在阀体和机体之间再另外附加一块连接板的结构。

　　2）对单向阀的工作要求

　　（1）开启压力小；

　　（2）能产生较高的反向压力，反向泄漏小；

　　（3）正向导通时，阀的阻力损失小；

　　（4）阀芯运动平稳，无振动、冲击或噪声产生。

　　单向阀中的弹簧主要是用来克服阀芯的摩擦阻力和惯性力的。为使单向阀工作灵敏可靠，普通单向阀的弹簧刚度一般都选得很小，以避免油液流动时产生较大的压降。一般单向阀的开启压力为 0.035～0.05 MPa，通过额定流量时的开启压力不应超过 0.1～0.3 MPa，若采用较大刚度的弹簧，使其开启压力达到 0.2～0.6 MPa，则可将其放在回油路中作背压阀使用。

　　单向阀的主要性能参数有正向最小开启压力、正向流动时的压力损失以及反向泄漏量等。

　　3）单向阀的主要用途

　　（1）安装在泵的出油口，防止压力冲击影响泵的正常工作，也可防止泵不工作时系统油液倒流回泵，如图 5-5 所示。

　　（2）分隔油路以防止高低压互扰。如图 5-6 所示，1 是低压大流量泵，2 是高压小流量泵。低压时，两个泵排出的油液共同流向主油路，给系统供油。高压时，单向阀的反向压力为高压，单向阀关闭，泵 2 排出的高压油经过虚线表示的控制油路将阀 3 打开，使泵 1 排出的油经阀 3 流回油箱，高压泵 2 单独向系统供油，系统压力由阀 4 确定。这样，单向阀将两个压力不同的泵隔断，互不影响。

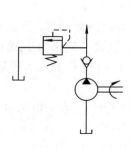

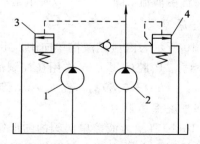

1—低压大流量泵；2—高压小流量泵；3、4—溢流阀

图 5-5　单向阀安装在泵的出油口　　　　　图 5-6　单向阀隔开高低压泵

（3）产生背压。如图 5-7 所示，高压油进入缸的无杆腔，活塞右行，有杆腔中的低压油经单向阀后流回油箱。单向阀有一定的压力降低，故在单向阀上游总保持一定压力，此压力也就是有杆腔中的压力，叫作背压，其数值不高，一般约为 0.5 MPa，保证无杆腔中的压力不会为零。在缸的回油路上保持一定背压，可防止活塞的冲击，使活塞运动平稳。此种用途的单向阀也叫背压阀。

（4）将执行机构和系统隔断。如图 5-8 所示，由换向阀 3 和 4 分别控制两个缸的进退。在换向阀 3、4 和系统之间放置了两个单向阀 1、2。当正常工作时，系统的压力油分别经过单向阀 1、换向阀 3 以及单向阀 2、换向阀 4 进入液压缸。若系统由于某种原因失压时，因为单向阀的作用，缸仍可维持一定压力，从而可防止因负载力或运动件的自重使缸的活塞反向运动。这样两个单向阀将缸和系统隔断，使两个缸互不影响。

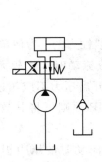 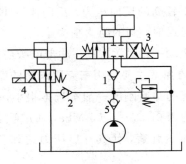

1、2、5—单向阀；3、4—换向阀

图 5-7　单向阀作背压阀　　　　图 5-8　执行机构和系统隔断

（5）用单向阀和其他阀组成复合阀。在图 5-9 中，由单向阀和节流阀组成的复合阀叫单向节流阀。用单向阀与其他阀组成的复合阀还有单向顺序阀、单向减压阀、单向换向阀等。

2. 液控单向阀

液控单向阀有内泄式和外泄式两种。图 5-10(a)所示是液

图 5-9　单向阀和节流阀
组成复合阀

控单向阀的结构。当控制口 K 处无压力油通入时，它的工作机制和普通单向阀一样，压力油只能从通口 P_1 流向通口 P_2，不能反向倒流。当控制口 K 有控制压力油时，因控制活塞 1 上侧通泄油口，活塞 1 上移，推动顶杆 2 顶开锥阀阀芯 3，使通口 P_1 和 P_2 接通，油液就可在两个方向自由通流。图 5-10(b)所示是液控单向阀的图形符号。

1）工作原理

图 5-10 所示为内泄式液控单向阀。此类液控单向阀无专门的泄油口，控制活塞的背压腔与 P_1 相通。P_1 腔的压力 p_1 作用在控制活塞的上端面上，形成控制压力 p_k 的阻力。若 $p_1=0$，则 $p_k=(0.4\sim0.5)p_2$。若 $p_1\neq0$，则所需的 p_k 更大。P_1 腔和 P_2 腔压力所形成的力，对控制活塞来说都是阻力。

图 5-10(b)所示为液控单向阀的图形符号。这种阀的结构较为简单，但是由于反向开启时所需的控制压力 p_k 较高，所以仅适用于 P_1 腔压力较低的场合。

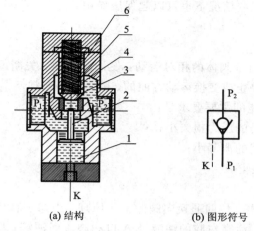

(a) 结构　　　　　　　　(b) 图形符号

1—控制活塞；2—顶杆；3—锥阀芯；4—弹簧座；5—弹簧；6—卸荷阀芯

图 5 - 10　液控单向阀

2）用途举例

（1）作立式液压缸的支撑阀。如图 5 - 11 所示，当通过液控单向阀往立式缸的下腔供油时，活塞上行。当停止供油时，因有液控单向阀，活塞靠自重不能下行，于是可在任一位置停止。将液控单向阀的控制口加压后，活塞即可靠自重下行。若此立式缸下行是工作行程，可同时往缸的上腔和液控单向阀的控制口加压，则活塞下行，完成工作过程。

（2）对液压缸进行锁紧。如图 5 - 12 所示，若 A 为高压进油管，B 为低压排油管，对液控单向阀 1 而言，当液控口通高压油时，将打开液压单向阀 1，使回油路中油液顺利通过。此时将高压油管 A 中的压力作用加在液控单向阀 2 的正向进口上，液控单向阀 2 也构成通路，高压油自 A 管进入缸，活塞右行，低压油自 B 管排出，缸的工作和不加液控单向阀时相同。同理，若 B 管为高压，A 管为低压，则活塞左行。若 A、B 管均不通压力油，则液控单向阀的控制口均无压力，阀 1 和阀 2 均闭锁。此时活塞不管是受到正向负载力，还是反向负载力，因缸两腔的油均被封死，活塞不能运动，这样就形成了缸的双向闭锁。

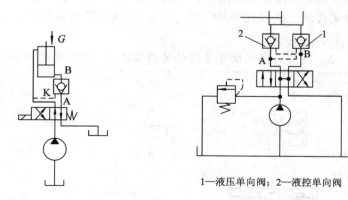

1—液压单向阀；2—液控单向阀

图 5 - 11　作立式液压缸的支撑阀　　　　图 5 - 12　对液压缸进行锁紧

通过以上方法，利用两个液控单向阀，既不影响缸的正常动作，又可完成缸的双向闭锁。锁紧缸的办法虽有多种，用液控单向阀的方法是最可靠的一种。

另外，液控单向阀在某些情况下也可以起保压作用。

5.2.2　换向阀

换向阀是利用阀芯相对于阀体的相对运动，使油路接通、关断或改变油流的方向，从而使液压执行元件启动、停止或变换运动方向的，因而叫换向阀。

液压系统对换向阀性能的主要要求是：

(1) 油液流经换向阀时的压力损失小；

(2) 互不相通的油口间的泄漏小；

(3) 换向平稳、迅速且可靠。

1. 换向阀的工作原理

图 5-13 所示为滑阀式二位四通换向阀的工作原理。当阀芯移到左端时，泵的流量流向 B 口，使活塞向左运动，活塞右腔的油液经 A 口和阀流回油箱；反之，当阀芯移到右端时，活塞便向右运动。因此，通过阀芯的移动可实现执行元件的正、反向运动。

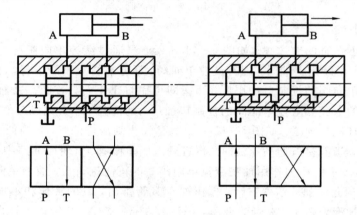

图 5-13　滑阀式换向阀

2. 换向阀的结构形式

换向阀按阀芯相对于阀体的运动方式来分，有滑阀式和转阀式两种。在液压系统中，滑阀式换向阀远比转阀式换向阀使用广泛。表 5-3 列出了常见滑阀式换向阀主体部分的结构原理、图形符号和使用场合。

表 5-3　滑阀式换向阀主体部分的结构原理、图形符号和使用场合

名　称	结构原理图	图形符号	使　用　场　合
二位二通阀			控制油路的接通与切断 （相当于一个开关）
二位三通阀			控制液流方向 （从一个方向变换成另一个方向）

续表

名　称	结构原理图	图形符号	使用场合	
二位四通阀	A P B T	A B / P T	控制执行元件换向	不能使执行元件在任一位置上停止运动	执行元件正方向运动时回油方式相同
三位四通阀	A P B T	A B / P T		能使执行元件在任一位置上停止运动	
二位五通阀	T₁ A P B T₂	A B / T₁ P T₂		不能使执行元件在任一位置上停止运动	执行元件正方向运动时可以得到不同的回油方式
三位五通阀	T₁ A P B T₂	A B / T₂ P T₁		能使执行元件在任一位置上停止运动	

换向阀的功能主要由其控制的通路数及工作位置所决定。

位是指阀芯的位置，例如，阀芯有两种位置的换向阀简称为二位换向阀；阀芯有三种位置的换向阀简称三位换向阀；阀的位置数大于三的叫多位换向阀。"位"在符号图中以方框表示，如图 5-13 和表 5-3 中图形符号中的方框。

通是指在一个位置上换向阀的通油口。在一个位置上有两个通油口的阀简称二通阀。同理，有三个通油口的叫三通阀，有四个通油口的叫四通阀，依次类推，有五通阀、六通阀、……、多通阀。

图 5-13 所示的换向阀有两个工作位置和四个通油口（P、A、B、T），称为二位四通阀。

1）换向阀的结构主体

阀体和滑动阀芯是滑阀式换向阀的结构主体。表 5-3 中所示结构是阀体最常见的结构形式。由表 5-3 可见，阀体上开有多个通油口，阀芯移动后可以停留在不同的工作位置上。以表中末行的三位五通阀为例，阀体上有 P、A、B、T_1、T_2 五个通油口，阀芯有左、中、右三个工作位置。当阀芯处在图示中间位置时，五个通油口都关闭；当阀芯移向左端时，通油口 T_2 关闭，通油口 P 和 A 相通，通油口 B 和 T_1 相通；当阀芯移向右端时，通油口 T_1 关闭，通油口 P 和 B 相通，通油口 A 和 T_2 相通。这种结构形式由于具有使五个通油口都关闭的工作状态，故可使受它控制的执行元件在任意位置上停止运动。

换向阀符号的含义如下：

（1）用方框表示阀的工作位置，有几个方框就表示几"位"；

（2）方框内的箭头表示在这一位置上油路处于接通状态，但并不一定表示油流的实际流向；

（3）方框内符号 ⊥ 或 ⊤ 表示此油路被阀芯封闭，即不通；

（4）一个方框的上边和下边与外部连接的接口数有几个，就表示几"通"；

（5）一般阀与系统供油路连接的进油口用字母 P 表示；阀与系统回油路连接的回油口用字母 T(或 O)表示；而阀与执行元件连接的工作油口则用字母 A、B 等表示。有时在图形符号上还标出泄漏油口，用字母 L 表示。

2）滑阀的操纵方式

表 5－4 中列举了常见的滑阀操纵方式。表中列举仅是举例，表中的被操纵阀和操纵方式无本质联系，即如果是机动操纵方式也可以操纵三位四通阀等。

表 5－4　常见的滑阀操纵方式

操纵方式	图 形 符 号	说　明
手动	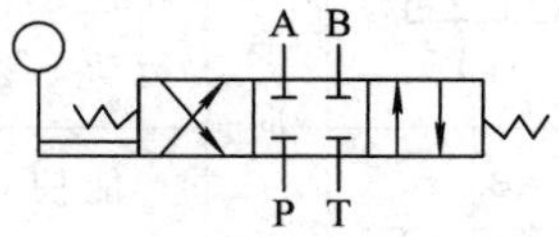	靠手动操纵和弹簧复位，属于自动复位；还有靠钢球定位的，复位时需要人来操纵
机动	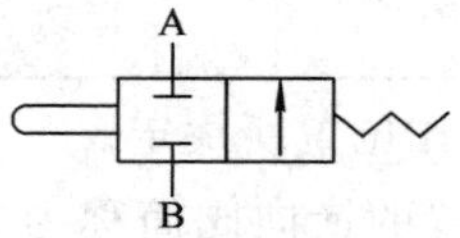	二位二通机动换向阀也称行程阀，是实际应用较为广泛的一种阀，靠挡块操纵和弹簧复位，初始位置处于常闭状态
液动	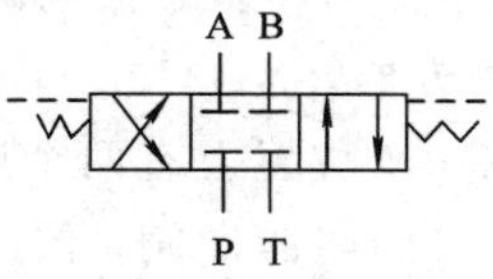	靠液压力操纵和弹簧复位
电磁	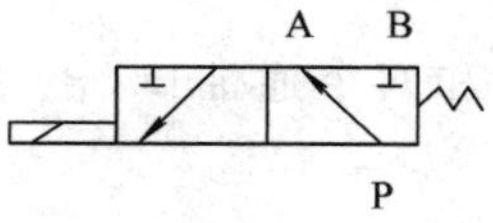	靠电磁铁操纵和弹簧复位，是实际应用中最常见的换向阀，有二位、三位等多种结构形式
电液	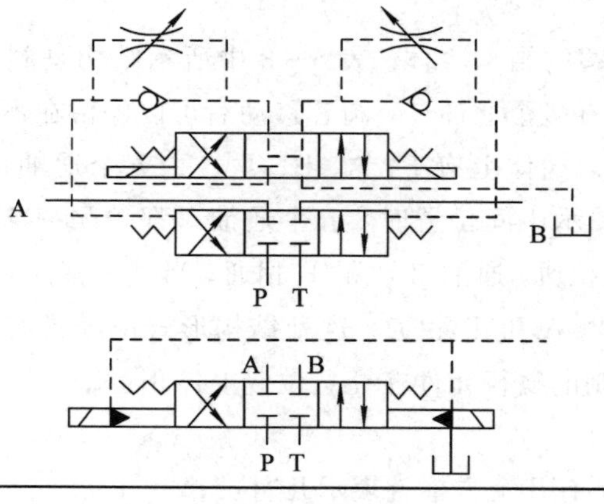	由先导阀(电磁换向阀)和主阀(液动换向阀)复合而成。阀芯移动速度分别由两个节流阀控制，使系统中的执行元件能平稳换向

图 5－14(a)所示为转动式换向阀(简称转阀)的工作原理图。该阀由阀体 1、阀芯 2 和使阀芯转动的操作手柄 3 组成，在图示位置，通油口 P 和 A 相通，B 和 T 相通；当操作手柄转换到"止"位置时，通油口 P、A、B 和 T 均不相通，当操作手柄转换到另一位置时，则

通油口 P 和 B 相通，A 和 T 相通。图 5－14(b)所示是它的图形符号。

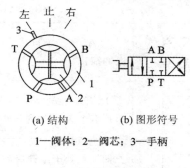

(a) 结构　　　　　(b) 图形符号

1—阀体；2—阀芯；3—手柄

图 5－14　转阀

3. 换向阀的性能和特点

1) 中位机能

三位换向阀的阀芯在中间位置时，各通油口间有不同的连通方式，可满足不同的使用要求，这种连通方式称为换向阀的中位机能。三位四通换向阀常见的中位机能、型号、符号及其特点如表 5－5 所示。三位五通换向阀的情况与此相似。不同的中位机能是通过改变阀芯的形状和尺寸得到的。

在分析和选择阀的中位机能时，通常考虑以下几点：

（1）系统保压。当 P 口被堵塞时，系统保压，液压泵能用于多缸系统。当 P 口不太通畅地与 T 口接通时（如 X 型），系统能保持一定的压力供控制油路使用。

（2）系统卸荷。当 P 口通畅地与 T 口接通时，系统卸荷。

（3）启动平稳性。当阀在中位时，液压缸某腔如通油箱，则启动时该腔内因无油液起缓冲作用，启动不太平稳。

（4）液压缸"浮动"和在任意位置上的停止。阀在中位，当 A、B 两口互通时，卧式液压缸呈"浮动"状态，可利用其他机构移动工作台，调整其位置。当 A、B 两口堵塞或与 P 口连接（在非差动情况下），则可使液压缸在任意位置处停下来。

（5）换向平稳性与精度。当液压缸 A、B 两口都堵塞时，换向过程中易产生液压冲击，换向不稳，但换向精度高；反之，当 A、B 两口都通 T 口时，换向过程中部件不易制动，换向精度低，但液压冲击小。

表 5－5　三位四通换向阀的中位机能

型 号	符　号	中位油口状况、特点及应用
O 型		P、A、B、T 四油口全封闭；液压泵不卸荷，液压缸闭锁；可用于多个换向阀的并联工作
H 型		四油口全串通；活塞处于浮动状态，在外力作用下可移动；泵卸荷
Y 型		P 口封闭，A、B、T 三油口相通；活塞浮动，在外力作用下可移动；泵不卸荷

型　号	符　　号	中位油口状况、特点及应用
K 型		P、A、T 三油口相通，B 口封闭；活塞处于闭锁状态；泵卸荷
M 型		P、T 口相通，A 与 B 口均封闭；活塞不动；泵卸荷，可用多个 M 型换向阀并联工作
X 型		四油口处于半开启动状态；泵基本上卸荷，但仍保持一定压力
P 型		P、A、B 三油口相通，T 口封闭；泵与缸两腔相通，可组成差动回路
J 型		P 与 A 口封闭，B 与 T 口相通；活塞停止，外力作用下可向一边移动；泵不卸荷
C 型		P 与 A 口相通，B 与 T 口封闭；活塞处于停止位置
N 型		P 和 B 口封闭，A 与 T 口相通；与 J 型换向阀机能相似，只是 A 与 B 口互换了，功能也类似
U 型		P 和 T 口都封闭，A 与 B 口相通；活塞浮动，在外力作用下可移动；泵不卸荷

2）主要性能

换向阀的主要性能包括下面几项（以电磁阀为例）：

（1）工作可靠性。工作可靠性指电磁铁通电后能否可靠地换向，断电后能否可靠地复位。工作可靠性主要取决于设计和制造，和使用也有关系。液动力和液压卡紧力的大小对工作可靠性影响很大，而这两个力是与通过阀的流量和压力有关的。所以电磁阀也只有在一定的流量和压力范围内才能正常工作。

（2）压力损失。由于电磁阀的开口很小，故液流流过阀口时会产生较大的压力损失。

（3）内泄漏量。在不同的工作位置，在规定的工作压力下，从高压腔到低压腔的泄漏量为内泄漏量。过大的内泄漏量不仅会降低系统的效率，引起过热，还会影响执行机构的正常工作。

（4）换向和复位时间。换向时间指从电磁铁通电到阀芯换向终止的时间；复位时间指从电磁铁断电到阀芯恢复到初始位置的时间。减小换向和复位时间可提高机构的工作效率，但会引起液压冲击。交流电磁阀的换向时间一般约为 0.03～0.05 s，换向冲击较大；

而直流电磁阀的换向时间约为 $0.1\sim0.3$ s，换向冲击较小。通常复位时间比换向时间稍长。

（5）换向频率。换向频率是在单位时间内阀所允许的换向次数。目前，单电磁铁的电磁阀的换向频率一般为 60 次/min。

（6）使用寿命。使用寿命指使用至电磁阀某一零件损坏，不能进行正常的换向或复位动作，或使用至电磁阀的主要性能指标超过规定指标时所经历的换向次数。

电磁阀的使用寿命主要取决于电磁铁。湿式电磁铁的寿命比干式的长，直流电磁铁的寿命比交流的长。

3）滑阀的液压卡紧现象

一般滑阀的阀孔和阀芯之间有很小的间隙，当缝隙均匀且缝隙中有油液时，移动阀芯所需的力只需克服黏性摩擦力，数值是相当小的。但在实际使用中，特别是在中、高压系统中，当阀芯停止运动一段时间（一般约 5 min）后，这个阻力可以大到几百牛顿，使阀芯很难重新移动。这就是所谓的液压卡紧现象。

引起液压卡紧的原因有的是由于脏物进入缝隙而使阀芯移动困难，有的是由于缝隙过小，在油温升高时阀芯膨胀而卡死，但是主要原因是来自滑阀副几何形状误差和同心度变化所引起的径向不平衡液压力。

滑阀的液压卡紧现象不仅在换向阀中有，其他的液压阀也普遍存在，在高压系统中更为突出，特别是滑阀的停留时间越长，液压卡紧力越大，以致造成移动滑阀的推力（如电磁铁推力）不能克服卡紧阻力，使滑阀不能复位。为了减小径向不平衡力，应严格控制阀芯和阀孔的制造精度，在装配时，尽可能使其成为顺锥形式；另一方面，在阀芯上开环形均压槽，也可以大大减小径向不平衡力。

4. 换向阀的应用

换向阀可应用于以下几方面：

（1）使执行机构或增压器换向。

（2）和溢流阀组成泵的卸荷回路。

（3）换向阀作为先导阀控制液动换向阀、液控单向阀和插装阀。

（4）和压力阀配合，使系统具有几种不同的压力。

（5）使泵排出的流量通向系统或通向油箱。

（6）组成差动回路使缸增速。

（7）和节流阀配合构成速度换接回路。

（8）使阀的进出油口连通或断路。例如，在串联调速回路中，可使串联的两个节流阀中的一个失去效应。

（9）和比例电磁铁构成比例方向阀。

（10）利用换向阀的机能锁紧系统，或使执行机构高低压腔连通。

5.3　液压压力控制阀

压力控制阀是用来对液压系统中液流的压力进行控制与调节的阀，此类阀是利用作用在阀芯上的液体压力和弹簧力相平衡的原理来工作的。常见的压力控制阀有溢流阀、减压阀、顺序阀、压力继电器等。常见压力控制阀的类型如表 5-6 所示。

表 5 - 6　常见压力控制阀的类型

分类方式	类　　　型
工作原理	直动式、先导式
阀芯结构	滑阀、球阀、锥阀
功能用途	溢流阀、减压阀、顺序阀、平衡阀、压力继电器

5.3.1　溢流阀

溢流阀的功能是通过阀芯的调节作用使阀的进口压力保持或不超过预先设定的调节值，对液压系统进行定压调节或安全保护。几乎所有的液压系统都需要用到溢流阀，其性能好坏对整个液压系统的正常工作有很大影响。

1. 溢流阀的功用和要求

溢流阀是通过阀口的溢流使被控制系统或回路的压力维持恒定，实现稳压、调压或限压的作用。

液压系统对溢流阀的性能要求有：

（1）定压精度高。当流过溢流阀的流量发生变化时，系统中的压力变化要小，即静态压力超调要小。

（2）灵敏度要高。溢流阀的灵敏度越高，则动态压力超调越小。

（3）工作要平稳，且无振动和噪声。

（4）当阀关闭时，密封要好，泄漏要小。

对于经常开启的溢流阀，主要要求（1）～（3）项性能；而对于安全阀，则主要要求（2）和（4）两项性能。其实，溢流阀和安全阀都是同一结构的阀，只不过是在不同要求时有不同的作用而已。

2. 溢流阀的工作原理和结构形式

常用的溢流阀按其结构形式和基本动作方式可分为直动式和先导式两种。

1）直动式溢流阀

图 5 - 15 所示为低压直动式溢流阀的结构和图形符号。它由阀体、阀芯、调压弹簧、弹簧座、调节螺母等组成。压力油从进油口 P 进入阀后，经孔 f 和阻尼孔 g 后作用在阀芯 4 的底面 c 上。当进油口压力较小时，阀芯在弹簧 2 的预调力作用下处于最下端，由底端螺母限位。由阀芯底部与阀体 5 构成有重叠量 l 的节流口，将 P 与 T 口隔断，阀处于关闭状态。

当进油口 P 处油压力升高，在阀芯下端所产生的作用力超过弹簧的预调力时，阀芯开始上升。当阀芯上移重叠量 l 时，阀口处于开启的临界状态。若压力继续升高至阀口打开，油液从 P 口经 T 口溢流回油箱。此时，由于溢流阀的作用，在流量变化时，进口压力能基本保持恒定。阀芯上的阻尼孔 g 用来对阀芯的动作产生阻尼，以提高阀的动作平衡性，调节螺母 1 可以改变弹簧的压紧力，这样也就调整了溢流阀进口处的油液压力 p。

图 5 - 15 中 L 为泄漏油口。图中，回油口 T 与泄漏油流经的弹簧腔相通，L 口堵塞，称为内泄。内泄时，回油口 T 的背压作用在阀芯上端面，这时与弹簧相平衡的将是进出油口压差。若将泄漏油腔与 T 口的连接通道 e 堵塞，将 L 口打开，直接将泄漏油引回油箱，

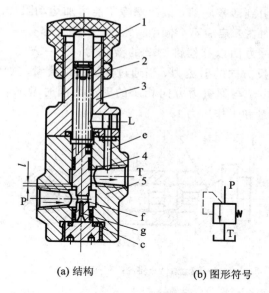

(a) 结构　　　　　(b) 图形符号

1—调节螺母；2—调压弹簧；3—上盖；4—阀芯；5—阀体

图 5-15　低压直动式溢流阀

这种连接方式称为外泄。

当溢流阀稳定工作时，作用在阀芯上的油液压力 p、弹簧的压紧力 F_s、稳态轴向液动力 F_{bs}、阀芯的自重 G 和摩擦力 F_f 是平衡的，它们可用下式表示：

$$pA_0 = F_s + F_{bs} + G \pm F_f \tag{5-1}$$

式中：p——进油口压力；

A_0——阀芯承受油液压力的面积。

由式(5-1)可以看出，溢流阀是利用被控压力作为信号来改变弹簧的压缩量，从而改变阀口的通流面积和系统的溢流量来达到定压目的。当系统压力升高时，阀芯上升，阀口通流面积增加，溢流量增大，进而使系统压力下降。溢流阀内部通过阀芯的平衡及运动构成的这种负反馈作用也是所有定压阀的基本工作原理。

若忽略液动力、阀芯的自重和摩擦力，则式(5-1)可写成：

$$p = \frac{F_s}{A_0} \tag{5-2}$$

由式(5-2)可知，弹簧力的大小与控制压力成正比。如需提高被控压力，一方面可用减小阀芯的面积来达到，另一方面则需增大弹簧力。而溢流阀调节的压力值受到结构限制，必须采用大刚度的弹簧。这样，在阀芯相同位移的情况下，弹簧力变化较大，因而该阀的定压精度就低。所以，这种低压直动式溢流阀一般用于压力小于 2.5 MPa 的小流量场合。

直动式溢流阀采取适当的措施也可用于高压大流量。例如，德国 Rexroth 公司开发的直动式溢流阀，通径为 6～20 mm 的压力可达 40～63 MPa；通径为 25～30 mm 的压力可达 31.5 MPa，其最大流量可达到 330 L/min。其中，较为典型的锥阀式结构如图 5-16 所示。

图 5-16 所示为锥阀式结构的局部放大图，在锥阀的下部有一阻尼活塞 3，活塞的侧

面铣扁，以便将压力油引到活塞底部，该活塞除了能增加运动阻尼以提高阀的工作稳定性外，还可以使锥阀导向而在开启后不会倾斜。此外，锥阀上部有一个偏流盘 1，盘上的环形槽用来改变液流方向，一方面以补偿锥阀 2 的液动力；另一方面，由于液流方向的改变，会产生一个与弹簧力相反方向的射流力。当通过溢流阀的流量增加时，虽然因锥阀阀口增大引起弹簧力增加，但由于与弹簧力方向相反的射流力同时增加，抵消了弹簧力的增量，有利于提高阀的通流流量和工作压力。

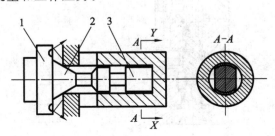

1—偏流盘；2—锥阀；3—活塞

图 5-16　直动式锥型溢流阀

2）先导式溢流阀

图 5-17 所示为先导式溢流阀的结构和图形符号，它由先导阀和主阀组成。压力油从 P 口进入，通过阻尼孔 3 后作用在先导阀阀芯 4 上，当进油口压力较低，先导阀阀芯上作用的液压力不足以克服先导阀阀芯右边的先导阀弹簧 5 的作用力时，先导阀关闭，没有油液流过阻尼孔，主阀阀芯 2 两端压力相等；在较软的主阀弹簧 1 作用下主阀阀芯 2 处于最下端位置，溢流阀阀口 P 和 T 隔断，没有溢流。当进油口压力升高到作用在先导阀阀芯上的液压力大于先导阀弹簧作用力时，先导阀打开，压力油就可通过阻尼孔、先导阀流回油箱，由于阻尼孔的作用，主阀阀芯上端的液压力 p_2 小于下端压力 p_1，当这个压力差作用在面积为 A_B 的主阀阀芯上的力等于或超过主阀弹簧力 F_s、轴向稳态液动力 F_{bs}、摩擦力 F_f 和主阀阀芯自重 G 的和时，主阀阀芯开启，油液从 P 口流入，经主阀阀口由 T 流回油箱，实现溢流，即有

$$\Delta p = p_1 - p_2 \geqslant \frac{F_s + F_{bs} + G \pm F_f}{A_B} \qquad (5-3)$$

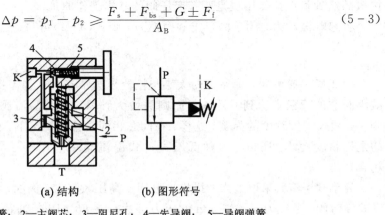

(a) 结构　　　　　　(b) 图形符号

1—主阀弹簧；2—主阀芯；3—阻尼孔；4—先导阀；5—导阀弹簧

图 5-17　先导式溢流阀

由式(5-3)可知，由于油液通过阻尼孔产生的 p_1 与 p_2 之间的压差值不太大，所以主阀芯只需一个小刚度的软弹簧即可。而作用在先导阀阀芯 4 上的液压力 p_2 与先导阀阀芯面积的乘积即为先导阀弹簧 5 的调压弹簧力，由于先导阀阀芯一般为锥阀，受压面积较小，所以用一个刚度不太大的弹簧即可调整较高的开启压力 p_2，用螺钉调节先导阀弹簧的预紧力，就可调节溢流阀的溢流压力。

先导式溢流阀有一个远程控制口 K，如果将 K 口用油管接到另一个远程调压阀（远程调压阀的结构和溢流阀的先导控制部分一样），调节远程调压阀的弹簧力，即可调节溢流阀主阀阀芯上端的液压力，从而对溢流阀的溢流压力实现远程控制。但是，远程调压阀所能调节的最高压力不得超过溢流阀本身先导阀的调整压力。当远程控制口 K 通过二位二通阀接通油箱时，主阀阀芯上端的压力接近于零，主阀阀芯上移到最高位置，阀口开得很大。由于主阀弹簧较软，这时溢流阀 P 口处压力很低，系统的油液在低压下通过溢流阀流回油箱，实现卸荷。

先导式溢流阀按其阀芯不同有三种典型结构型式：一级、二级和三级同心式。

二级同心式先导式溢流阀如图 5-18 所示，该阀由先导阀和主阀两部分组成，先导阀为锥阀，主阀阀芯为带圆柱面的锥阀。其主阀阀芯导向面和锥面与阀套配合良好，两处同心度要求较高，二级同心由此得名。当系统压力低于调压弹簧调定值时，主阀阀芯向下压在阀座上，进油口和溢流口不通。当系统压力超过调压弹簧的调定值时，先导阀打开，油液流回油箱。这时，主阀阀芯向上抬起，使 P 腔和 O 腔接通，压力油从 P 腔溢流至 O 腔。阻尼孔对阀芯的运动产生阻尼，以提高溢流阀工作的稳定性。这种阀的密封性好，通油能力大，压力损失小，结构紧凑。

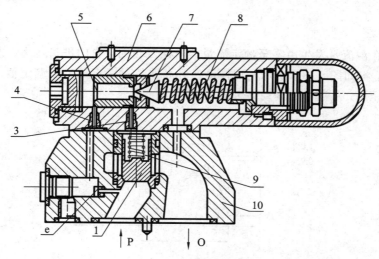

1—主阀阀芯；2、3、4—节流孔；5—先导阀阀座；6—先导阀阀体；
7—先导阀阀芯；8—调压弹簧；9—软弹簧；10—阀体

图 5-18　二级同心式先导式溢流阀

3. 溢流阀的性能

溢流阀的性能包括溢流阀的静态性能和动态性能。

1）静态性能

（1）压力调节范围。压力调节范围是指调压弹簧在规定的范围内调节时，系统压力能平稳地上升或下降，且压力无突跳及迟滞现象时的最大和最小调定压力。溢流阀的最大允许流量为其额定流量，在额定流量下工作时，溢流阀应无噪声，溢流阀的最小稳定流量取决于对它的压力平稳性要求，一般规定为额定流量的 15%。

（2）启闭特性。启闭特性是指溢流阀在稳态情况下从开启到闭合的过程中，被控压力与通过溢流阀的溢流量之间的关系。它是衡量溢流阀定压精度的一个重要指标，一般用溢流阀处于额定流量、调定压力 p_s 时，开始溢流的开启压力 p_K 及停止溢流的闭合压力 p_B 分别与 p_s 的百分比来衡量，前者称为开启比 $\overline{p_K}$，后者称为闭合比 $\overline{p_B}$，即

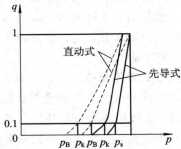

$$\overline{p_K} = \frac{p_K}{p_s} \times 100\% \qquad (5-4)$$

$$\overline{p_B} = \frac{p_B}{p_s} \times 100\% \qquad (5-5)$$

式中：p_s 可以是溢流阀调压范围内的任何一个值，显然上述两个百分比越大，则两者越接近，溢流阀的启闭特性就越好，一般应使 $p_K \geqslant 90\%$，$p_B \geqslant 85\%$，直动式和先导式溢流阀的启闭特性曲线如图 5-19 所示。

图 5-19　溢流阀的启闭特性曲线

（3）卸荷压力。当溢流阀的远程控制口 K 与油箱相连时，额定流量下的压力损失称为卸荷压力。

2）动态性能

当溢流阀在溢流量发生由零至额定流量的阶跃变化时，它的进口压力，也就是它所控制的系统压力，将如图 5-20 所示的那样迅速升高并超过额定压力的调定值，然后逐步衰减到最终稳定压力，从而完成其动态过渡过程。

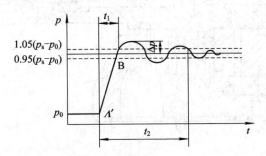

图 5-20　流量阶跃变化时溢流阀的进口压力响应特性曲线

定义最高瞬时压力峰值与额定压力调定值 p_s 的差值为压力超调量 Δp，则压力超调率 $\overline{\Delta p}$ 为

$$\overline{\Delta p} = \frac{\Delta p}{p_s} \times 100\% \qquad (5-6)$$

它是衡量溢流阀动态定压误差的一个性能指标。一个性能良好的溢流阀，其 $\overline{\Delta p} \leqslant$

$10\%\sim30\%$。如图 $5-20$ 所示，t_1 称为响应时间；t_2 称为过渡过程时间。显然，t_1 越小，溢流阀的响应越快；t_2 越小，溢流阀的动态过渡过程时间越短。

4. 溢流阀的应用

1) 与调速阀配合构成恒压能源

如图 $5-21$ 所示，定量泵、溢流阀和调速阀这三种元件构成定压能源的典型组合。在泵出口处并联了溢流阀，它的作用是即便流过溢流阀的流量产生变化仍能保持溢流阀的进口压力不变。在泵出口为恒压的条件下，改变调速阀 3 的开度，就可改变通往系统的流量，多余的油经溢流阀流回油箱。当通往系统的流量发生变化时，流经溢流阀的流量也发生变化。因溢流阀的调节作用，泵出口压力基本维持不变。

2) 作安全阀

如图 $5-22$ 所示，管路中 1 是液压泵、2 是液压马达。管路中的压力取决于液压马达 2 所带动的负载力矩。溢流阀 3 的调定压力应确定为：系统在正常工作压力下，溢流阀 3 不开启，当系统压力超过某一规定值时，溢流阀开启。此时，系统压力只维持在溢流阀所调定的数值，而不能继续再增加。这样就保护了系统免受高压的侵害。因此把起这种作用的溢流阀叫安全阀。

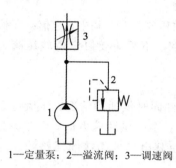

1—定量泵；2—溢流阀；3—调速阀

图 $5-21$　恒压能源

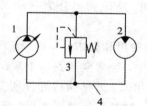

1—变量泵；2—液压马达；3—溢流阀；4—油路

图 $5-22$　溢流阀作安全阀

3) 与二位二通阀配合使泵卸荷

如图 $5-23$ 所示，二位二通阀处于断路位置，即溢流阀的遥控口不能和油箱相通，此时溢流阀以调定的压力值正常工作。

当二位二通阀处于通路位置时，溢流阀的遥控口直接和油箱相通，弹簧腔中无压力，主阀芯上移，溢流口的开口量达最大值，阻力很小，泵排出的油压力很小，全部经溢流阀流回油箱。定量泵虽排出了恒定流量，但压力很小，输出功率很小，接近于零，从而可认为泵和拖动泵的原动机被卸荷。从阀的使用功能看，此时的溢流阀也可叫卸荷阀。

4) 使一个主溢流阀具有多级调定压力

如图 $5-24$ 所示，1 为主溢流阀，2、3、4 为远程调压阀，也叫遥控调压阀。阀 2、3、4 均事先调整好各自的调定压力。当换向阀 5 处于中位时，系统的压力取决于调压阀 2 的调定压力。当换向阀 5 处于左位时，系统的压力取决于调压阀 4 的调定压力。当换向阀 5 处于右位时，系统的压力取决于调压阀 3 的调定压力。这样，系统就有三种不同的压力调定值。阀 3 和阀 4 的调定压力应小于阀 2 的调定压力。

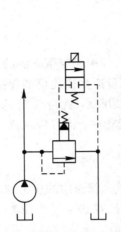

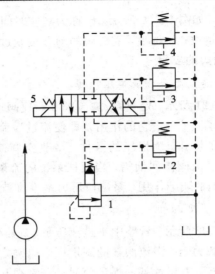

图 5-23　溢流阀作卸荷阀　　　　　　图 5-24　多级调定压力

5.3.2　减压阀

减压阀又可分为定值减压阀、定比减压阀和定差减压阀三种。其中，定值减压阀应用最广，简称为减压阀。减压阀也分为直动式和先导式两种。下面主要以定值减压阀为例进行介绍。

1. 减压阀的功用和要求

在同一系统中，经常会遇到一个泵向几个执行元件同时供油的情况，而执行元件所需的工作压力不尽相同。若某执行元件所需的工作压力较泵的供油压力低，可在该分支油路中并联一减压阀。油液流经减压阀后，压力降低，且使其出口处相接的回路的压力保持恒定。这种减压阀称为定值减压阀。

对减压阀的性能要求是出口压力维持恒定，不受进口压力、通过流量大小的影响。

2. 减压阀的工作原理和结构

图 5-25 所示为直动式二通减压阀的结构和图形符号。当阀芯处在原始位置上时，它的阀口 a 是打开的，阀的进、出口相通。这个阀的阀芯由出口处的压力控制，出口压力未达到调定压力时阀口全开、阀芯不工作。当出口压力达到调定压力时，阀芯上移，阀口关小，整个阀处于工作状态。如忽略其他阻力，仅考虑阀芯上的液压力和弹簧力相平衡的条件，则可以认为出口压力基本上维持在某一调定值上。这时，如果出口压力减小，则阀芯下移，阀口开大，阀口处阻力减小，压降下降，出口压力回升到调定值；反之，如果出口压力增大，则阀芯上移，阀口关小，阀口处阻

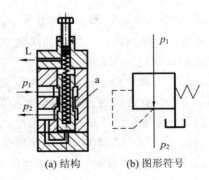

图 5-25　直动式减压阀

力加大，压降增大，出口压力下降至调定值。

图 5-26 所示为先导式减压阀的半剖结构和图形符号，其工作原理可仿照前述的先导

式溢流阀来进行分析。

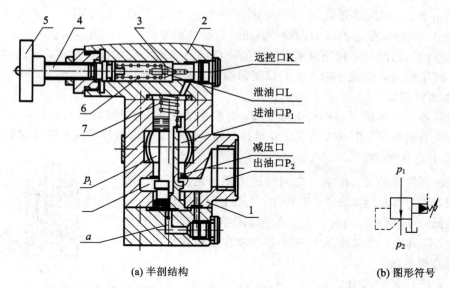

(a) 半剖结构　　　　　　　　(b) 图形符号

1—主阀；2—先导阀；3—锥阀；4—螺杆；5—调节手轮；6、7—弹簧

图 5-26　先导式减压阀

先导式减压阀和先导式溢流阀之间有如下几点不同：

（1）减压阀保持出口压力基本不变，而溢流阀保持进口处压力基本不变。

（2）在不工作时，减压阀进、出油口互通，而溢流阀的进、出油口不通。

（3）为保证减压阀出口压力调定值恒定，它的先导阀弹簧腔需通过泄油口单独外接油箱；而溢流阀的出油口是通油箱的，所以溢流阀的先导阀的弹簧腔和泄油口可通过阀体上的通道和出油口相通，不必单独外接油箱。

3．减压阀的工作特性

理想的减压阀在进口压力、流量发生变化或出口负载增加时，其出口压力 p_2 总是恒定不变的。但实际上，p_2 是随进口压力 p_1、流量 q 的变化或负载的增大而有所变化的。由图 5-25 可知，若忽略阀芯的自重和摩擦力，当稳态液动力为 F_{bs} 时，阀芯上的力平衡方程为

$$p_2 A_R + F_{bs} = K_s(x_c + x_R) \tag{5-7}$$

式中：K_s——弹簧刚度；

x_c——当阀芯开口 $x_R = 0$ 时，弹簧的预压缩量，其符号如图 5-25 所示，亦即

$$p_2 = \frac{K_s(x_c + x_R) - F_{bs}}{A_R} \tag{5-8}$$

若忽略液动力 F_{bs}，且 $x_R \ll x_c$ 时，则有

$$p_2 \approx \frac{K_s x_c}{A_R} = 常数 \tag{5-9}$$

这就是减压阀出口压力可基本上保持定值的原因。

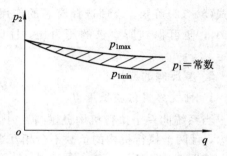

图 5-27　减压阀的 $p_2 - q$ 特性曲线

减压阀的 $p_2 - q$ 特性曲线如图 5-27 所示，当减压阀进油口压力 p_1 基本恒定时，若通过的流量 q 增加，则阀芯开口 x_R 加大，出口压力 p_2 略微下降。在如图 5-26 所示的先导式减压阀中，出油口压力的压力调整值越低，它受流量变化的影响就越大。

当减压阀的出油口不输出油液时，它的出口压力基本上仍能保持恒定，此时有少量的油液通过减压阀阀口经先导阀和泄油口流回油箱，保持该阀处于工作状态。

4. 其他减压阀

减压阀还有定差减压阀和定比减压阀，它们主要用来和其他阀组成组合阀，如定差减压阀可保证节流阀进、出油口间的压差维持恒定，这种减压阀和节流阀并联组成调速阀。

1）定差减压阀

定差减压阀是使进、出油口之间的压力差恒定或近似不变的减压阀，其工作原理如图 5-28 所示。高压油 p_1 经节流口 x_R 减压后以低压 p_2 流出，同时，低压油经阀芯中心孔将压力传至阀芯上腔，则其进、出油液压力在阀芯有效作用面积上的压力差与弹簧力相平衡。

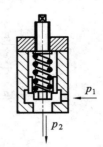

图 5-28　定差减压阀

压力差的计算公式为

$$\Delta p = p_1 - p_2 = \frac{K_s(x_c + x_R)}{\pi(D^2 - d^2)/4} \qquad (5-10)$$

式中：x_c——当阀芯开口 $x_R = 0$ 时弹簧（其弹簧刚度为 K_s）的预压缩量。

由式（5-10）可知，只要尽量减小弹簧刚度 K_s 和阀口开度 x_R，就可使压力差 Δp 近似地保持为定值。

2）定比减压阀

定比减压阀能使进、出油口压力的比值维持恒定。图 5-29 所示为定比减压阀的结构和图形符号，阀芯在稳态时（忽略稳态液动力、阀芯的自重和摩擦力）可得到力平衡方程为

$$p_1 A_1 + K_s(x_c + x_R) = p_2 A_2 \qquad (5-11)$$

式中：K_s——阀芯下端弹簧刚度；

x_c——当阀芯开口 $x_R = 0$ 时弹簧的预压缩量。

若忽略弹簧力（刚度较小），则有（减压比）

$$\frac{p_2}{p_1} = \frac{A_1}{A_2} \qquad (5-12)$$

由式（5-12）可知，合理选择阀芯的作用面积 A_1 和 A_2，便可得到所要求的压力比，且比值近似恒定。

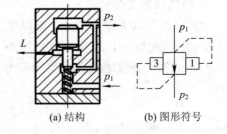

(a) 结构　　　　(b) 图形符号

图 5-29　定比减压阀

5. 减压阀的应用

1）向支路提供较低压力

当系统向一个执行机构提供高压时，利用减压阀可同时向另一个执行机构提供较低的压力，且两个执行机构的负载不会相互影响。

如图 5-30 所示，泵 3 同时向缸 1 和缸 2 供油，缸 1 的负载力为 F_1，缸 2 的负载力为 F_2。设 $F_1 > F_2$。若没有减压阀 4 和节流阀 5，则负载较小的液压缸先动作，即只有缸 2 的

活塞到位后压力继续上升，缸 1 才动作。不管对系统的要求如何，都是如此。这样就必然产生矛盾，例如，要求两个缸同时动作则该系统无法实现。若加上减压阀 4，则可解决这一矛盾，可实现两个缸分别动作而不会因负载的大小而互相干扰。

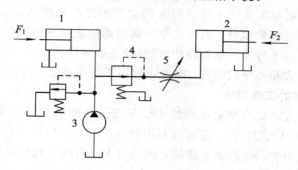

图 5－30　减压阀向支路提供较低压力

若不加节流阀 5，尽管缸 1 有相当的负载力，溢流阀有相当的调定压力，若 F_2 为零，则减压阀的二次压力即出口压力为零，阀芯处于最下端，减压口不起减压作用，并且使减压口的上、下游无阻力地沟通，这时减压阀的一次压力即进口压力也为零，这种现象叫减压阀一次压力失压。有了节流阀 5，可使减压阀出口总是有一定的压力，即可避免上述现象的出现，但增加了压力损失。

2）获得稳定的压力

因为减压阀出口压力稳定，所以在有些回路中，虽然不需要减压，但为了获得稳定的压力也加上减压阀。例如，在某些用压力控制的阀（如液控换向阀和液控顺序阀）的控制油路中加上减压阀，其目的不是减压，而是使控制压力稳定，以免因压力波动使它们产生误动作。

3）限制执行机构的作用力

图 5－31 所示的液压缸是个夹紧缸。当活塞杆通过夹紧机构夹紧工件时，活塞的运动速度为零，因减压阀的作用仍能使缸工作腔中的压力基本恒定，故可保持恒定的夹紧力，不使夹紧力过大。但此时应注意必须使用先导式减压阀才行。

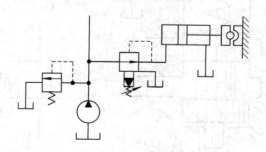

图 5－31　减压阀限制执行机构的作用力

4）高压油经减压后向蓄能器充油

有些液压系统在工作循环的某一阶段需要低压大流量，而在其他阶段需要高压小流量。解决此问题的方案之一是在系统需要低压大流量时由蓄能器向系统供应低压流量。此种蓄能器的充油方式为将主回路的高压油经减压阀后向蓄能器充油。

5.3.3　顺序阀

顺序阀是用来控制液压系统中各执行元件动作的先后顺序的。根据控制压力的不同，顺序阀分为内控式和外控式两种。内控式顺序阀用阀的进口压力油控制阀芯的启闭，外控式顺序阀用外部的控制压力油控制阀芯的启闭（即液控顺序阀）。

顺序阀也有直动式和先导式两种，前者一般用于低压系统，后者用于中高压系统。

1. 直动式顺序阀的工作原理

图 5-32 所示为直动式内控顺序阀的工作原理及其图形符号。当进油口压力较低时，阀芯在弹簧作用下处于下端位置，进油口和出油口不相通。当作用在阀芯下端的油液的液压力大于弹簧的预紧力时，阀芯向上移动，阀口打开，油液经阀口从出油口流出，从而操纵另一个执行元件或其他元件动作。

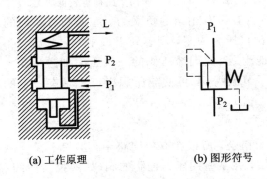

(a) 工作原理　　　　　　　(b) 图形符号

图 5-32　直动式内控顺序阀

直动式外控顺序阀的工作原理和图形符号如图 5-33 所示，和内控式顺序阀的差别仅仅在于其下部有一控制油口 K，阀芯的启闭是利用通入控制油口 K 的外部控制油来实现的。

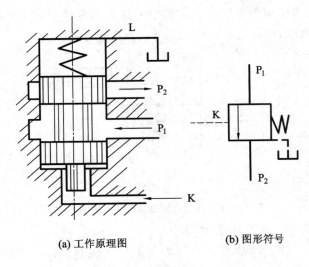

(a) 工作原理图　　　　　　(b) 图形符号

图 5-33　直动式外控顺序阀

内控式顺序阀在其进油路压力 p 达到阀的设定压力之前，阀口一直关闭，达到设定压力后阀口才开启，使压力油进入二次油路，驱动另一个执行元件工作。外控式顺序阀阀口的开启与否和一次油路流入流体的压力无关，仅决定于控制口处控制油的压力大小。

直动式顺序阀结构简单，动作灵敏，但由于弹簧和结构设计的限制，虽可采用小直径柱塞，但弹簧刚度仍较大，因而调压偏差大，且因限制压力的提高，调压范围一般小于 8 MPa，因此较高压力时宜采用先导式顺序阀。

2. 先导式顺序阀的工作原理

图 5-34 所示为先导式顺序阀的工作原理及其图形符号，其工作原理可根据前面所述先导式溢流阀的工作原理进行推导演化，在此不再赘述。

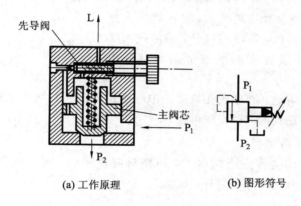

(a) 工作原理　　　　(b) 图形符号

图 5-34　先导式顺序阀

3. 顺序阀的特点

顺序阀与溢流阀、减压阀在结构和工作原理方面基本相同，但是它们也具有如下的不同点：

（1）溢流阀排出的油不做功，直接回油箱；顺序阀排出的油通向另一液压回路，输出的油有一定压力，做功。

（2）溢流阀的泄油口通过阀的内部通道以及排油口直接回油箱。顺序阀除出口压力 p_2 很低时用内泄式顺序阀，多数情况采用外泄式顺序阀，其泄油口单独回油箱。

（3）溢流阀和减压阀的阀芯要不断浮动以保持进油口压力（溢流阀）和出油口压力（减压阀）基本恒定。顺序阀的阀芯不须随时浮动，只有开或关两种位置。

（4）溢流阀和减压阀处于工作状态时，溢流口和减压口都是开启的。溢流口和减压口关闭时都不算工作状态（安全阀例外），有此特点的这类阀叫常通式阀，对它们的阀芯和阀体之间的密封性没有特殊或严格的要求。顺序阀则不然，它的开启位置是工作位置，它的关闭位置也是工作位置。因为在关闭位置顺序阀需维持一定的进口压力 p_2，以免影响其他回路的工作。因此对顺序阀的阀芯和阀体之间的密封性有一定要求。

（5）和溢流阀相同，顺序阀中有弹簧，所以也存在静态调压偏差，即阀到达最大开口时的压力和阀芯刚启动时的压力差。通常是两个压力的差值越小越好。

先导式顺序阀的调压偏差比直动式顺序阀的要小，但先导式顺序阀的泄漏也较大，除去压力很高的场合，选择直动式顺序阀较好。

（6）溢流阀和减压阀在工作回路中，溢流口和减压口上的压降都比较大。通常要求流过顺序阀的液流在阀中形成的压力损失越小越好。一般情况下该损失为 0.2～0.4 MPa。

（7）在溢流口和减压口上形成的压力降是需要的，相应的开口量较小。由于需要顺序阀有较小的压降，故它的开口量也较大。

4. 顺序阀的应用

1）控制多个执行元件的顺序动作

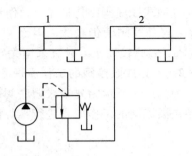

图 5-35　用于两个或两个以上液压缸的顺序动作

如图 5-35 所示（图中未画出溢流阀和其他次要元件），当液压泵提供的液压油压力小于顺序阀调定压力值时，油液进入液压缸 1 的左腔，推动液压缸 1 的活塞带动活塞杆向右伸出，运动到最右端以后，液压泵继续供油，而油路容积不再增大，油压将增大直至达到顺序阀调定压力值，顺序阀打开，油液进入液压缸 2 左腔，实现液压缸 2 的活塞带动活塞杆向右伸出。

从以上分析可以看出，顺序阀在该回路中起到控制液压缸顺序动作的作用。当使用顺序阀来保证缸的顺序动作时，动作较可靠。

2）构成单向顺序阀

将单向阀和顺序阀做在一个阀体中，叫作单向顺序阀。顺序阀既然有内控和外控之分，单向顺序阀也有内控和外控之分，如图 5-36 所示。

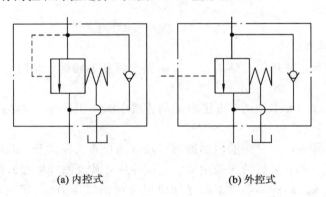

(a) 内控式　　　　　　　　　　　(b) 外控式

图 5-36　构成单向顺序阀

3）把外控顺序阀用作卸荷阀

如图 5-37 所示，1 为高压小流量泵，2 为低压大流量泵。当系统的压力较低时，泵 2 排出的油经单向阀 4 和泵 1 排出的油汇合后进入系统，此时作为卸荷阀的顺序阀 3 不开启。当系统压力达到阀 3 的调定压力时，阀 3 开启，泵 2 卸荷，单向阀 4 将泵 1 和泵 2 隔断，由泵 1 单独向系统供高压油。

4）和减压阀并联，保证减压阀的一次压力不致为零

如图 5-38 所示，此时减压阀的二次压力（即出口压力）不能为零，即使顺序阀的二次压力（出口压力）为零，因顺序阀本身有一定压降，故顺序阀的一次压力（进口压力）仍能保持一定值。于是减压阀的一次压力（进口压力）也能维持某一数值，不致为零。

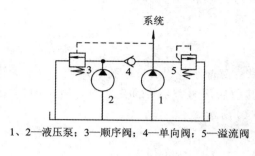

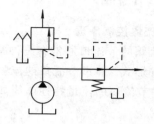

1、2—液压泵；3—顺序阀；4—单向阀；5—溢流阀

图 5-37　用作卸荷阀　　　　　　　　图 5-38　和减压阀并联

5.3.4　压力继电器

压力继电器是利用液体压力信号来启闭电气触点的液压电气转换元件。当油液压力达到压力继电器的设定压力值时，发出电信号，控制电气元件进行动作，实现泵的加载或卸载、执行元件的顺序动作或系统的安全保护和连锁等功能。

图 5-39 所示为常用柱塞式压力继电器的结构和图形符号。当从压力继电器下端进油口通入的油液压力达到调定压力值时，推动柱塞 1 上移，此位移通过杠杆 2 放大后推动开关 4 动作。改变弹簧 3 的压缩量，即可以调节压力继电器的动作压力。

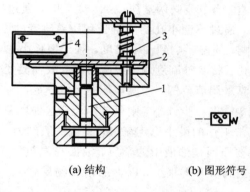

(a) 结构　　　　　　　　　(b) 图形符号

1—柱塞；2—杠杆；3—弹簧；4—开关

图 5-39　压力继电器

5.4　液压流量控制阀

液压系统中执行元件运动速度的大小是由输入执行元件的工作介质（液压油液）的流量大小来确定的。流量控制阀就是依靠改变和控制节流口面积的大小来控制调节流量的液压阀。常用的流量控制阀有普通节流阀、压力补偿和温度补偿调速阀、溢流节流阀和分流集流阀等。

液压系统中使用的流量控制阀应满足以下要求：有足够的调节范围，能保证稳定的最小流量，温度和压力变化对流量的影响小，调节方便，泄漏小等。

5.4.1　节流阀

1. 流量控制原理

节流阀的节流口通常有三种基本形式：薄壁小孔、细长小孔和厚壁小孔。无论节流口采用何种形式，通过节流口的流量 q 及其前后压力差 Δp 的关系均可用 $q = C A_T \Delta p^{\varphi}$ 来表示，三种节流口的流量特性曲线如图 5-40 所示。

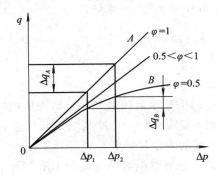

图 5-40　节流阀流量特性曲线

由图 5-40 可知：

（1）压差对流量的影响。当节流阀两端压差 Δp 变化时，通过它的流量也会发生变化，三种结构形式的节流口中，通过薄壁小孔的流量受到压差改变的影响最小。

（2）温度对流量的影响。油温影响到油液黏度，对于细长小孔，当油温变化时，流量也会随之改变；对于薄壁小孔，黏度对流量几乎没有影响，故油温变化时，流量基本不变。

（3）最小稳定流量和流量调节范围。当阀口压差 Δp 一定，阀口面积调小到一定值时，流量将出现时断时续的现象；进一步调小，则可能断流。这种现象称为节流阀的阻塞现象。每个节流阀都有一个能正常工作的最小稳定流量，其值一般约为 0.05 L/min。

节流口发生阻塞的主要原因是油液中的杂质、油液高温氧化后析出的胶质、沥青等附着在节流阀口表面所致。当阀口开得很小，以上的附着物层达到一定厚度时，油液就会时断时续，甚至断流。

为减小阻塞现象，可采用水力直径大的节流阀；另外，选择化学稳定性和抗氧化稳定性好的油液，精细过滤，定期换油等都将有助于防止阻塞，降低最小稳定流量。

流量调节范围是指通过阀的最大流量和最小流量之比，一般比值在 50 以上；高压流量阀的比值则在 10 左右。

2. 普通节流阀

图 5-41 所示为一种普通节流阀的结构、图形符号及实物。这种节流阀的节流通道呈轴向三角槽式。压力油从进油口 P_1 流入孔道和阀芯下端的三角槽，再从出油口 P_2 流出。调节手轮可通过推杆使阀芯作轴向移动，从而改变节流口的通流截面积来调节流量。

节流阀在液压系统中主要与定量泵、溢流阀和执行元件等组成节流调速系统。调节其开口面积，便可调节执行元件运动速度的快慢。节流阀也可以在试验系统中用作加载器等。

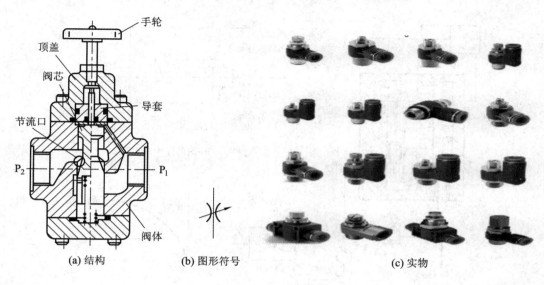

(a) 结构　　　　(b) 图形符号　　　　　　(c) 实物

图 5-41　节流阀

5.4.2　调速阀

普通节流阀由于刚性差，在节流开口一定的条件下通过它的工作流量受工作负载（亦即其出口压力）变化的影响，无法保证执行元件运动速度的稳定，因此只适用于工作负载变化不大和速度稳定性要求不高的场合。

由于工作负载的变化很难避免，为了改善调速系统的性能，通常对节流阀进行补偿，即采取措施使节流阀前、后压力差在负载变化时始终保持不变。由 $q = CA_\text{T} \Delta p^\varphi$ 可知，当 Δp 基本不变时，通过节流阀的流量只由其开口面积来决定。使 Δp 基本保持不变的方式有两种：一种是将定差式减压阀与节流阀并联起来构成普通调速阀（简称调速阀）；另一种是将稳压溢流阀与节流阀并联起来构成旁通式调速阀（溢流节流阀）。这两种阀都是将流量的变化所引起的油路压力的变化通过阀芯的负反馈动作来自动调节节流部分的压力差，使其通过流量保持不变的。

1. 普通调速阀

1）调速阀工作原理

图 5-42 所示为调速阀工作原理、图形符号及特性曲线。调速阀是在节流阀 2 前面并联一个定差减压阀 1 而成的。液压泵的出口（即调速阀的进口）压力 p_1 由溢流阀进行调整，保持基本不变，调速阀的出口压力 p_3 则由液压缸负载 F 决定。油液先经减压阀产生一次压降，将压力降到 p_2，p_2 经通道 e、f 作用到减压阀的 d 腔和 c 腔；节流阀的出口压力 p_3 又经反馈通道 a 作用到减压阀的上腔 b。当减压阀的阀芯在弹簧力 F_s、油液压力 p_2 和 p_3 作用下处于某一平衡位置时（忽略摩擦力和液动力等），则有

$$p_2 A_1 + p_2 A_2 = p_3 A + F_s \tag{5-13}$$

式中：A、A_1 和 A_2——b 腔、c 腔和 d 腔内压力油作用于阀芯的有效面积，且 $A = A_1 + A_2$，故

$$p_2 - p_3 = \Delta p = \frac{F_s}{A} \tag{5-14}$$

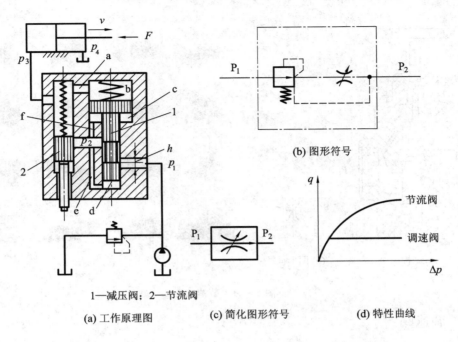

1—减压阀；2—节流阀

(a) 工作原理图　　　　(c) 简化图形符号　　　　(d) 特性曲线

图 5-42　调速阀

因为弹簧刚度较小，且工作过程中减压阀阀芯位移很小，可以认为 F_s 基本保持不变。故节流阀两端压力差 $\Delta p(p_2-p_3)$ 也基本保持不变，这就保证了通过节流阀的流量的稳定。

2) 温度补偿调速阀

油温的变化将引起油黏度的变化，从而导致通过节流阀的流量发生变化，为此出现了温度补偿调速阀。

普通调速阀的流量虽然已能基本上不受外部负载变化的影响，但是当流量较小时，节流口的通流面积较小，这时节流口的长度与通流截面水力直径的比值相对增大，因而油液的黏度变化对流量的影响也增大。当油温升高而油的黏度变小时，流量仍会增大。为了减小温度对流量的影响，可以采用温度补偿调速阀。

温度补偿调速阀的压力补偿原理部分与普通调速阀相同，由 $q=CA_T\Delta p^{\varphi}$ 可知，当 Δp 不变时，由于黏度下降，C 值（$\varphi\neq0.5$ 的孔口）上升，此时只有适当减小节流阀的开口面积，才能保证 q 不变。图 5-43 所示为温度补偿原理，在节流阀阀芯和调节螺钉之间放置一个温度膨胀系数较大的聚氯乙烯推杆，当油温升高时，本来流量增加，这时温度补偿杆伸长使节流口变小，从而补偿了油温对流量的影响。在 $20\sim60℃$ 的温度范围内，温度补偿

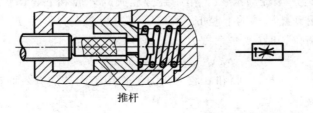

推杆

图 5-43　温度补偿原理

调速阀的流量变化率不超过 10%，最小稳定流量可达 20 mL/min（3.3×10^{-7} m³/s）。

3）调速阀的应用

调速阀在液压系统中的应用和节流阀相似，适用于执行元件负载变化大而运动速度要求稳定的系统，也可用于容积—节流调速回路。

调速阀在连接时，可连接在执行元件的进油路上或回油路上，也可连接在执行元件的旁油路上。

2. 旁通式调速阀

旁通式调速阀也称溢流节流阀，是一种压力补偿型节流阀，是由定差溢流阀和节流阀串联而成的。图 5-44 所示工作为其工作原理及图形符号。

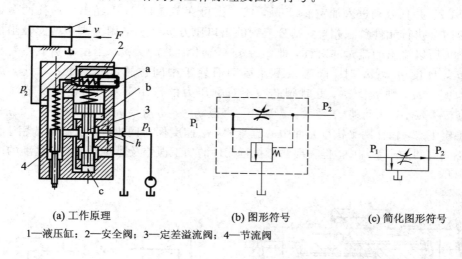

(a) 工作原理　　　　　(b) 图形符号　　　　　(c) 简化图形符号

1—液压缸；2—安全阀；3—定差溢流阀；4—节流阀

图 5-44　旁通式调速阀

从液压泵输出的油液一部分从节流阀 4 进入液压缸左腔推动活塞向右运动，另一部分经溢流阀的溢流口流回油箱，溢流阀阀芯 3 的上端 a 腔同节流阀 4 上腔相通，其压力为 p_2；上腔 b 和下腔 c 同溢流阀阀芯 3 前的油液相通，其压力值为泵的供油压力 p_1；当液压缸活塞上的负载力 F 增大时，压力 p_2 升高，a 腔的压力也升高，使溢流阀阀芯 3 下移，关小溢流口，就使液压泵的供油压力 p_1 增加，从而使节流阀 4 的前、后压力差（$p_1 - p_2$）基本保持不变。这种旁通式调速阀一般附带一个安全阀 2，以避免系统过载。

旁通式调速阀是通过 p_1 随 p_2 的变化来使流量基本上保持恒定的，它与调速阀虽都具有压力补偿的作用，但其组成调速系统时有区别，调速阀无论在执行元件的进油路上或回油路上，执行元件上的负载变化时，泵出口处的压力都由溢流阀保持不变，而旁通式调速阀是通过 p_1 随 p_2（负载的压力）的变化来使流量基本上保持恒定的。因而旁通式调速阀具有功率损耗低、发热量小的优点。但是，旁通式调速阀中流过的流量比调速阀大（一般是系统的全部流量），阀芯运动时阻力较大，弹簧较硬，其结果是使节流阀前、后压差 Δp 加大（需达 0.3~0.5 MPa），因此它的稳定性稍差。

5.4.3　同步阀

在有些液压系统中经常是一台液压泵同时向几个执行元件供油，并且要求不论各执行元件的负载如何变化，执行元件能够保持相同（或成一定比例）的运动速度，即速度同步。同步阀就是用以保证多个执行元件速度同步的流量控制阀。

同步阀根据用途不同，可分为分流阀、集流阀和分流集流阀。分流阀能将压力油按一定流量比率分配给两个液压缸或液压马达，而不管它们的载荷怎样变化。集流阀则是将压力不同的两个分支管路的流量按一定的比率汇集起来。分流集流阀兼有分流阀和集流阀的功能。同步阀根据流量比率的不同，又可分为等量式和比例式两种。

1. 分流阀的工作原理

图 5-45(a)所示为等量分流阀的结构原理，图 5-45(b)所示为等量分流阀的图形符号。设阀的进口压力为 p_0，流量为 q_0，进入阀后分为两路，分别通过两个面积相等的固定节流孔 1、2，并且分别进入油室 a、b 腔，然后由可变节流口 3、4 经出口通往两个执行元件。若这两个执行元件负载相等，则分流阀的出口压力 $p_3 = p_4$，因为阀中两支流道的尺寸完全对称，所以输出的流量亦对称，即 $q_1 = q_2 = q_0/2$，且 $p_1 = p_2$。当由于负载不对称而出现 p_3、p_4，且设 $p_3 > p_4$ 时，阀芯来不及运动而处于中间位置，必定使 $q_1 < q_2$，进而有 $p_0 - p_1 < p_0 - p_2$，则 $p_1 > p_2$。此时阀芯在不对称压力的作用下左移，使可变节流口 3 增大，节流口 4 减小，从而使 q_1 增大，q_2 减小，直至 $q_1 = q_2$，$p_1 = p_2$，阀芯才在一个新的平衡位置上稳定下来，输往两个执行元件中的流量相等，速度保持同步。分流阀通常用于同步精度要求不太高的同步系统中，但需要注意执行元件的加工误差及泄漏对其同步精度的影响。

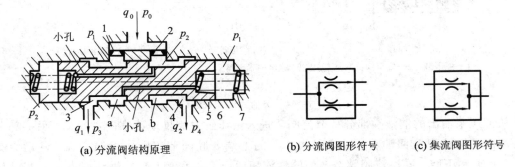

|(a) 分流阀结构原理|(b) 分流阀图形符号|(c) 集流阀图形符号|

1、2—固定节流阀；3、4—可变节流孔；5—阀体；6—阀芯；7—弹簧

图 5-45　等量分流阀

2. 集流阀的工作原理

集流阀是按固定比例将两股液流自动合成单一液流的流量控制阀。图 5-45(c)所示为等量集流阀的图形符号。其工作原理类同于分流集流阀的集流工况，这里不再赘述。

3. 分流集流阀

分流集流阀可以实现分流阀和集流阀的功能，如图 5-46(c)所示为分流集流阀的图形符号。

在分流工况时，如图 5-46(a)所示，由于 p_0 大于 p_1 和 p_2，所以两个阀芯处于相互分离的状态，互相勾住。当负载压力 $p_3 < p_4$ 时，如果阀芯仍留在中间位置，则必然使 $p_1 < p_2$。这时，连成一体的阀芯将左移，可变节流口减小，使 p_1 上升，直至 $p_1 = p_2$，阀芯停止运动，由于两个固定节流孔的面积相等，所以通过两个固定节流孔的流量 $q_1 = q_2$，而不受出口压力 p_3 及 p_4 变化的影响。

在集流工况时，如图 5-46(b)所示，此时两个阀芯在各自弹簧力的作用下处于中间位置的平衡状态。若负载压力 $p_3 \neq p_4$，如果阀芯仍留在中间位置，必然使 $p_1 \neq p_2$，这时连成一体的阀芯将向压力小的一侧移动，相应地，可变节流口减小，压力上升，直至 $p_1 = p_2$，阀芯停止运动，由于两个固定节流孔的面积相等，所以通过两个固定节流孔的流量 $q_1 = q_2$，而不受出口压力 p_3 及 p_4 变化的影响。

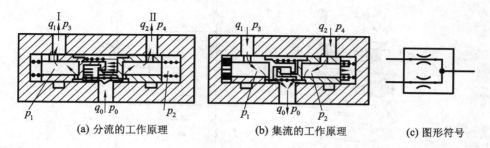

(a) 分流的工作原理　　　(b) 集流的工作原理　　　(c) 图形符号

图 5-46　分流集流阀

5.5　其 他 控 制 阀

5.5.1　限速切断阀

在液压举升系统中，为防止意外情况发生（如由于负载过重而超速下落），常设置一种当管路中流量超过一定值时自动切断油路的安全保护阀，即限速切断阀。

图 5-47 所示为一种限速切断阀。图中锥阀 2 上有固定节流孔，其数量及孔径由所需的流量确定。锥阀在弹簧 3 作用下由挡圈 4 限位，锥阀口开至最大。当流量增大，固定节流孔两端压差作用在锥阀上的力超过弹簧预调力时，锥阀开始向右移动。当流量超过一定值时，锥阀会完全关闭，而使液流切断。反向作用时该阀无限流作用。

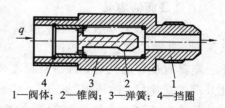

1—阀体；2—锥阀；3—弹簧；4—挡圈

图 5-47　限速切断阀

5.5.2　叠加阀

叠加式液压阀简称叠加阀，其实现各类控制功能的原理与普通液压阀相同。

叠加阀的最大特点是阀体本身除容纳阀芯外，还兼有通道体的作用，每个阀体上都制有公共油液通道，各阀芯相应油口在阀体内与公共油道相接。用阀体的上、下安装面进行叠加式无管连接，可组成集成化液压系统，如图 5-48 所示。

叠加阀系统最下部一般为底板，其上有进、回油口及与执行元件的接口。一个叠加阀组一般控制一个执行元件。如果系统中需集中控制几个执行元件，可将几个叠加阀组合竖立并排安装在底板块上。

叠加阀系统各单元叠加阀间不用管子和其他形式的连接体，因而结构紧凑，系统更改较方便。叠加阀是标准件，设计中仅需要按要求绘制液压系统原理图，即可进行组装，因此设计工作量小，目前广泛应用于冶金、机床、工程机械等领域。

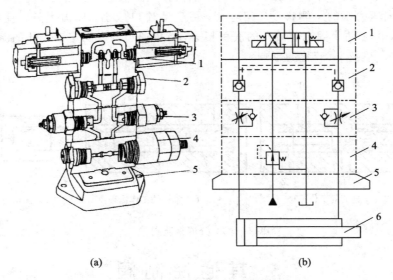

(a)　　　　　　　　　　　　　(b)

1—电磁换向阀；2—液控单向阀；3—单向节流阀；4—减压阀；5—底板；6—液压缸

图 5－48　叠加阀组成的系统

5.5.3　插装阀

1. 插装阀的组成

本章中介绍了方向、压力、流量三大类普通液压控制阀，可把它们笼统地简称为普通液压阀。普通的阀在流量小于 $200\sim300$ L/mim 的系统中性能良好，但用于大流量系统时不一定具有良好的性能，特别是阀集成的难度较大。20 世纪 70 年代初，插装阀的出现为此开辟了新途径。插装阀（见图 5－49）也称为插装式锥阀，它是以插装单元为主阀，配以适当的盖板和不同的先导控制阀组合而成的具有一定控制功能的组件。它可以组成方向阀、压力阀和流量阀。

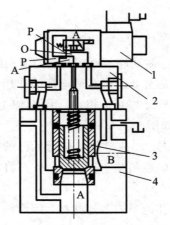

1—先导控制阀；

2—控制盖板；

3—插装阀单元（主阀）；

4—阀块体

图 5－49　插装阀的组成

2. 插装阀(插装件)的结构和工作原理

如图 5-50 所示,插装阀由控制盖板 1、插装单元(由阀套 2、弹簧 3、阀芯 4 及密封件组成)、插装块体 5 和先导元件(置于控制盖板上,图中没有画出)组成。由于这种阀的插装单元在回路中主要起控制通、断作用,故又称为二通插装阀。控制盖板将插装单元封装在插装块体内,并沟通先导阀和插装单元(又称主阀)。通过主阀阀芯的启闭,可对主油路的通断起控制作用。使用不同的先导阀,可实现压力控制、方向控制或流量控制,并可实现复合控制。将若干个不同控制功能的二通插装阀组装在一个或多个插装块体内便组成液压回路。

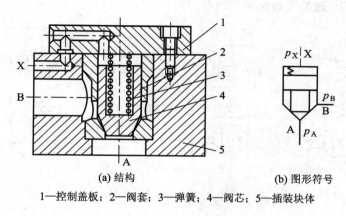

(a) 结构   (b) 图形符号

1—控制盖板;2—阀套;3—弹簧;4—阀芯;5—插装块体

图 5-50 插装阀单元

就工作原理而言,二通插装阀相当于一个液控单向阀。A 和 B 为主油路的两个仅有的工作油口,所以称为二通阀,X 为控制油口。通过对控制油口压力大小的控制,即可控制主阀芯的启闭和油口 A、B 的流向和压力。

1)插装方向阀

(1)插装单向阀。插装单向阀如图 5-51(a)所示,将插装单元的控制口 X 与 A 或 B 连通,并在其控制盖板上接一个二位三通换向阀作先导阀,便可成为液控单向阀,如图 5-51(b)所示。

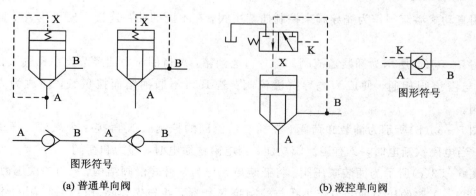

(a) 普通单向阀   (b) 液控单向阀

图 5-51 插装单向阀

（2）插装换向阀。每个插装单元都具有通、断两种状态，若将几个插装单元组合起来，用电磁换向阀作先导阀，便可组成 m 位 n 通换向阀。图 5-52(a) 所示为二位三通插装换向阀。在该阀中，当电磁铁断电时，A 与 O 通，P 封闭；当电磁铁通电时，A 与 P 通，O 封闭，相当于一个二位三通电液换向阀。图 5-52(b) 所示为三位三通插装换向阀，当电磁铁处于中位时，A、O 与 P 均不通；当电磁铁 1YA 通电时，A 与 O 通，P 封闭；当电磁铁 2YA 通电时，A 与 P 通，O 封闭，相当于一个三位三通电液换向阀。图 5-52(c) 所示为四位三通插装换向阀。它用多个先导阀（如上述各电磁阀）和多个主阀相配，可构成复杂的组合二通插装换向阀，这是普通换向阀做不到的。

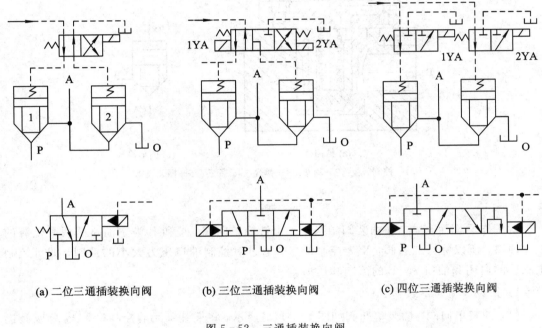

(a) 二位三通插装换向阀　　　(b) 三位三通插装换向阀　　　(c) 四位三通插装换向阀

图 5-52　三通插装换向阀

2）插装压力阀

用直动式溢流阀作为先导阀来控制插装主阀，在不同的油路连接下便可构成不同的压力阀。

图 5-53(a) 所示为插装溢流阀。当 B 口通油箱，A 口的压力油经节流小孔进入控制腔 X，并与溢流阀相通，便成为先导式溢流阀；若 B 口不通油箱而接负载，便成为先导式顺序阀。

图 5-53(b) 所示为插装卸荷阀。在插装溢流阀的控制腔 X 再接一个二位二通电磁换向阀，当电磁铁断电时，具有溢流阀功能；当电磁铁通电时，即为卸荷阀。

图 5-53(c) 所示为插装减压阀。将插装单元作为常开式滑阀结构，B 为一次压力进口，A 为出口，A 腔的压力油经节流小孔与控制腔 X 相通，并与先导阀进口相通，由于控制油取自 A 口，因而能得到恒定的二次压力，相当于定压输出减压阀。

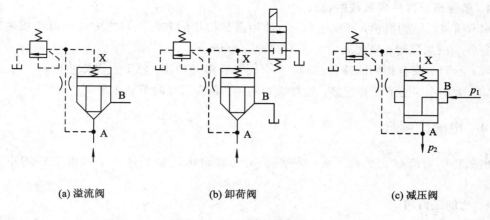

(a) 溢流阀　　　　　　(b) 卸荷阀　　　　　　(c) 减压阀

图 5-53　插装压力阀

3）插装流量阀

图 5-54(a)所示为插装节流阀的结构图，插装阀单元的锥阀尾部带节流窗口，锥阀的开启高度由行程调节器（或螺杆）来控制，从而控制流量，成为插装节流阀。

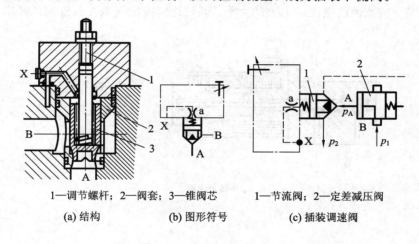

1—调节螺杆；2—阀套；3—锥阀芯　　　　1—节流阀；2—定差减压阀

(a) 结构　　　　(b) 图形符号　　　　(c) 插装调速阀

图 5-54　插装节流阀

在插装方向控制阀的盖板上增加阀芯行程调节器，以调节阀芯的开度，这个方向阀就兼具了可调节流阀的功能。阀芯上开有三角槽，以便于调节开口大小。若用比例电磁铁取代节流阀的手调装置，则可组成二通插装电液比例节流阀，若在二通插装节流阀前串联一个定差减压阀，就可组成二通插装调速阀，如图 5-54(c)所示。

3. 插装阀的应用

插装阀组合成相应功能的阀后，在高压大流量系统中的应用与前述相应液压阀相同。需注意的是，在系统中使用插装阀时，首先应根据单元的功能要求对插装阀组合单元内部的状况进行分析，准确掌握。锥阀与主油路之间以及先导阀与控制油路之间要正确连接。然后再分析系统油路与各组合单元的连接状况。插装阀目前广泛用于冶金、船舶、塑料机械等大流量系统中。

4. 插装阀及其集成系统的特点

（1）插装阀结构简单，通流能力强，故用通径很小的先导阀与之配合便可构成通径很大的各种二通插装阀，最大流量可达 10 000 L/mim。

（2）不同的阀有相同的插装主阀，一个阀具有多种功能，便于实现标准化。

（3）泄漏小，便于无管连接，先导阀功率小，具有明显的节能效果。

5.5.4　电液比例阀

电液比例阀简称比例阀，是一种便于实现自动化控制和抗污染性能较好的电液控制阀。

1. 比例压力阀

比例压力阀按用途不同，有比例溢流阀、比例减压阀、比例顺序阀之分；按结构特点有直动式和先导式之分。

图 5-55 所示为直动锥式比例溢流阀的结构图及图形符号。比例电磁铁 1 通电后产生吸力，经推杆 2 和传力弹簧 3 作用在锥阀上，当锥阀底面的液压力大于电磁吸力时，锥阀被顶开而通流。连续地改变控制电流的大小，即可连续按比例地控制锥阀的开启压力。

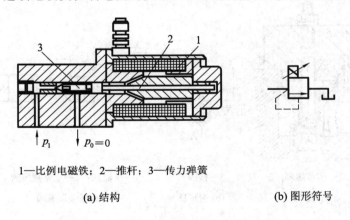

1—比例电磁铁；2—推杆；3—传力弹簧

(a) 结构　　　　　　　　　　　　　　　　(b) 图形符号

图 5-55　直动锥式比例溢流阀

图 5-56 所示为先导式比例溢流阀的结构图及图形符号。其下部主阀与普通溢流阀相同，上部为先导压力阀。该阀还附有一个可手动调整的先导阀，用于限制比例溢流阀的最高压力，以避免因电子仪器发生故障使得控制电流过大，压力超过系统允许最大压力的可能性。

如果将比例先导压力阀的回油及先导阀 9 的回油都与主阀回油分开，则可用作比例顺序阀。

图 5-57 所示为先导喷嘴挡板式比例减压阀的结构图及图形符号。动圈式力马达推杆端部起挡板作用，挡板的位移与输入的控制电流成比例，从而改变喷嘴挡板之间的可变液阻，控制喷嘴前的先导压力。

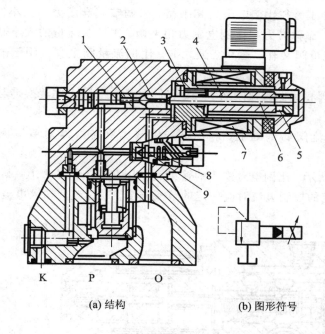

1—阀座;

2—先导锥阀;

3—扼铁;

4—衔铁;

5、8—弹簧;

6—推杆;

7—线圈;

9—先导阀

(a) 结构　　　　　　　　　　(b) 图形符号

图 5-56　先导式比例溢流阀

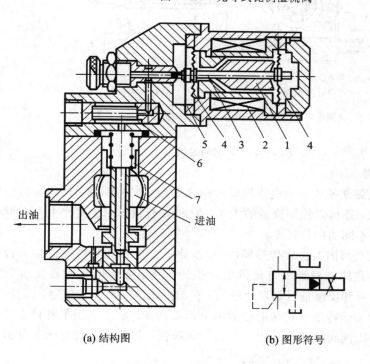

1—衔铁;

2—线圈;

3—推杆(挡板);

4—铍青铜片;

5—喷嘴;

6—精滤油器;

7—主阀

(a) 结构图　　　　　　　　　　(b) 图形符号

图 5-57　先导喷嘴挡板式比例减压阀

2. 比例流量阀

比例流量阀是通过控制比例电磁铁线圈中的电流来改变阀芯的有效截面积,实现对输出流量的连续成比例控制的,其外观和结构与比例压力阀相似。二者不同的是比例压力阀的阀芯具有调压特性，靠先导压力与比例电磁力相平衡，来调节先导压力的大小；而比例流量阀的阀芯具有节流特性，靠弹簧力与比例电磁力相平衡，来调节流量的大小和流通方向。按通道数的不同，比例流量阀又有二通和三通之分。比例流量阀主要应用于缸或马达的位置或速度控制。

比例流量阀有比例节流阀和比例调速阀两大类。它们由电—机械比例转换器与流量阀组合而成。

比例节流阀是在普通节流阀的基础上，利用电—机械比例转换器对节流阀口进行控制。

比例调速阀如图5-58所示。比例电磁铁1的输出力作用在节流阀芯2上，与弹簧力、液动力、摩擦力相平衡，一定的控制电流对应一定的节流开度。通过改变输入电流的大小，即可改变通过调速阀的流量。

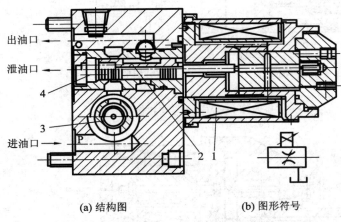

(a) 结构图　　　　　　　　　(b) 图形符号

1—比例电磁铁；2—节流阀芯；3—定差减压阀；4—弹簧

图 5-58　比例调速阀

3. 比例方向控制阀

把插装方向阀的电磁铁换成比例电磁铁即可构成比例方向控制阀。比例方向控制阀不仅可用来改变液流方向，还可以控制流量的大小。它和普通换向阀的外形相似，但阀芯的结构有区别，可以实现不同的中位机能。

在比例电磁铁的前端可附有位移传感器(或称差动变压器)，这种电磁铁称为行程控制比例电磁铁。位移传感器能准确地测定比例电磁铁的行程，并向电放大器发出电反馈信号。电放大器将输入信号和反馈信号加以比较后，再向电磁铁发出纠正信号，以补偿误差，这样便能消除干扰因素，保持准确的阀芯位置或节流口面积。由于采用了各种更加完善的反馈装置和优化设计，比例阀的动态性能虽仍低于伺服阀，但静态性能已大致相同，而价格却低很多。

图5-59所示为先导式比例方向控制阀的结构图。当比例电磁铁1接收到信号时，在先导阀的工作油口B产生一个恒定的压力，主阀体5中油腔的油液压力通过控制油道作用在主阀芯的右端，推动主阀芯左移直至与主阀芯的弹簧相平衡，主阀芯上的节流槽相对于主阀体上的控制台阶有一定的开口量，连续地给比例电磁铁1输入电信号，就会使主阀的

P 腔到 A 腔、B 腔到 O 腔成比例地输出流量。

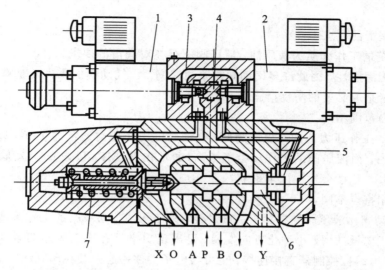

1、2—比例电磁铁；3—先导阀体；4—先导阀芯；5—主阀体；6—主阀芯；7—主阀弹簧

图 5-59　先导式比例方向控制阀的结构

若给比例电磁铁 2 输入电信号，就会使主阀的 P 腔到 B 腔、A 腔到 O 腔成比例地输出流量。比例阀是介于普通阀与伺服阀之间的控制阀。与普通阀比，它能提高系统参数的控制水平，虽不如伺服阀的性能好，但成本低，对系统的污染要求比伺服系统低。因此，比例阀广泛应用于要求对液压参数进行连续远距控制或程序控制，但对控制精度和动态特性要求不高的系统。例如，当系统的液压参数的设定值超过三个时，使用比例阀对其进行控制是最恰当的。此外，利用斜波信号作用在比例方向阀上，可以对机构的加速到减速实现有效的控制；利用比例方向阀和压力补偿器实现负载补偿，便可精确地控制机构的运动速度而不受负载影响。

5.6　常用气动控制阀

在气压传动系统中，常使用各类气动控制元件作为控制阀，以控制和调节压缩空气的压力、流量和方向，保证气动执行元件（如气缸、气马达等）按设计的程序正常工作。气动控制阀的功用、工作原理等和液压控制阀相似，仅在结构上有些不同。

气动控制阀和液压阀主要存在以下几方面的不同：

（1）使用的能源不同。

气动元件和装置可采用空压站集中供气的方法，根据使用要求和控制点的不同来调节各自减压阀的工作压力。液压阀都设有回油管路，便于油箱收集用过的液压油。气动控制阀可以通过排气口直接把压缩空气向大气排放。

（2）对泄漏的要求不同。

液压阀对向外的泄漏要求严格，而对元件内部的少量泄漏却是允许的。对气动控制阀来说，除间隙密封的阀外，原则上不允许内部泄漏。气动阀的内部泄漏有导致事故的危险。

对气动管道来说，允许有少许泄漏；而液压管道的泄漏将造成系统压力下降和对环境的污染。

（3）对润滑的要求不同。

液压系统的工作介质为液压油，液压阀不存在对润滑的要求；气动系统的工作介质为空气，空气无润滑性，因此许多气动阀需要油雾润滑。气动阀的零件应选择不易受水腐蚀的材料，或者采取必要的防锈措施。

（4）压力范围不同。

气动阀的工作压力范围比液压阀低。气动阀的工作压力通常为 10bar 以内，少数可达到 40bar 以内，而液压阀的工作压力都很高（通常在 50 MPa 以内）。气动阀在超过最高容许压力下使用，往往会发生严重事故。

（5）使用特点不同。

一般气动阀比液压阀结构紧凑、重量轻，易于集成安装，阀的工作频率高、使用寿命长。气动阀正向低功率、小型化方向发展，已出现功率只有 0.5 W 的低功率电磁阀。可与微机和 PLC 可编程控制器直接连接，也可与电子器件一起安装在印刷线路板上，通过标准板接通气电回路，省却了大量配线，适用于气动工业机械手、复杂的生产制造装配线等场合。

5.6.1　气动控制阀的分类及特性

1. 气动控制阀的分类

气动控制阀按其作用和功能可分为方向控制阀、压力控制阀和流量控制阀三大类，除此之外，还有能实现一定逻辑功能的逻辑元件。在结构原理上，气动逻辑元件基本上和方向控制阀相同，仅仅是体积和通径较小，一般用来实现气体信号的逻辑运算功能。气动控制阀按控制方式来分，可分为开关控制和连续控制两类。

2. 气动控制阀的结构特性

气动控制阀可分解成阀体（包含阀座和阀孔等）和阀芯两部分，根据两者的相对位置，有常闭型和常开型两种。阀从结构上可以分为截止式、滑柱式和滑板式三类。下面介绍常用的截止式和滑柱式气动控制阀。

1）截止式

图 5-60 所示为截止式阀的主要结构及工作原理。截止式阀的阀芯沿着阀座轴向移

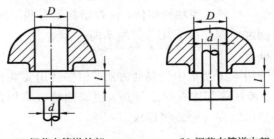

(a) 阀芯在管道外部　　　　　　(b) 阀芯在管道内部

图 5-60　截止式阀

动,其直径大于阀门通道直径,对阀门通道起着开关作用,控制进气和出气。在图 5 - 60(a)中,当阀芯移动量 $l = d/4$ 时,阀门便全部开启。而对于图 5 - 60(b)所示结构而言,当阀芯移动量 $l = (D^2 - d^2)/(4D)$ 时,阀门全部开启。

用于手动操作的截止式阀多为小通径的阀,而对于大流量或高压情况,往往采用先导式控制。

2) 滑柱式

滑柱式阀是利用带有环形槽的圆柱阀芯在阀套内作轴向移动来改变气流的通路,其结构可参见液压滑阀式换向阀。

5.6.2　气动方向控制阀

气动方向控制阀是气压传动系统中通过改变压缩空气的流动方向和气流的通断,来控制执行元件启动、停止及运动方向的气动元件。

1. 方向控制阀的分类

根据方向控制阀的功能、控制方式、结构方式、阀内气流的方向及密封形式等,可将方向控制阀分为几类,常用的分类方式如表 5 - 7 所示。

表 5 - 7　方向控制阀的分类

分类方式	形　　式
按阀内气体的流通方向	单向型控制阀(如单向阀、梭阀、双压阀和快速排气阀等)、换向型控制阀(如气控换向阀、电磁换向阀等)
按阀芯的结构形式	截止阀、滑阀
按阀的密封形式	硬质密封(间隙密封)、软质密封(弹性密封)
按阀的工作位数及通路数	二位三通、二位五通、三位五通等
按阀的控制操纵方式	气压控制、电磁控制、手动控制、机械控制及时间控制

下面介绍分类的依据与分类的意义。

1) 按阀内气流的流通方向分类

按阀内气流的流通方向,方向控制阀可分为换向型和单向型两大类。可以改变气流流动方向的控制阀称为换向型控制阀,简称换向阀,如气控换向阀、电磁换向阀等。气流只能沿着一个方向流动的控制阀称为单向型控制阀,如单向阀、梭阀、双压阀和快速排气阀等。

2) 按阀的控制操纵方式分类

按控制方式,方向控制阀可分为气压控制、电磁控制、手动控制、机械控制及时间控制。

3) 按动作方式分类

按动作方式,方向控制阀可分为直动式和先导式。直接依靠电磁力、气压力、人力和机械力使阀芯换向的阀,称为直动式换向阀。直动式换向阀的通径和规格较小,常用于小流量控制或作为先导式电磁阀的先导控制阀。先导式换向阀依靠先导阀输出的气压力通过控制活塞等推动主阀阀芯换向。通径大的换向阀大都为先导式换向阀。

先导式换向阀又分成内部先导式和外部先导式两种。先导控制气源是由主阀内部气压提供的阀为内部先导式；先导控制气源是由外部供给的则为外部先导式。外部先导式换向阀的切换不受换向阀使用压力大小的影响，故同直动式阀一样可在低压或真空压力条件下工作。

4）按切换通口数目分类

阀的切换通口包括入口、出口和排气口，但不包括控制口。按切换通口数目分，方向控制阀有二通阀、三通阀、四通阀和五通阀等。

5）按阀芯的工作位置数分类

阀芯的每个工作位置表明了阀芯在阀内的切换状态，实现了换向阀各通口之间的通路连接，有几个工作位置就是几位阀（如二位阀、三位阀等）。阀的静止位置（即未加控制信号或未被操作的位置）称为零位。

6）按阀芯结构分类

方向控制阀常用的阀芯结构形式有截止式和滑柱式两大类，在此基础上还有同轴截止式和滑板式等。

7）按阀的密封形式分类

方向控制阀按密封形式可分为弹性密封和间隙密封两大类。

弹性密封又称为软质密封，即在各工作腔之间用合成橡胶材料等制成的各种密封圈来保证密封。与间隙密封相比，弹性密封对阀芯、阀套制造精度及对工作介质的过滤精度要求低些，基本无泄漏，但滑动阻力比间隙密封大，切换频率不高，使用时要注意润滑及避免环境温度过高（一般为 $5\sim60℃$）。

间隙密封又称为硬质密封或金属密封。它是靠阀芯与阀套内孔之间很小的间隙（$2\sim5\ \mu m$）来维持密封。因密封间隙很小，所以对元件制造精度要求高，对工作介质中的杂质敏感，要求气源过滤精度高于 $5\ \mu m$。在气源质量有保证的前提下，其阀芯滑动阻力小、换向灵敏、动作频率高、使用寿命长，但存在微小泄漏。

8）按控制数分类

方向控制阀按控制数可分为单控式和双控式。

单控式是指阀的一个工作位置由控制信号获得，另一个工作位置是当控制信号消失后，靠其他力来获得（称为复位方式）。例如，靠弹簧力复位的称为弹簧复位；靠气压力复位的称为气压复位；靠弹簧力和气压力复位的称为混合复位。混合复位可减小阀芯复位活塞直径，复位力越大，阀换向越可靠，工作越稳定。

双控式是指阀有两个控制信号。对二位阀采用双控，当一个控制信号消失，另一个控制信号未加入时，能保持原有阀位不变，称阀具有记忆功能。对三位阀，每个控制信号控制一个阀位。当两个控制信号都不存在时，靠弹簧力和（或）气压力使阀芯处于中间位置。

9）按阀的安装连接方式分类

方向控制阀的连接方式有管式连接、板式连接、法兰连接和集成式连接等几种。

10）按阀的流通能力分类

一种方法是按阀的名义通径或连接口径分类，另一种是按阀的有效截面积分类。准确反映阀的流通能力的是有效截面积，在欧美常用 C_v 值(流速系数)表示流通能力。

2. 单向型方向控制阀

1) 单向阀

单向阀只有两个通口，气源只能向一个方向流动，而不能反方向流动。

2) 梭阀

梭阀的作用相当于"或"门逻辑功能。图 5-61 所示为梭阀的结构和图形符号，它由两个单向阀组合而成。梭阀有两个进气口 P_1、P_2，一个出气口 A，其中 P_1、P_2 都可与 A 口相通，但 P_1 口与 P_2 口不相通。P_1 与 P_2 口中任何一个有信号输入，A 口都有输出。若 P_1 与 P_2 口都有信号输入，则先加入的一侧(当 $P_1 = P_2$ 时)或信号压力高的一侧的气信号通过 A 口输出，另一侧被堵死。

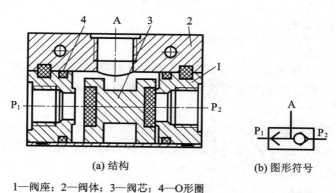

(a) 结构　　　　　　　(b) 图形符号

1—阀座；2—阀体；3—阀芯；4—O形圈

图 5-61　梭阀

3) 双压阀

双压阀的作用相当于"与"门逻辑功能。图 5-62 所示为双压阀的结构与图形符号，它有两个输入口 P_1、P_2，一个输出口 A。只有当两个输入口都进气时，A 口才有输出，当 P_1 与 P_2 口输入的气压不等时，气压低的通过 A 口输出。双压阀常用在互锁回路中。

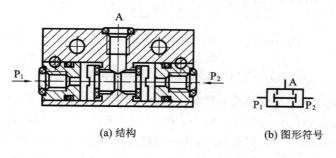

(a) 结构　　　　　　　(b) 图形符号

图 5-62　双压阀

4) 快速排气阀

图 5-63 所示为快速排气阀的结构与图形符号，当 P 口进气后，阀芯关闭排气口 T，P 与 A 相通，A 有输出；当 P 口无气输入时，A 口的气体使阀芯将 P 口封住，A 与 T 接通，气体快速排出。快速排气阀用于气缸或其他元件需要快速排气的场合，此时气缸的排气不

通过较长的管路和换向阀，而直接由快速排气阀排出，通口流通面积大、排气阻力小。

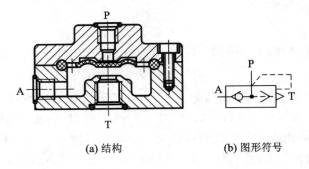

(a) 结构　　　　　(b) 图形符号

图 5 - 63　快速排气阀

3. 换向型方向控制阀

1）电磁换向阀

电磁换向阀是气动控制元件中最主要的元件。电磁换向阀按动作方式分有直动式和先导式；按密封形式分有间隙密封和弹性密封；按所用电源分有直流电磁换向阀和交流电磁换向阀。

（1）直动式电磁换向阀。直动式电磁换向阀是利用电磁力直接推动阀杆（阀芯）换向的，根据操纵线圈的数目是单线圈还是双线圈，可分为单电控和双电控两种，图 5 - 64 所示为单电控直动式电磁阀工作原理与图形符号。当电磁线圈未通电时，P、A 断开，A、T 相通；当电磁线圈通电时，电磁力通过阀杆推动阀芯向下移动，使 P、A 接通，T 与 A 断开。

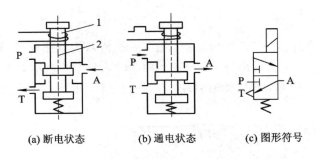

(a) 断电状态　　　(b) 通电状态　　　(c) 图形符号

图 5 - 64　单电控直动式电磁阀

图 5 - 65 所示为双电控直动式电磁阀工作原理与图形符号。当电磁线圈 1 通电、电磁线圈 3 断电时，阀芯 2 被推至右侧，A 口有输出，B 口排气。若电磁线圈 1 断电，阀芯位置不变，仍为 A 口有输出，B 口排气，即阀具有记忆功能，直到电磁线圈 3 通电，则阀芯被推至左侧，阀被切换，此时 B 口有输出，A 口排气。同样，当电磁线圈 3 断电时，阀的输出状态保持不变，使用时两电磁线圈不允许同时得电。

直动式电磁阀的特点是结构简单、紧凑，换向频率高，但当用于交流电磁铁时，如果阀杆卡死就有烧坏线圈的可能。阀杆的换向行程受电磁铁吸合行程的控制，因此只适用于小型阀。

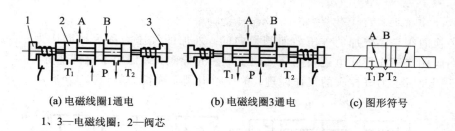

(a) 电磁线圈1通电　　　　(b) 电磁线圈3通电　　　　(c) 图形符号

1、3—电磁线圈；2—阀芯

图 5-65　双电控直动式电磁阀

（2）先导式电磁换向阀。先导式电磁换向阀是由小型直动式电磁阀和大型气控换向阀构成的。图 5-66 所示为先导式单电控换向阀的工作原理和图形符号，它是利用直动式电磁阀（二位三通单电控）输出的先导气压来操纵大型气控换向阀（主阀）换向的，其电控部分又称为电磁先导阀。

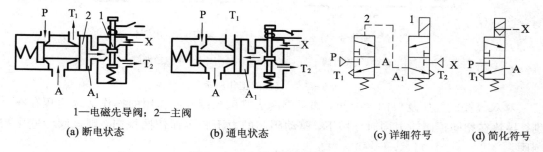

1—电磁先导阀；2—主阀

(a) 断电状态　　　　　　(b) 通电状态　　　　　　(c) 详细符号　　　(d) 简化符号

图 5-66　先导式单电控换向阀

图 5-67 所示为先导式双电控换向阀的工作原理和图形符号，先导阀的气源可以从主阀引入，也可以从外部引入。

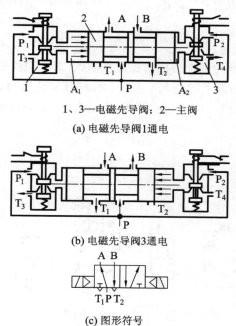

1、3—电磁先导阀；2—主阀

(a) 电磁先导阀1通电

(b) 电磁先导阀3通电

(c) 图形符号

图 5-67　先导式双电控换向阀

2）气控换向阀

气控换向阀是靠外加的气压力使阀换向的，外加的气压力称为控制压力。在原理上，气控换向阀相当于先导式电磁换向阀去掉了电磁先导阀，只保留了主阀部分。

图 5-68 所示为气控阀的工作原理，单气控滑阀靠弹簧力复位。

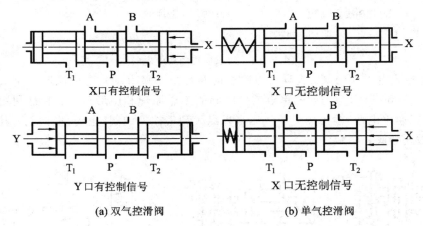

X口有控制信号　　　　　　X 口无控制信号

Y口有控制信号　　　　　　X 口无控制信号

(a) 双气控滑阀　　　　　　(b) 单气控滑阀

图 5-68　气控阀工作原理

对双气控或气压复位的气控阀，如果阀两边气压控制腔所作用的操作活塞面积存在差别，导致在相同控制压力同时作用下，驱动阀芯的力不相等而使阀换向，则该阀为差压控制阀。

对气控阀，在其控制压力到阀控制腔的气路上串接一个单向节流阀和固定气室组成的延时环节，就构成延时阀。控制信号的气体压力经单向节流阀向固定气室充气，当充气压力达到主阀动作要求的压力时，气控阀换向，阀切换延时时间可通过调节节流阀开口大小来调整。

3）机械控制换向阀

靠机械外力使阀芯切换的阀称为机械控制换向阀（简称机控阀），它利用执行机构或者其他机构的机械运动，借助阀上的凸轮、滚轮、杠杆或撞块等机构来操作阀杆，驱动阀换向。常用机械控制方式如图 5-69 所示。机控阀不能用作挡块或停止器使用。

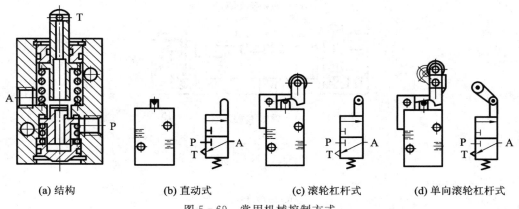

(a) 结构　　　(b) 直动式　　　(c) 滚轮杠杆式　　　(d) 单向滚轮杠杆式

图 5-69　常用机械控制方式

4）手动控制换向阀

靠手或脚使阀芯换向的阀称为手动控制换向阀（简称手动阀）。

手动阀和机控阀常用来产生气信号，用于系统控制，但其操作频率不能太高。

5.6.3　气动压力控制阀

1. 减压阀

减压阀的作用是将较高的输入压力调到规定（较低）的输出压力，并能保持输出压力稳定，且不受流量变化及气源压力波动的影响。

气动系统不同于液压系统，一般每一个液压系统都自带液压源（液压泵）；而在气动系统中，一般来说由空气压缩机先将空气压缩，储存在储气罐内，然后经管路输送给各个气动装置使用。储气罐的空气压力往往比各台设备实际所需的压力高些，同时其压力波动值也较大。因此需要用减压阀（调压阀）将其压力减到每台装置所需的压力，并使减压后的压力稳定在所需压力值上。

有些气动回路需要依靠回路中压力的变化来控制两个执行元件的顺序动作，这种阀就是顺序阀。顺序阀与单向阀的组合称为单向顺序阀。

为了安全起见，当气动回路或储气罐的压力超过允许压力值时，需要实现自动向外排气，这种压力控制阀叫安全阀（溢流阀）。

减压阀的调压方式有直动式和先导式两大类。

1）直动式减压阀

图 5-70 所示为一种常用的直动式减压阀的结构及图形符号。当阀处于工作状态时，有压气流从左端输入，经进气阀口 10 节流、减压至右端输出。顺时针方向旋转调节旋钮 1，压缩弹簧 2、3 及膜片 5 使阀芯 8 下移，增大阀口 10 的开度，使输出压力 p_2 增大；如逆时针方向旋转旋钮，则阀口 10 的开度减小，随之输出压力 p_2 减小。

当输入压力 p_1 发生波动时，靠膜片 5 上下受力的平衡作用及溢流阀座 4 上溢流孔 12 的溢流作用使输出压力稳定不变。若输入压力瞬时升高，经阀口 10 以后的输出压力随之升高，使膜片下腔气室 6 内的压力也升高，对膜片向上的推力相应增大，破坏了原来膜片上的受力平衡，使膜片 5 向上移动，有少部分气流经溢流孔 12 和排气孔 11 排出。在膜片上移的同时，因复位弹簧 9 的作用，使阀芯 8 也向上移动，减小进气阀口 10 的开口，节流作用加大，使输出压力下降，直至达到新的平衡时为止，输出压力又基本上回到原设定值。

相反，若输入压力瞬时下降，输出压力也下降，膜片上腔的弹簧力大于膜片下腔气体压力产生的向上作用力，膜片下移，阀芯 8 也随之下移，阀口 10 开大，节流作用减小，使输出压力也基本回到原设定值。

2）先导式减压阀

当减压阀的输出压力较高或通径较大时，用调压弹簧直接调压，则弹簧刚度必然过大，流量变化时输出压力波动较大，阀的结构尺寸也将增大。为了克服这些缺点，可采用先导式减压阀。

先导式减压阀的工作原理与直动式的基本相同。先导式减压阀用先导阀的输出气体压力取代直动式主调压阀上的调压弹簧，而调压空气是由小型直动式减压阀供给的。若把小

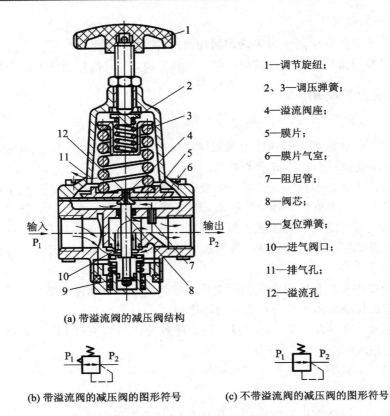

1—调节旋钮；

2、3—调压弹簧；

4—溢流阀座；

5—膜片；

6—膜片气室；

7—阻尼管；

8—阀芯；

9—复位弹簧；

10—进气阀口；

11—排气孔；

12—溢流孔

(a) 带溢流阀的减压阀结构

P_1 ⌇ P_2

(b) 带溢流阀的减压阀的图形符号　　　　　(c) 不带溢流阀的减压阀的图形符号

图 5-70　直动式减压阀

型直动式减压阀装在阀的内部，则称为内部先导式减压阀，如图 5-71 所示；若将其装在主阀的外部，则称为外部先导式减压阀，如图 5-72 所示为外部先导式减压阀的主阀。

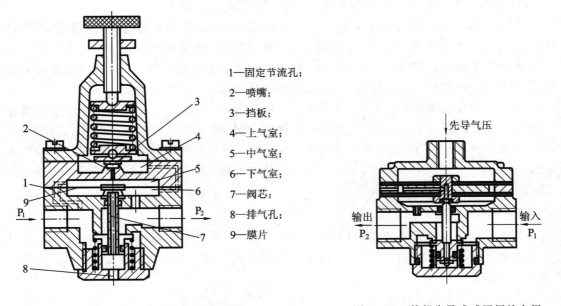

1—固定节流孔；

2—喷嘴；

3—挡板；

4—上气室；

5—中气室；

6—下气室；

7—阀芯；

8—排气孔；

9—膜片

先导气压

输出　P_2　　　　输入　P_1

图 5-71　内部先导式减压阀　　　　　图 5-72　外部先导式减压阀的主阀

内部先导式减压阀比直动式减压阀增加了由喷嘴 2、挡板 3、固定节流孔 1 及中气室 5 所组成的喷嘴挡板放大环节。当喷嘴与挡板之间的距离发生微小变化时，就会使中气室 5 中的压力发生很明显的变化，从而引起膜片 9 发生较大的位移，去控制阀芯 7 的上下移动，使阀口开大或关小，提高了对阀芯控制的灵敏度，即提高了阀的稳压精度。

外部先导式减压阀主阀的工作原理与直动式减压阀相同。在主阀的外部还有一个小的直动式减压阀，由它来控制主阀的输出压力。

2. 单向顺序阀

顺序阀是依靠气路中压力的作用来控制执行元件按顺序动作的压力控制阀，如图 5-73 所示。它根据弹簧的预压缩量来控制其开启压力。当输入压力达到或超过开启压力时，顶开弹簧，于是 A 才有输出；反之，A 无输出。

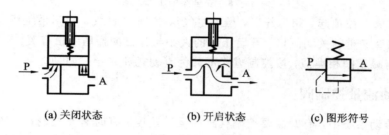

(a) 关闭状态　　　　　　　(b) 开启状态　　　　　　　(c) 图形符号

图 5-73　顺序阀

顺序阀一般很少单独使用，往往与单向阀配合在一起，构成单向顺序阀。图 5-74 所示为单向顺序阀的工作原理与图形符号。当压缩空气由左端进入阀腔后，作用于活塞 3 上的气压力超过压缩弹簧 2 上的力时，将活塞顶起，压缩空气从 P 口经 A 输出，如图 5-74 (a)所示，此时单向阀 4 在压差力及弹簧力的作用下处于关闭状态。当压缩空气反向流动时，输入侧变成排气口，输出侧压力将顶开单向阀 4 由 O 口排气，如图 5-74(b)所示。

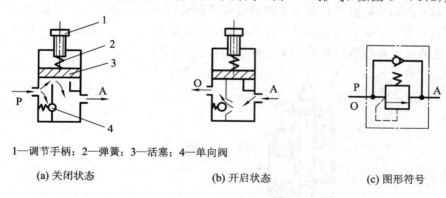

1—调节手柄；2—弹簧；3—活塞；4—单向阀

(a) 关闭状态　　　　　　　(b) 开启状态　　　　　　　(c) 图形符号

图 5-74　单向顺序阀

调节旋钮就可改变单向顺序阀的开启压力，以便在不同的开启压力下，控制执行元件的顺序动作。

3. 安全阀

安全阀也是溢流阀。安全阀在系统中起过压保护作用，其工作原理如图 5-75 所示。

当系统中气体压力在调定范围内时，作用在活塞 3 上的压力小于弹簧 2 的预压力，活塞关闭阀口，安全阀处于关闭状态。当系统压力升高，作用在活塞 3 上的压力大于弹簧的

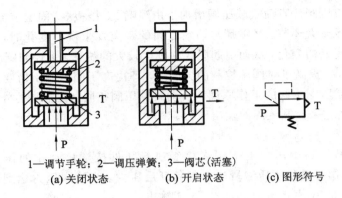

1—调节手轮；2—调压弹簧；3—阀芯(活塞)

(a) 关闭状态　　　　(b) 开启状态　　　　(c) 图形符号

图 5-75　安全阀的工作原理

预压力时，活塞 3 被顶起，阀门开启，压缩空气从 P 到 T 排气，直到系统压力降至调定范围以下，活塞 3 又重新关闭阀口。开启压力的大小与弹簧的预压缩量有关。

安全阀与减压阀相类似，按控制方式可分为直动式和先导式两种。

5.6.4　气动流量控制阀

在气压传动系统中，有时需要控制气缸的运动速度，有时需要控制换向阀的切换时间和气动信号的传递速度，这些都需要调节压缩空气的流量来实现。流量控制阀就是通过改变阀的通流截面积来实现流量控制的元件。气动流量控制阀包括节流阀、单向节流阀、排气节流阀和快速排气阀等。

1. 节流阀

节流阀是依靠改变阀的通流面积来调节流量的。要求节流阀对流量的调节范围要宽，能进行微小流量的调节，调节精确，性能稳定，阀芯开度与通过的流量成正比。

图 5-76 所示为圆柱斜切型节流阀的结构及图形符号。压缩空气由 P 口进入，经过节流后，由 A 口流出。旋转阀芯螺杆，就可改变节流口的开度，这样就调节了压缩空气的流量。由于这种节流阀的结构简单、体积小，故应用范围较广。

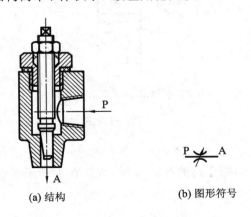

(a) 结构　　　　　　　(b) 图形符号

图 5-76　圆柱斜切型节流阀

2. 单向节流阀

单向节流阀是由单向阀和节流阀并联组成的组合式控制阀，用作气缸的速度控制，又称为速度控制阀，如图 5-77 所示。当气流沿着一个方向由 P 向 A 流动时，经过节流阀的节流口实现节流，旁路的单向阀关闭如图 5-77(a)所示；当气流沿着相反方向由 A 向 P 流动时，气流可以通过开启的单向阀自由通过。

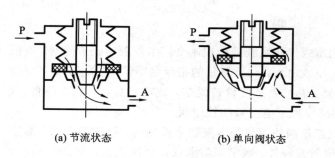

(a) 节流状态　　　　　　　(b) 单向阀状态

图 5-77　单向节流阀工作原理

单向节流阀常用在气缸的调速和延时回路中，使用时应尽可能直接安装在气缸上。

3. 排气节流阀

排气节流阀(见图 5-78)只安装在元件的排气口处，用来调节执行元件等排入大气的流量，以改变气动执行机构的速度。

排气节流阀常带有消声器以减小排气噪声，并能防止环境中的粉尘通过排气口污染元件。

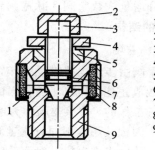

1—衬垫；
2—调节手轮；
3—节流阀芯；
4—锁紧螺母；
5—导向套；
6—O形圈；
7—消声材料；
8—消声器盖；
9—阀体

图 5-78　排气节流阀

4. 快速排气阀

图 5-79 所示为快速排气阀工作原理及图形符号。压缩空气从进气口 P 进入，并将密封活塞迅速上推，开启阀口 2，同时关闭排气口 O，使进气口 P 和工作口 A 相通，如图 5-79 (a)所示。图 5-77 (b)所示是当 P 口没有压缩空气进入时，在 A 口和 P 口压差作用下，密封活塞迅速下降，关闭 P 口，使 A 口通过 O 口快速排气。

快速排气阀常安装在换向阀和气缸之间。图 5-80 所示为快速排气阀的应用回路。它使气缸的排气不用通过换向阀而快速排出，从而加速了气缸往复的运动速度，缩短了工作周期。

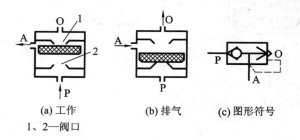

(a) 工作　　　(b) 排气　　　(c) 图形符号

1、2—阀口

图 5-79　快速排气阀工作原理

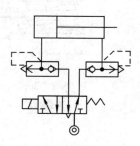

图 5-80　快速排气阀的应用回路

5.7　新型调节控制元件

5.7.1　电液数字控制阀

用计算机对液压或气压系统进行控制是技术发展的必然趋向。电液比例阀能接收的信号是连续变化的电压或电流，而计算机的指令是"开"或"关"的数字信息，要用计算机控制必须进行数/模转换，其结果是使设备复杂，成本提高，可靠性降低。在这种技术需求下，20世纪80年代初期出现了电液数字控制阀。

用数字信息直接控制的阀称为电液数字控制阀，简称数字阀。数字阀可直接与计算机接口，不需要数/模转换硬件。数字阀与电液比例阀相比，其结构简单、工艺性好、性价比高、抗污染能力强、重复性好、工作稳定可靠、功耗小。

数字阀受计算机数字控制的方法有多种，目前常用的有增量控制法和脉宽调制法，相应的数字阀也分增量式数字阀和脉宽调制式数字阀两类。

1. 数字阀的结构

1）增量式数字阀

增量式数字阀由步进电机带动工作，步进电机直接用数字量控制，其转角与输入的数字式信号脉冲数成正比，其转速随输入的脉冲频率的不同而变化。由于步进电机是以增量控制的方式进行工作的，故该类阀称为增量式数字阀。

增量式数字阀按其用途不同有流量阀、压力阀和方向阀之分。

图5-81所示为步进电机直接驱动的先导式数字方向流量阀。在数字流量阀中，步进电机按计算机的指令转动，通过滚珠丝杠5转变为轴向位移，使节流阀芯6打开阀口，从而控制流量。此阀有两个面积标度不同的节流口，阀芯移动时首先打开左节流口7，由于非全周边通流，故流量较小，继续移动时打开全周边通流的右节流口8，流量增大。由于液流从轴向流入，且流出阀芯时与轴线垂直，所以阀在开启时的波动力可以将对阀芯有作用的液压力部分抵消。阀从节流阀芯6、阀套1和连杆2的相对热膨胀中获得温度补偿。

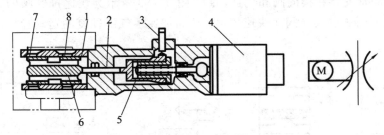

1—阀套；2—连杆；3—位移传感器；4—步进电机；
5—滚珠丝杠；6—节流阀芯；7、8—左、右节流口

(a) 结构　　　　　　　　　　　　　　　　　(b) 图形符号

图5-81　先导式数字方向流量阀

图5-82所示为先导式数字方向流量阀的图形符号，其结构与电液换向阀类似，只是

以步进电机取代了电磁先导阀中的电磁铁，通过控制步进电机的旋转方向和角位移的大小，不仅可以改变阀的液流方向，还可以控制各油口的输出流量，这里不再叙述。

将普通压力阀的手动机构改用步进电机控制，即可构成数字压力阀。

2）脉宽调制式数字阀

脉宽调制式数字阀可以直接用计算机进行控制，控制阀的开和关以及开和关的时间间隔（即脉宽），就可控制液流的方向、流量和压力。这种阀的阀芯多为锥阀、球阀或喷嘴挡板阀，可快速切换，且只有开和关两个位置，故又称快速开关型数字阀。

图 5-83 所示为二位二通电磁锥阀式外关型数字阀。当电磁铁 3 不通电时，衔铁 2 在右端弹簧（图中未画出）的作用下使锥阀关闭；当电磁铁 3 中有脉冲信号通过时，电磁吸力使衔铁带动左端的锥阀开启。

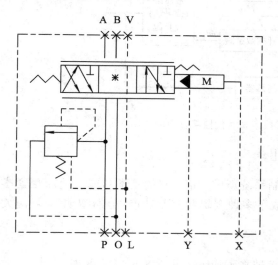

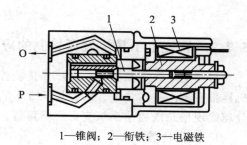

1—锥阀；2—衔铁；3—电磁铁

图 5-82　先导式数字方向流量阀的图形符号　　　图 5-83　二位二通电磁锥阀式外关型数字阀

2. 数字阀的应用

图 5-84 所示为增量式数字阀在数控系统中的应用。计算机发出需要的脉冲序列，经驱动电源放大后使步进电机工作，每个脉冲使步进电机沿给定方向转动一个固定的步距

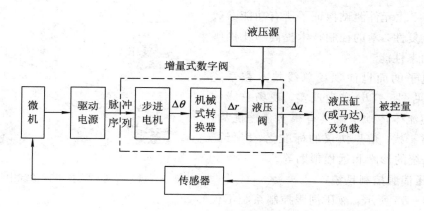

图 5-84　增量式数字阀在数控系统中的应用

角，再通过齿轮或螺纹等机构使转角转换成位移量，带动阀芯移动一定的距离。因此，根据步进电机原有的位置和实际走的步数，可使数字阀得到相应的开度。

图 5-85 所示为脉宽调制式数字阀在数控系统中的应用。计算机发出的脉冲信号，经脉宽调制放大器放大后进入快速开关数字阀中的电磁线圈。通过控制开关阀开启时间的长短来控制流量，在需要作两个方向运动的系统中要有两个快速开关数字阀分别控制不同方向的运动。

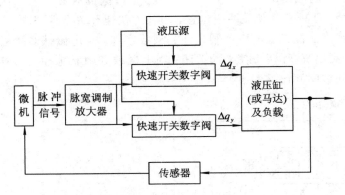

图 5-85　脉宽调制式数字阀在数控系统中的应用

5.7.2　智能电子数字液压控制的应用

智能电子数字液压控制能赋予传统控制系统新的功能。它的基本功能是使新型紧凑的机器带有更高技术含量。数字电子器件集成了多种逻辑和控制功能（分布智能），且使大部分现代现场总线通信系统变得经济可行。

1. 应用优势

一体化比例电子液压引入数字控制技术带来了如下一些立竿见影的进步：

（1）能在狭小的空间内通过增加阀件的参数设置数量来实现更多功能，以适应各种应用中的特殊要求；

（2）数字化的处理能保证这些设置的可重复性。由于有永久存储，数字设置能被自动地保存；

（3）数字化元件测试保证了所有功能参数设置的可重复性，新的控制技术提高了比例阀的静态和动态性能。

数字电子的面世使现场总线技术在系统中的应用（见图5-86）成为现实。现场总线技术的应用使流体传动系统具有很多显著优势，如避免电磁干扰、信息协议的标准化、降低配线成本、系统的诊断和远程帮助等。

2. 液压伺服控制系统

如图 5-87 所示，液压伺服控制系统不仅

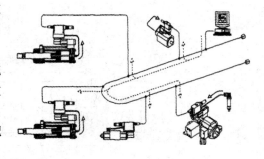

图 5-86　现场总线技术在系统中的应用

能控制相应的阀，而且放大器本身就能进行位置、速度和（或）力的控制。这种伺服系统的

主要优势如下：

　　（1）自身能进行运动控制，无须使用外部轴控制器；

　　（2）方便放大器与外传感器直接连接，能减少配线数量；

　　（3）现场总线系统能使连接的多个运动控制单元和各单元之间的通信速度达到最佳性能。

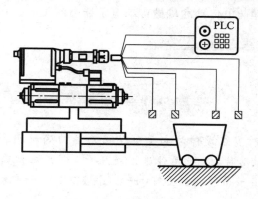

图 5-87　液压伺服控制系统

　　总线系统能达到最佳性能的重要原因之一是分布智能可以快速局部处理闭环控制要求的高速信号，从而避免不必要的在线信息超载。

　　在流体伺服控制领域中，智能电子数字液压控制预计在如下方面将得到迅速发展：

　　（1）同步控制；

　　（2）对动态性能进行最佳自适应控制；

　　（3）在现场总线系统中预先处理的远程帮助。

【工程应用】

　　目前流体传动系统的调节控制元件已经广泛应用在各类液压系统中，类型和型号齐全、功能丰富、集成度也在不断提高，如图 5-88 所示。随着计算机技术、现代设计与制造技术、流体数学计算方法和数字技术等方面的快速发展，各阀类控制调节元件也正在向数字化开发、远程化监控和大数据化管理不断更新迭代发展。例如，将 PLC 控制技术用于液压系统，将能较好地满足控制系统的要求，并且测试精确，运行高速、可靠，提高了生产效率，延长了设备使用寿命。

图 5-88　调压阀和换向阀、控制调节阀集成后的泵站

液压传动和控制在应用电子技术、计算机技术、信息技术、自动控制技术及新工艺、新材料等发展后取得了新的发展，使液压系统和元件在技术水平上有了很大提高。液压技术在液压现场总线技术、水压元件及系统、液压节能技术等方面都得到了一定的创新发展。液压传动在自动化、高精度、高效率、高速化、高功率、小型化、轻量化方面水平的不断提高，是加强液压传动与电传动和机械传动竞争能力的关键。

起重机吊臂伸缩机构

　　吊臂伸缩机构是一种多级式伸缩起重臂伸出与缩回的机构，伸缩机构液压回路如图5-89所示。采用液压驱动时，执行元件选用液压缸，利用缸体和活塞杆的相对运动推动下级吊臂的伸缩。通常 n 节吊臂相应要有 $(n-1)$ 个液压缸—活塞组。

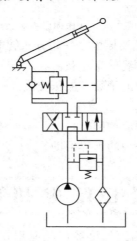

图 5-89　伸缩机构液压回路

　　在设计相邻的三节臂伸缩机构时，为了减轻重量，还可以利用吊臂之间伸缩的比例关系，采用钢丝绳滑轮组（或链条链轮）实现第三节臂的伸缩以代替液压缸，这就形成了液压—机械驱动形式。液压—机械驱动还有另一种形式，即采用液压马达减速后驱动螺杆旋转，利用螺杆和螺母间的相互运动推动下级吊臂移动，这种方法自重较轻，可以提高大幅度时的起重量，另外还大大减少了漏油部位，维修也比较方便。借助液压作为动力伸缩吊臂的最大优点在于可以实现无级伸缩以及不同程度上实现带载伸缩，这就扩大了起重机在复杂使用条件下的使用功能。

吊重起升机构

　　吊重起升机构液压回路，如图5-90所示。吊重的提升和落下作业由一个大转矩液压马达带动绞车来完成。液压马达的正、反转由换向阀F控制，马达转速（即起吊速度）可通过改变发动机油门（转速）及控制换向阀F来调节。油路设有平衡阀3，用以防止重物因自重而下落。因液压马达的内泄较大，为防止重物向下缓慢滑移，在液压马达驱动的轴上设有制动器。

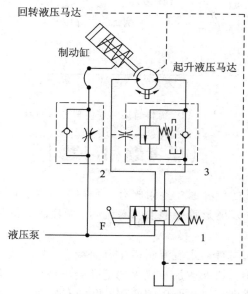

1—三位四通手动换向阀；2—单向节流阀；3—平衡阀

图 5-90　吊重起升液压回路

　　当起升机构工作时，在系统油压作用下，制动器液压缸使闸块松开；当液压马达停止转动时，在制动器弹簧作用下，闸块将轴抱紧。当重物悬空停止后再次起升时，若制动器立即松闸，马达的进油路可能未来得及建立足够的油压，就会造成重物短时间失控下滑。为避免这种现象产生，在制动器油路中设置单向节流阀 2，使制动器抱闸迅速，松闸却能缓慢进行。

流　体　智　力

　　流体智力和晶体智力都属于生物学范畴，它们通常都参与到任何活动中，其中流体智力是晶体智力的基础。流体智力是一种以生理为基础的认知能力，如知觉、记忆、运算速度、推理能力等。晶体智力是指在实践中以习得的经验为基础的认知能力，如人类学会的技能、语言文字能力、判断力、联想力等，与流体智力相对应。

　　流体智力属于人类的基本能力，受先天遗传因素影响较大，受教育文化影响较少。流体智力的发展与年龄有密切的关系：一般人在 20 岁以后，流体智力的发展达到顶峰，30 岁以后随着年龄的增长而降低。

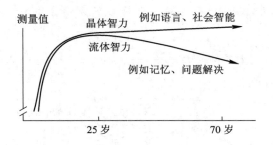

图 5-91 流体智能与晶体智力的不同

【思考题和习题】

5-1 什么是换向阀的位和通？换向阀有几种控制方式？其图形符号如何表示？

5-2 从结构原理图及图形符号上说明溢流阀、顺序阀和减压阀的不同点及各自的用途，并绘出其图形符号。

5-3 先导式溢流阀与直动式溢流阀相比有何特点？先导式溢流阀中的各阻尼小孔有何作用？若将节流阻尼小孔堵塞或加工成大的通孔会出现什么问题？

5-4 哪些阀在系统中可以作背压阀使用？性能有何差异？单向阀作背压阀使用时需采取什么措施？

5-5 使用液控单向阀时应注意哪些问题？

5-6 电液比例阀由哪两大部分组成？各具有什么特点？

5-7 二位四通电磁阀能否作二位二通阀使用？具体接法如何？

5-8 电液动换向阀的先导阀为何选用 Y 型中位机能？改用其他型中位机能是否可以？为什么？

5-9 试分析在常态时，溢流阀、减压阀、顺序阀中哪种阀的阀口是常开的，在工作状态时进、出油口是如何实现相通的。

5-10 在电磁阀的中位时，系统要求既要锁紧又要卸荷，那么电磁阀的中位应是什么型的？为什么？

5-11 若使差动液压缸往返速度相等，则活塞面积应为活塞杆面积的多少倍？

5-12 现有一个二位三通阀和一个二位四通阀，如题 5-92 所示，若想通过堵塞阀口的办法将它们改为二位二通阀。问：(1) 改为常开型的如何堵？(2) 改为常闭型的如何堵？请画符号表示(应该指出：由于结构上的原因，一般二位四通阀的回油口 O 不可堵塞，改作二通阀后，原 O 口应作为泄油口单独接管引回油箱)。

5-13 图 5-93 中溢流阀的调定压力为 5 MPa，减压阀的调定压力为 2.5 MPa，设液压缸的无杆腔面积 $A = 50$ cm²，液流通过单向阀和非工作状态下的减压阀时，其压力损失分别为 0.2 MPa 和 0.3 MPa。求当负载分别为 0 kN、7.5 kN 和 30 kN 时：

(1) 液压缸能否移动？

(2) A、B 和 C 三点压力数值各为多少？

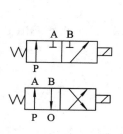

图 5-92　题 5-12 图

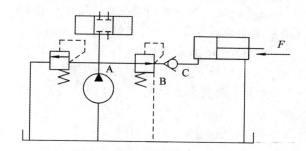

图 5-93　题 5-13 图

5-14　两腔面积相差很大的单杆活塞缸用二位四通阀换向。当有杆腔进油时，无杆腔回油流量很大，为避免使用大通径二位四通阀，可用一个液控单向阀分流，请画出回路图。

5-15　用先导式溢流阀调节液压泵的压力，但不论如何调节手轮，压力表显示的泵压都很低。把阀拆下检查，看到各零件都完好无损，试分析液压泵压力低的原因；如果压力表显示的泵压都很高，试分析液压泵压力高的原因。

5-16　如图 5-94 所示的液压系统中，各溢流阀的调定压力分别为 3 MPa、5 MPa 和 2 MPa。试求在系统的负载趋于无限大时，液压泵的工作压力。

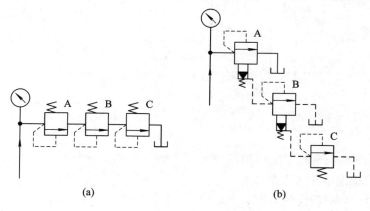

(a)　　　　　　　　　　　　(b)

图 5-94　题 5-16 图

5-17　在图 5-95 所示两阀组中，设两减压阀调定压力一大一小（$p_A > p_B$），并且所在支路有足够的负载。说明支路的出口压力取决于哪个减压阀，为什么？

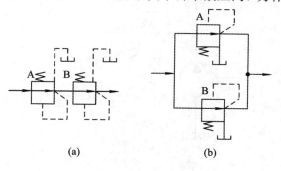

(a)　　　　　　　　　　　　(b)

图 5-95　题 5-17 图

5-18 在系统有足够负载的情况下，先导式溢流阀、减压阀及调速阀的进、出油口可否对调工作？若对调，会出现什么现象？

5-19 在图5-96所示的系统中，溢流阀的调定压力为5 MPa，如果阀芯阻尼小孔造成的损失不计，试判断下列情况下压力表的读数。

（1）YA断电，负载为无穷大；

（2）YA断电，负载压力为2 MPa；

（3）YA通电，负载压力为2 MPa。

5-20 如图5-97所示，顺序阀的调整压力为$p_A = 3$ MPa，溢流阀的调整压力为4 MPa，试求在下列情况下A、B点的压力。

（1）液压缸运动时，负载压力为2 MPa；

（2）液压缸运动时，负载压力为4 MPa；

（3）活塞运动到右端时。

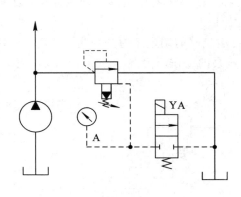

图5-96 题5-19图

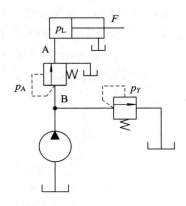

图5-97 题5-20图

5-21 如图5-98所示溢流阀的调定压力为4 MPa，若阀芯阻尼小孔造成的损失不计，试判断下列情况下压力表的读数。

（1）Y断电，负载为无限大时；

（2）Y断电，负载压力为2 MPa时；

（3）Y通电，负载压力为2 MPa时。

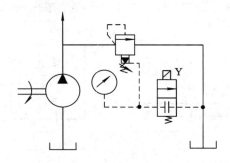

图5-98 题5-21图

5-22 如图5-99所示的回路中，溢流阀的调整压力为5.0 MPa，减压阀的调整压力为 2.5 MPa，试分析下列情况，并说明减压阀阀口处于什么状态。

（1）当泵压力等于溢流阀调整压力时，夹紧缸使工件夹紧后，A、C 点的压力各为多少？

（2）由于工作缸快进，泵压力降到 1.5 MPa 时（工件原先处于夹紧状态），A、C 点的压力各为多少？

（3）夹紧缸在夹紧工件前作空载运动时，A、B、C 三点的压力各为多少？

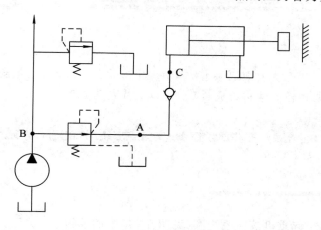

图 5-99　题 5-22 图

第6章　流体传动与控制辅助元件

本章介绍的液压辅助元件包括油箱、管件、密封元件、过滤器、蓄能器等。通过本章的学习，要求掌握这些元件的结构组成、工作原理、特点及应用。

案例六　汽车起重机液压系统中的辅助元件

案例简介

在 Q2-8 型汽车起重机液压系统图(见图 5-1)中的油箱、开关压力表、过滤器、管道和管接头等都是液压辅助元件，它们在整个系统工作中是必不可少的。

案例分析

各管道和管接头将多个泵、缸、阀按照系统工作介质流速和流向的要求连接成工作回路。油箱作为动力源前端的储油、供油、加油的容器，是液压油进行冷却、杂质沉淀滤除(油箱中安装有过滤器)等的场所。开关压力表是观测液压系统和各局部回路的压力大小的元件。

【理论知识】

液压传动系统中除了动力元件、执行元件、控制调节元件外，油箱、过滤器、蓄能器、压力表、密封装置、管件等都称为液压系统的辅助元件。在气动系统中使压缩空气净化、润滑、消声以及元件间连接所需的装置总称为气压传动系统辅助元件，主要包括消声器、油雾器等。

6.1　油箱及附属装置

6.1.1　油箱

油箱是液压系统中储存液压油或液压液的专用容器。它是液压传动系统中必不可少的重要辅助元件，它是工作介质在整个系统循环工作过程中起着至关重要作用的系统组成部分。

1. 油箱功能

油箱在液压系统中除了储油外，还起着散热（控制油温）、分离油液中的气泡、沉淀杂质等作用。油箱中安装有很多辅件，如冷却器、加热器、空气滤清器及液位计等。

油箱的容量不宜过大也不宜过小。油箱容量太小，会使油温上升；油箱容量太大，会使油液不能充分利用而浪费，另外也增加了油箱的体积，增大了空间要求。油箱容量一般设计为泵每分钟流量的 2～4 倍；或当所有管路及元件均充满油时，油面需高出过滤器 50～100 mm，而液面高度最高只允许占油箱高度的 80%。

2. 油箱结构

液压系统中的油箱有整体式和分离式两种。

整体式油箱利用主机的内腔作为油箱，这种油箱结构紧凑，各处漏油易于回收，但设计和制造的复杂性增加，维修不便，散热条件不好，而且会使主机产生热变形。

分离式油箱单独设置，与主机分开，减少了油箱发热和液压源振动对主机工作精度的影响，因此得到了较普遍的应用，特别是在精密机械上应用广泛。

油箱的典型结构如图 6-1 所示。由图可见，油箱内部用隔板 7、9 将吸油管 1 与回油管 4 隔开。顶部、侧部和底部分别装有滤油网 2、油位计 6 和排放污油的放油阀 8。安装液压泵及其驱动电机的上盖 5 则固定在油箱顶面上。

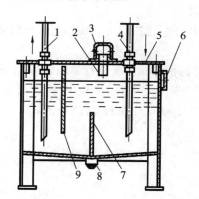

1—吸油管；2—滤油网；3—滤油网盖；4—回油管；
5—上盖；6—油位计；7、9—隔板；8—放油阀

图 6-1　油箱

3. 油箱形式

油箱的形式有开式和闭式两种。开式油箱的箱中液面与大气相通，在油箱盖上装有空气滤清器。开式油箱结构简单，安装维护方便，液压系统普遍采用这种形式。闭式油箱一般用于压力油箱，内充一定压力的惰性气体。

按油箱的形状可分为矩形油箱和圆罐形油箱。矩形油箱制造容易，箱上易于安放液压器件，所以被广泛采用；圆罐形油箱强度高、重量轻、易于清扫，但制造较难，占地空间较大，在大型冶金设备中经常采用。

液压系统中大多采用开式油箱，以钢板焊接而成，如图 6-2 所示为工业上使用的典型焊接开式油箱。

此外，近年来又出现了充气式的闭式油箱，它不同于图 6-2 所示的开式油箱，其油箱

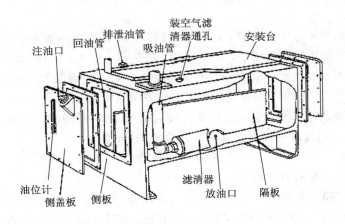

图 6-2　焊接开式油箱

是整个封闭的，顶部有一充气管，可送入 0.05～0.07 MPa 过滤纯净的压缩空气。空气或者直接与油液接触，或者被输入到蓄能器式的皮囊内不与油液接触。这种油箱的优点是改善了液压泵的吸油条件，但要求系统中的回油管、泄油管承受背压。油箱本身还须配置安全阀、电接点压力表等元件以稳定充气压力，因此，只适合在特殊场合下使用。

4. 隔板及配管的安装位置

隔板装在吸油侧和回油侧之间，如图 6-3 所示，这样安装隔板可达到沉淀杂质、分离气泡及散热的作用。

油箱中常见的配油管道有回油管道、吸油管道及排泄管等。配油管道的安装和尺寸如图 6-4 所示。其中，回油管安装尺寸 HR≥2d，吸油管道的安装尺寸以 $D_2 > D_1$、HS＝ 0.25H 为准；HD、HU 在 50～100 mm 左右，HX≥3D。

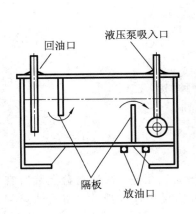

图 6-3　隔板的安装位置

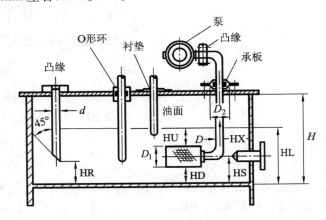

图 6-4　配油管道的安装和尺寸

吸油管的直径应为其余供油管直径的 1.5 倍，以免泵吸入不良，回油管末端浸在液面下，且其末端切成 45°倾角并面向箱壁，使回流油液冲击箱壁形成回流，利于冷却油液和进行杂质的沉淀。排泄管尽量单独接入油箱。各类控制阀的排泄管端部在液面以上，以免产生背压；泵和马达的外泄管的端部应在液面以下，避免吸入空气。

6.1.2 附属装置

1. 热交换器

液压系统的工作温度一般希望保持在 30~50℃，最高不超过 65℃，最低不低于 15℃。液压系统如依靠自然冷却仍不能使油温控制在上述范围内时，就须安装冷却器；反之，如环境温度太低无法使液压泵启动或正常运转时，就须安装加热器。

1）冷却器

液压系统中的冷却器，最简单的是蛇形管冷却器，如图 6-5 所示。它直接装在油箱内，冷却水从蛇形管内部通过，带走油液中的热量。这种冷却器结构简单，但冷却效率低，耗水量大。

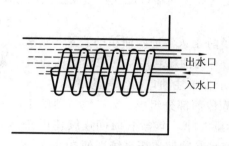

图 6-5 蛇形管冷却器

液压系统中用得较多的冷却器是强制对流式多管冷却器，如图 6-6 所示。油液从进油口 5 流入，从出油口 3 流出；冷却水从进水口 6 流入，通过多根水管后由出水口 1 流出。油液在水管外部流动时，它的行进路线因冷却器内设置了隔板而加长，因而增加了热交换效果。

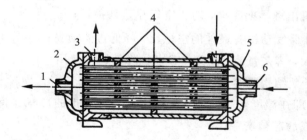

1—出水口；2—端盖；3—出油口；4—隔板；5—进油口；6—进水口

图 6-6 多管式冷却器

近年出现一种翅片管式冷却器，水管外面增加了许多横向或纵向的散热翅片，扩大了散热面积和热交换效果。图 6-7 所示为翅片管式冷却器的一种形式，它是在圆管或椭圆管外嵌套上许多径向翅片，其散热面积可达光滑管的 8~10 倍。椭圆管的散热效果一般比圆管更好。

液压系统也可以用汽车上的风冷式散热器来进行冷

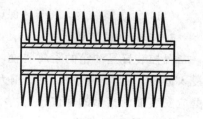

图 6-7 翅片管式冷却器

却。这种用风扇鼓风带走流入散热器内油液热量的装置不需另设通水管路，因此结构简单、价格低廉，但冷却效果较水冷式差。

冷却器一般应安放在回油管或低压管路上，如溢流阀的出口、系统的主回油路上或单独的冷却系统。

冷却器所造成的压力损失一般为 0.01～0.1 MPa。

2）加热器

液压系统的加热一般常采用结构简单、能按需要自动调节最高和最低温度的电加热器。这种加热器的安装方式是用法兰盘横装在箱壁上，发热部分全部浸在油液内。加热器应安装在箱内油液流动处，以有利于热量的交换。由于油液是热的不良导体，单个加热器的功率容量不能太大，以免其周围油液过度受热后发生变质现象。

2. 空气滤清器

空气滤清器是一种为了防止灰尘进入油箱的装置，通常在油箱的上方通气孔安装。有的油箱利用空气滤清器的通气孔做注油口，如图 6-8 所示为带注油口的空气滤清器。

空气滤清器由滤芯和壳体两部分组成。空气滤清器的主要要求是滤清效率高、流动阻力低、能较长时间连续使用而无须保养。空气滤清器的容量必须使液压系统即使在达到最大负荷状态时，仍能保持大气压力。

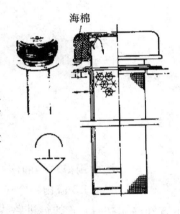

图 6-8　带注油口的空气滤清器

对空气滤清器的过滤要求：

（1）过滤精度高，能滤出所有较大的颗粒（>1～2 μm）；

（2）过滤效率高，可减少通过滤清器的颗粒数量；

（3）防止发动机出现早期磨损，防止空气流量计损坏；

（4）压差低，确保发动机有最佳的空燃比，降低过滤损失；

（5）过滤面积大，容灰量高，使用寿命长，降低运营费用；

（6）安装空间小，结构紧凑；

（7）湿挺度高（即在湿度较高的环境下使用仍具有硬挺的形状保持能力），可防止滤芯出现吸瘪现象，造成滤芯被击穿；

（8）阻燃；

（9）密封性能可靠；

（10）性价比高；

（11）无金属结构，利于环保，可再利用，利于储藏。

3. 其他附属装置

温控装置是油箱的附属装置，为了检测油温，一般在油箱上安装温度计，温度计直接浸入油中。在油箱上亦安装有压力计，可用以指示泵的工作压力。为了监测液面，油箱侧壁应安装油面指示的油位计。

4. 设计注意事项

（1）油箱的有效容积计算。油箱的有效容积是油面高度为油箱高度 80% 时的容积，应根据液压系统发热、散热平衡的原则来计算，该项计算在系统负载较大、长期连续工作时是必不可少的。但对于一般情况来说，油箱的有效容积可以按液压泵的额定流量 q_n(L/min) 估计出来。例如，对于机床或其他一些固定式机械，其油箱有效容积估算式为

$$V = \xi q_n \tag{6-1}$$

式中：V——油箱的有效容积(L)；

ξ——与系统压力有关的经验值：低压系统 $\xi = 2 \sim 4$，中压系统 $\xi = 5 \sim 7$，高压系统 $\xi = 10 \sim 12$。

（2）管道及隔板安装。吸油管和回油管应尽量距离远些，两管之间用隔板隔开，以增加油液循环距离，使油液有足够的时间分离气泡、沉淀杂质、散失热量。

吸油管入口处要装粗滤油器，并且粗滤油器应没在油中，防止吸油时卷吸空气。精滤油器与回油管管端在油面最低时仍应没在油中，防止回油冲入油箱时搅动油面而混入气泡。

回油管管端宜斜切 $45°$，以增大出油口截面积，减慢出口处油流速度。此外，应使回油管斜切口面对箱壁，利于油液散热。当回油管排回的油量很大时，宜使它出口处高出油面，向一个带孔或不带孔的斜槽（倾角为 $5° \sim 15°$）排油，使油流散开，一方面减慢流速，另一方面排走油液中空气。也可以采取让回油通过扩散室的办法来达到减慢回油流速及减少回油的冲击搅拌作用的目的。泄油管管端亦可斜切并面对箱壁，但不可没入油中。

隔板高度最好为箱内油面高度的 3/4。

管端与箱底、箱壁间距离均应大于或等于管径的 3 倍。粗过滤器距箱底不应小于 20 mm。

（3）良好密封。为了防止油液污染，油箱上各盖板、管口处都要进行良好密封。注油器上加滤油网；为防止油箱出现负压而设置的通气孔上需装空气滤清器，空气滤清器的容量至少应为液压泵额定流量的 2 倍，油箱内回油集中部分及清污口附近应该装设一些磁性块，以去除油液中的铁屑和具有磁性的颗粒。

（4）利于搬移及维护保养。为了易于散热和便于对油箱进行搬移及维护保养，按《GB 3766—1983 液压通用技术条件》规定，箱底离地至少应在 150 mm 以上。箱底应适当倾斜，在最低的部位处设置堵塞或放油阀，以便排放污油。按照 GB 3766—1983 规定，箱体上注油口的近旁必须设置油位计。滤油器的安装位置应便于装拆。箱体内各处应便于清洗。

（5）热交换器安装要适当。油箱中如要安装热交换器，必须考虑好它的安装位置以及测温、控制等措施。

（6）分离式油箱一般用 2.5 ~ 4 mm 钢板焊成。箱壁愈薄，散热愈快。有资料建议 100 L 容量的油箱箱壁厚度取 1.5 mm，400 L 以下的取 3 mm，400 L 以上的取 6 mm，箱底厚度大于箱壁，箱盖厚度应为箱壁的 4 倍。大尺寸油箱要加焊角板、筋条，以增强刚性。当液压泵及其驱动电机和其他液压件安装在油箱上时，油箱顶盖要相应加厚。

（7）油箱内壁的加工。新油箱经喷丸、酸洗和表面清洁后，内部四壁可涂一层与工作液不相容的塑料薄膜或耐油清漆。如果油箱是用不锈钢板焊接的，可不必涂层。

（8）测温控制。油箱正常工作温度应为 $15 \sim 65℃$，必要时应安装温度计、温控器和热交换器。

6.2 管　　件

管件包括管道和管接头。管件是流体传动系统工作过程中约束工作介质流动所经过的通道，管道的不同材料和类型以及管接头的不同材料和类型直接影响使用的情况和性能。

6.2.1　管道

1. 管道的种类及用途

液压系统中使用的油管种类很多，有钢管、铜管、尼龙管、塑料管、橡胶管等，须按照安装位置、工作环境和工作压力来正确选用。

液压系统中使用的油管的特点及适用场合如表 6-1 所示。

表 6-1　液压系统中使用的油管特点及适用场合

种　类		特点及适用场合
硬管	钢管	能承受高压，价格低廉，耐油，抗腐蚀，刚性好，但装配时不能任意弯曲；常在装拆方便处用作压力管道，中、高压用无缝管，低压用焊接管
	紫铜管	易弯曲成各种形状，但承压能力一般不超过 6.5～10 MPa，抗振能力较弱，又易使油液氧化；通常用在液压装置内配接不便之处
软管	尼龙管	乳白色半透明，加热后可以随意弯曲成形或扩口，冷却后又能定形不变，承压能力因材质而异，自 2.5 MPa 至 8 MPa 不等
	塑料管	质轻耐油，价格便宜，装配方便，但承压能力低，长期使用会变质老化，只宜用作压力低于 0.5 MPa 的回油管、泄油管等
	橡胶管	高压管由耐油橡胶夹几层钢丝编织网制成，钢丝网层数越多，耐压越高，价昂贵，用作中、高压系统中两个相对运动件之间的压力管道；低压管由耐油橡胶夹帆布制成，可用作回油管道

2. 管道尺寸的确定

管路内径的选择主要考虑降低流动时的压力损失。对于高压管路，通常流速在 3～4 m/s，对于吸油管道，考虑泵的吸入性和防止气穴，通常流速在 0.6～1.5 m/s。

油管的规格尺寸包括管道内径和壁厚，其计算公式如下：

$$d = 2\sqrt{\frac{q}{\pi v}} \tag{6-2}$$

$$\delta = \frac{pdn}{2\sigma_b} \tag{6-3}$$

式中：d——油管内径。

　　　　q——管内流量。

　　　　v——管中油液的流速，吸油管取 0.5～1.5 m/s，高压管取 2.5～5 m/s，压力高的取大值，低的取小值。例如，压力在 6 MPa 以上的取 5 m/s，在 3～6 MPa 之间的取 4 m/s，在 3 MPa 以下的取 2.5～3 m/s；管道较长的取小值，较短的取大值；油液黏度大时取小值。回油管取 1.5～2.5 m/s，短管及局部收缩

处取 5~7 m/s;

δ——油管壁厚。

p——管内工作压力。

n——安全系数,对钢管来说,$p<7$ MPa 时取 $n=8$;7 MPa$<p<$17.5 MPa 时取 $n=6$;$p>$17.5 MPa 时取 $n=4$。

σ_b——管道材料的抗拉强度。

一般由式(6-2)和式(6-3)算出 d,δ 后,查阅有关标准最终确定。

油管的管径不宜选得过大,以免使液压装置的结构庞大;但也不能选得过小,以免使管内液体流速加大,系统压力损失增加或产生振动和噪声,影响正常工作。

在保证强度的情况下,管壁可尽量选得薄些。薄壁易于弯曲,规格较多,装接较易,可减少管接头数目,有助于解决系统泄漏问题。

管道材料主要有金属管或橡胶管,选用时由耐压、装配的难易决定。吸油管道和回油管道一般用低压的有缝钢管,也可使用橡胶和塑料软管;控制油路中流量小,多用小铜管;中、低压油路中常使用铜管;高压油路一般使用冷拔无缝钢管,必要时也采用价格较贵的高压软管。高压软管是由橡胶中间加一层或几层钢丝编织网制成。高压软管比硬管安装方便,可以吸收振动。

在装配液压系统时,管道的弯曲半径不能过小,一般应为管道半径的 3~5 倍。尽量避免小于 90°弯管,平行或交叉的管道之间应有适当的间隔并用管夹固定,以防振动和碰撞。

6.2.2　管接头

管接头是油管与油管、油管与液压件之间的可拆式连接件,它必须具有装拆方便、连接牢固、密封可靠、外形尺寸小、通流能力大、压降小、工艺性好等各项条件。

管接头的种类很多,其规格品种可查阅有关手册。管接头除了直通形式外,还有二通、三通、四通和铰接等多种形式,供不同情况下选用,具体可查阅有关手册。

液压系统中油管与管接头的常见连接方式有焊接式管接头、卡套式管接头、扩口式管接头、扣压式管接头、快速管接头等几种形式,由使用需要来决定采用何种连接方式。管路旋入端用的连接螺纹采用国家标准米制锥螺纹(ZM)和普通细牙螺纹(M)。

1. 焊接式管接头

焊接式管接头如图 6-9 所示,它是把相连管子的一端与管接头的接管 1 焊接在一起,通过螺母 2 将接管 1 与接头体 3 压紧。接管与接头体间的密封方式有球面与锥面接触密封和平面加 O 形圈密封两种形式,前者有自立性,安装时位置要求不严格,但密封可靠性稍差,适用于工作压力不高的液压系统(约 8 MPa 以下的系统);后者可用于高压系统。

接头体与液压件的连接有圆锥螺纹和圆柱螺纹两种形式。圆锥螺纹依靠自身的锥体旋紧和采用聚四氟乙烯等进行密封,广泛用于中、低压液压系统;圆柱螺纹密封性好,常用于高压系统,但要采用组合垫圈或 O 形圈进行端面密封,有时也可用紫铜垫圈。

焊接式管接头的焊接工艺必须保证质量。在选用厚壁钢管时,装拆不便,但工艺简单、工作可靠、安装方便,对被连接的油管尺寸及表面精度要求不高,工作压力可达 32 MPa 以上,是目前应用最广泛的一种形式。

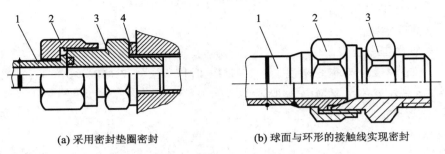

(a) 采用密封垫圈密封　　　　　　(b) 球面与环形的接触线实现密封

1—接管；2—螺母；3—接头体；4—密封圈

图 6-9　焊接式管接头

2. 卡套式管接头

卡套式管接头如图 6-10 所示，它是由三个基本零件即接头体、卡套和螺母组成。卡套是一个在内圆端部带有锋利刃口的金属环，刃口的作用是在装配时切入被连接的油管而起连接和密封作用。这种管接头轴向尺寸要求不严，装拆方便，不需焊接或扩口，但对油管的径向尺寸精度要求较高。采用冷拔无缝钢管，使用压力可达 32 MPa。油管的外径一般不超过 42 mm。

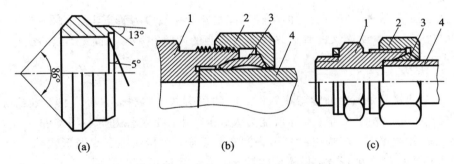

(a)　　　　　　　(b)　　　　　　　(c)

1—接头体；2—压紧螺母；3—卡套；4—钢管

图 6-10　卡套式管接头

3. 扩口式管接头

扩口式管接头如图 6-11 所示，它适用于铜、铝管或薄壁钢管，也可用来连接尼龙管等低压管道。接管穿入管套 2 后扩成喇叭口（约 74°～90°），再用螺母 3 把导套连同接管一起压紧在接头体 1 的锥面上形成密封。

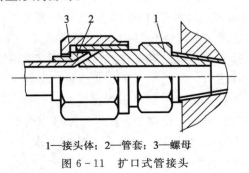

1—接头体；2—管套；3—螺母

图 6-11　扩口式管接头

4. 扣压式管接头

扣压式管接头是胶管接头的一种。胶管接头有可拆式和扣压式两种,各有 A、B、C 三类。随着管径不同可用于工作压力在 6～40 MPa 的系统。

扣压式管接头是高压胶管接头的一种常用形式。图 6-12 所示为 A 型扣压式胶管接头,装配时须剥离外胶层,然后在专门的设备上扣压而成,它由接头外套 2 和接头体(芯管)1 组成。软管装好后再用模具扣压,使其具有较好的抗拔脱和密封性能。

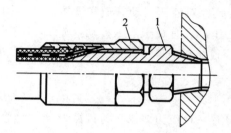

1—芯管;2—接头外套

图 6-12 A 型扣压式胶管接头

5. 快速接头

当系统中某一局部不需要经常供油或执行元件的连接管路要经常拆卸时,往往采用快速接头与高压软管配合使用。

快速接头的结构如图 6-13 所示,图中各零件的位置为油路接通位置,外套 4 把钢球 3 压入槽底使接头体 5 和接头连接起来,单向阀芯 2 和 6 相互推挤使油路接通。当需要断开时,可用力将外套向左推,同时拉出接头体 5,油路断开。这种接头在液压和气压系统中均有应用。

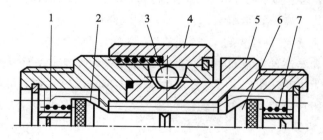

1、7—弹簧;2、6—单向阀芯;3—钢球;4—外套;5—接头体

图 6-13 快速接头

液压系统中的泄漏问题大部分都出现在管系中的接头上,为此对管材的选用,接头形式的确定(包括接头设计、垫圈、密封、箍套、防漏涂料的选用等),管系的设计(包括弯管设计、管道支承点和支承形式的选取等)以及管道的安装(包括正确的运输、储存、清洗、组装等)都要慎重对待,以免影响整个液压系统的使用质量。

国内外专家学者对管子材质、接头形式和连接方法上的研究工作从未间断。最近出现了一种用特殊的镍钛合金制造的管接头,它能使低温下受力后发生的变形在升温时消除,即把管接头放入液氮中用芯棒扩大其内径，然后取出来迅速套装在管端上，便可使它在常温下得到牢固、紧密的结合。这种"热缩"式的连接已在航空和其他一些加工行业中得到了应用，它能保证在 40～55 MPa 的工作压力下不出现泄漏。这是一个十分值得注意的发展趋势。

6.2.3　管道系统

6.2.1 和 6.2.2 节主要是针对液压传动管道和管接头的结构功能及使用情况进行的讲解，而由于气压传动系统工作特性有别于液压传动，所以，其管道系统的应用也有其特点。

气动系统的管道布置应遵循相关基本原则，力求合理安全、优化经济。

1. 管道系统布置原则

1）按供气压力考虑

在实际应用中，如果只有一种压力要求，则只需设计一种管道供气系统。如有多种压力要求，则其供气方式有以下三种：

（1）多种压力管道供气系统。它适用于气动设备有多种压力要求，且用气量都比较大的情况。应根据供气压力大小和使用设备的位置，设计几种不同压力的管道供气系统。

（2）降压管道供气系统。它适用于气动设备有多种压力要求，但用气量都不大的情况。应根据最高供气压力设计管道供气系统，气动装置需要的低压则利用减压阀降压得到。

（3）管道供气与瓶装供气相结合的供气系统。它适用于大多数气动装置都使用低压空气，部分气动装置需用气量不大的高压空气的情况。应根据对低压空气的要求设计管道供气系统，而用气量不大的高压空气采用气瓶供气方式来解决。

2）按供气质量考虑

根据各气动装置对空气质量的不同要求，分别设计成一般供气系统和清洁供气系统。若一般供气量不大，为了减少投资，可用清洁供气代替。若清洁供气系统的用气量不大，可单独设置小型净化干燥装置来解决。

3）按供气可靠性和经济性考虑

从供气可靠性和经济性考虑可分为三种情况：供气系统简单，经济性好的单树枝状管网供气系统；系统供气可靠性高，压力稳定的单环状管网供气系统；可以保证所有气动装置不间断供气的双树枝状管网供气系统。

2. 管道布置注意事项

管道布置时主要的注意有事项如下：

（1）供气管道应按现场实际情况布置，尽量与其他管线（如水管、煤气管、暖气管等）、电线等统一协调布置。管道进入用气车间，应根据气动装置对空气质量的要求设置配气容器、截止阀、气动三联件等。

（2）车间内部压缩空气主干管道应沿墙或柱子架空铺设，其高度不应妨碍运行，又便于检修。管长超过 5 m，顺气流方向管道向下坡度为 1%～3%。为避免长管道产生挠度，应在适当部位安装托架。管道支撑不能与管道焊接在一起。

（3）使用钢管时，一定要选用表面镀锌的管子。

（4）在管路中容易积聚冷凝水的部位（如倾斜管末端、分支管下垂部、储气罐的底部、凹形管道部位等)必须设置冷凝水的排放口或自动排水器.

（5）主管道入口处应设置主过滤器，从分支管至各气动装置的供气都应设置独立的过滤、减压或油雾装置。

典型的气动系统管道布置如图 6 - 14 所示。

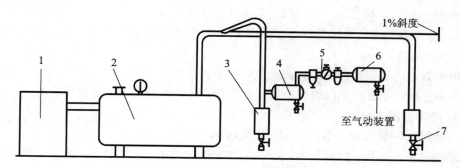

1—压缩机；2—储气罐；3—凝液收集管；4—中间储罐；
5—气动三联件；6—系统用储气罐；7—排放阀

图 6 - 14　管道布置

6.3　密　封　装　置

密封是解决流体传动系统泄漏问题和保证系统正常工作的最重要、最基本的手段。液压系统如果密封不良，可能出现不允许的外泄漏，外漏的油液会污染环境；还可能使空气进入吸油腔，影响液压泵的工作性能和液压执行元件运动的平稳性（爬行）；泄漏严重时，系统容积效率过低，甚至工作压力达不到要求值。若密封过度，虽可防止泄漏，但会造成密封部分的剧烈磨损，缩短密封件的使用寿命，增大液压元件内的运动摩擦阻力，降低系统的机械效率。因此，合理地选用和设计密封装置在液压系统的设计中十分重要。

6.3.1　对密封装置的要求

对密封装置的主要要求如下：

（1）在工作压力和一定的温度范围内，应具有良好的密封性能，随着压力的增加能自动提高密封性能。

（2）密封装置和运动件之间的摩擦力要小，摩擦系数要稳定。

（3）抗腐蚀能力强，不易老化，工作寿命长，耐磨性好，磨损后在一定程度上可进行自动补偿。

（4）结构简单，使用、维护方便，价格低廉。

6.3.2　密封装置的类型和特点

根据需要密封的两个耦合面间有无相对运动，密封可分为动密封和静密封两大类。按其工作原理来分，密封又可分为非接触式密封和接触式密封。非接触式密封主要指间隙密封，接触式密封指密封件密封。

1. 间隙密封

间隙密封是靠相对运动件配合面之间的微小间隙来进行密封的，常用于柱塞、活塞或阀的圆柱配合副中，一般在阀芯的外表面开有几条等距离的均压槽。均压槽的主要作用是使径向压力分布均匀，减少液压卡紧力，同时使阀芯在孔中对中性好，以减小间隙的方法来减少泄漏。同时，均压槽所形成的阻力对减少泄漏也有一定的作用。均压槽一般宽 $0.3 \sim 0.5$ mm，深为 $0.5 \sim 1.0$ mm。圆柱面配合间隙与直径大小有关，对于阀芯与阀孔一般取 $0.005 \sim 0.017$ mm。

间隙密封的优点是摩擦力小，缺点是磨损后不能自动补偿。间隙密封主要用于直径较小的圆柱面之间，如液压泵内的柱塞与缸体之间，滑阀的阀芯与阀孔之间。

2. O 形密封圈

O 形密封圈一般用耐油橡胶制成，其横截面呈圆形。它具有良好的密封性能，内外侧和端面都能起密封作用，结构紧凑，运动件的摩擦阻力小，制造容易，装拆方便，成本低，且高低压均可以用，所以在液压系统中得到广泛的应用。

图 6-15 所示为 O 形密封圈的结构和工作情况。图 6-15(a) 为其外形圈；图 6-15(b) 为装入密封沟槽的情况，δ_1、δ_2 为 O 形圈装配后的预压缩量，通常用压缩率 W 表示，即 $W = [(d_0 - h)/d_0] \times 100\%$，对于固定密封、往复运动密封和回转运动密封，$W$ 应分别达到 $15\% \sim 20\%$、$10\% \sim 20\%$ 和 $5\% \sim 10\%$，才能取得满意的密封效果。当油液工作压力超过 10 MPa 时，O 形圈在往复运动中容易被油液压力挤入间隙而提早损坏，如图 6-15(c) 所示。为此要在它的侧面安放 $1.2 \sim 1.5$ mm 厚的聚四氟乙烯挡圈，单向受力时在受力侧的对面安放一个挡圈，如图 6-15(d) 所示；双向受力时则在两侧各放一个挡圈，如图 6-15(e) 所示。

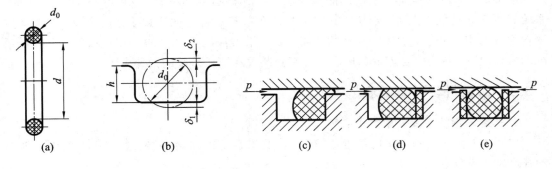

(a)　　　　　(b)　　　　　(c)　　　　(d)　　　　(e)

图 6-15　O 形密封圈

O 形密封圈的安装沟槽除矩形外，还有 V 形、燕尾形、半圆形、三角形等，实际应用中可查阅有关手册及国家标准。

3. 唇形密封圈

唇形密封圈根据截面的形状可分为 Y 形、V 形、U 形、L 形等，如图 6-16 所示，液压力将密封圈的两唇边 h_1 压向形成间隙的两个零件的表面。这种密封的特点是能随着工作压力的变化自动调整密封性能，压力越高则唇边被压得越紧，密封性越好；当压力降低时唇边压紧程度也随之降低，从而减少了摩擦阻力和功率消耗，除此之外，还能自动补偿唇边的磨损，保持密封性能不降低。

目前，液压缸中普遍使用如图 6-17 所示的所谓小 Y 形密封圈作为活塞和活塞杆的密封。其中，图 6-17(a) 所示为轴用密封圈，图 6-17(b) 所示为孔用密封圈。这种小 Y 形密封圈的特点是断面宽度和高度的比值大，增加了底部支承宽度，可以避免由摩擦力造成的密封圈的翻转和扭曲。

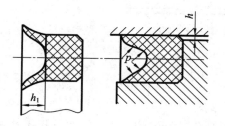

图 6-16　唇形密封圈的工作原理

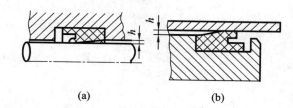

(a)　　　　　　(b)

图 6-17　小 Y 形密封圈

在高压和超高压情况下（压力大于 25 MPa），V 形密封圈也有应用，V 形密封圈的形状如图 6-18 所示，它由多层涂胶织物压制而成，通常由压环、密封环和支承环三个圈叠在一起使用，此时已能保证良好的密封性，当压力更高时，可以增加中间密封环的数量，这种密封圈在安装时需要预压紧，所以摩擦阻力较大。

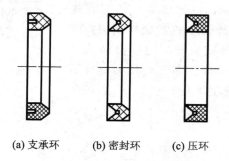

(a) 支承环　　　(b) 密封环　　　(c) 压环

图 6-18　V 形密封圈

唇形密封圈安装时应使其唇边开口面对压力油，使两唇张开，分别贴紧在机件的表面上。

4. 组合式密封装置

随着液压技术的应用日益广泛，系统对密封的要求越来越高，普通的密封圈单独使用已不能很好地满足密封性能，特别是使用寿命和可靠性方面的要求，因此，人们研究开发了由包括密封圈在内的由两个以上元件组成的组合式密封装置。

图 6-19(a) 所示的为 O 形密封圈与截面为矩形的聚四氟乙烯塑料滑环组成的组合密封装置。其中，滑环 2 紧贴密封面，O 形圈 1 为滑环提供弹性预压力，在介质压力等于零时构成密封，由于密封间隙靠滑环，而不是 O 形圈，因此摩擦阻力小而且稳定，可以用于 40 MPa 的高压；往复运动密封时，速度可达 15 m/s；往复摆动与螺旋运动密封时，速度可达 5 m/s。这种矩形滑环组合密封的缺点是抗侧倾能力稍差，在高低压交变的场合下工作容易漏油。图 6-19(b) 所示为由支持环 2 和 O 形圈 1 组成的轴用组合密封，由于支持环与被密封件 3 之间为线密封，其工作原理类似唇形密封。支持环采用一种经特别处理的化合物，具有优良的耐磨性、低摩擦和保形性，不存在橡胶密封低速时易产生的"爬行"现象，

工作压力可达 80 MPa。

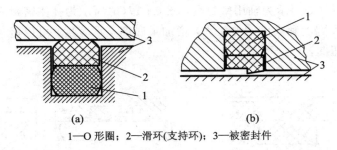

1—O 形圈；2—滑环(支持环)；3—被密封件

图 6-19　组合式密封装置

组合式密封装置由于充分发挥了橡胶密封圈和滑环（支持环）的长处，因此不仅工作可靠，摩擦力低且稳定，而且使用寿命比普通橡胶密封提高了近百倍，在工程上的应用日益广泛。

5. 回转轴的密封装置

回转轴的密封装置形式很多，图 6-20 所示是一种耐油橡胶制成的回转轴用密封圈，它的内部由直角形圆环铁骨架支撑，密封圈的内边围着一条螺旋弹簧，把内边收紧在轴上进行密封。这种密封圈主要用作液压泵、液压马达和回转式液压缸的伸出轴的密封，以防止油液漏到壳体外部，它的工作压力一般不超过 0.1 MPa，最大允许线速度为 4～8 m/s，须在有润滑情况下工作。

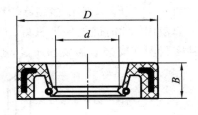

图 6-20　回转轴用密封圈

6.4　过　滤　器

流体传动与控制系统的大多数故障都是由介质的污染造成的，因此，保持工作介质清洁是保证系统正常工作的必要条件。油液污染会使元件内部相对运动部分的表面划伤，加速磨损或卡死运动件，堵塞阀口，腐蚀元件，系统可靠性下降，寿命降低。过滤器的作用就是截留油液中的污染物，使油液保持清洁，保证系统正常工作。

6.4.1　过滤器的类型和结构

1. 过滤器的类型

在液压系统中，常见的过滤器按滤芯的材料和结构形式的不同可分为网式、线隙式、纸芯式、烧结式及磁性过滤器等。按过滤器的连接方式可分为管式、法兰式和板式等；按过滤器安放的位置不同，还可以分为吸滤器、压滤器和回流过滤器。有的过滤器还带有污染堵塞的发信装置。

2. 过滤器的结构

过滤器一般由滤芯（或滤网）和壳体构成，由滤芯上无数个微小间隙或小孔构成通流面积。当混入油中的污染物（杂质）大于微小间隙或小孔时，杂质被阻隔而滤清出来。若滤芯使用磁性材料时，可吸附油中能被磁化的铁粉杂质。

过滤器可以安装在油泵的吸管道路上或某些重要零件之前，也可安装在回油管道上。

过滤器可分成液压管路中使用和油箱中使用两种。油箱内部使用的过滤器亦称为滤清器和粗滤器，用来过滤掉一些太大的、容易造成泵损坏的杂质(0.1 mm 以上)。

图 6-21 所示为壳装滤清器，装在泵和油箱吸油管道之间。图 6-22 所示的无外壳滤清器安装在油箱内，其拆装不方便，但价格便宜。

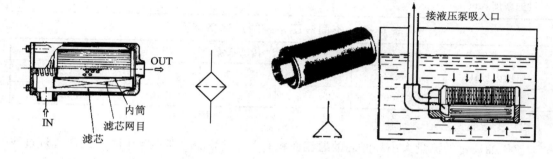

图 6-21　壳装滤清器

图 6-22　无外壳滤清器

过滤器有压力管道用过滤器及回油管道用过滤器。图 6-23 所示为压力管道用过滤器，因要承担压力管道中的高压，故耐压问题必须考虑；回油管道用过滤器是装在回油管道上，压力低，只需注意冲击压力的发生。

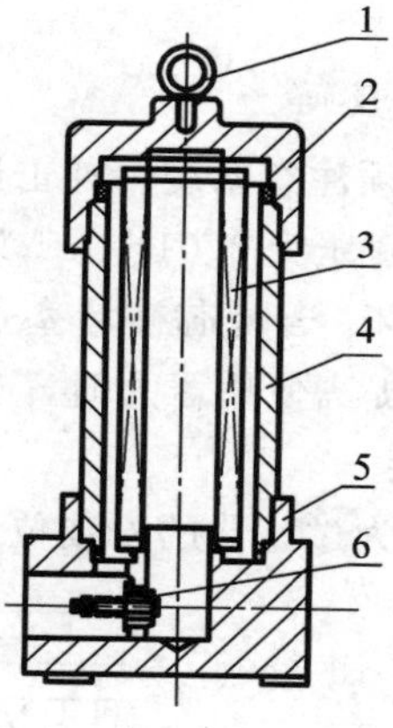

6.4.2　过滤器的选用及安装

过滤器的主要性能指标是过滤精度。过滤器的过滤精度是指其从油液中过滤掉的杂质颗粒尺寸大小。过滤器按过滤精度可以分为粗过滤、普通过滤和精过滤。它们能分别滤掉油液中尺寸为 100 μm 以上、10 μm～100 μm 和 10 μm 以下的杂质颗粒，此三种颗粒尺寸即为粗过滤、普通过滤和精过滤对应的过滤掉的污染物尺寸。

1—吊环螺钉；
2—顶盖；
3—滤芯；
4—壳体；
5—滤头；
6—旁通阀

图 6-23　压力管道用过滤器

液压系统所要求的油液过滤精度是杂质的颗粒尺寸小于液压元件运动表面间隙，只有这样才能避免杂质颗粒使运动件卡住或者急剧磨损。另外，杂质颗粒尺寸应该小于液压系统中节流孔或缝隙的最小间隙，以免造成堵塞。

1. 过滤器的选用

合理选用过滤器将对整个流体传动系统的工作过程起到至关重要的作用，因此，选用过滤器时应考虑到如下问题：

1) 足够的过滤精度

原则上大于滤芯网目的污染物就不能通过滤芯。过滤器上的过滤精度常用能被过滤掉的杂质颗粒的公称尺寸大小来表示。系统压力越高，过滤精度越低。表6-2所示为液压系统中不同使用场所建议采用的过滤精度，表6-3所示为不同液压系统的过滤精度要求。

表6-2　不同使用场所建议采用的过滤精度

使用场所	提高换向阀操作可靠度	保持微小流量控制	一般液压机器操作可靠度	保持伺服阀可靠度
建议采用的过滤精度/μm	10 左右	10	25	5～10

表6-3　不同液压系统的过滤精度要求

系统类别	润滑系统	传动系统		伺服系统
工作压力/MPa	0～2.5	<14	14～32	>32	≤21
精度/μm	≤100	25～50	≤25	≤10	≤5

2）良好的液压油通过能力

液压油通过的流量大小和滤芯的通流面积有关。过滤能力即一定压降下允许通过过滤器的最大流量。不同类型的过滤器可通过的流量值有一定的限制，需要时可查阅有关手册。一般可根据要求通过的流量选用对应规格的过滤器。（为减低阻力，过滤器的容量为泵流量的2倍以上）。

3）具有一定的耐压性

在选用过滤器时须注意系统中冲击压力的发生。过滤器的耐压包含滤芯的耐压和壳体的耐压。一般滤芯的耐压为0.01～0.1 MPa，这主要靠滤芯有足够的通流面积，使其压降小，以避免滤芯被破坏。若滤芯被堵塞，则压降增加。必须注意滤芯的耐压和过滤器的使用压力是不同的，当提高使用压力时，还要考虑壳体是否承受得了，这和滤芯的耐压无关。

2. 过滤器的安装

如图6-24所示为过滤器的安装位置图。

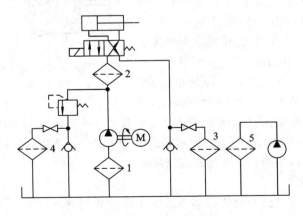

图6-24　过滤器的安装位置

（1）过滤器1安装在泵的吸入口。这种安装方式主要用来保护泵不致吸入较大的机械杂质，一般都采用过滤精度较低的粗过滤器或普通精度过滤器。因为泵从油箱吸油，为了不影响泵的吸油性能，吸油阻力应尽可能小，否则将造成液压泵吸油不畅或出现空穴现象并产生噪声。此时，过滤器的通油能力应大于液压泵流量的 2 倍以上，压力损失不得超过 0.01～0.035 MPa。必要时，泵的吸入口应置于油箱液面以下。

（2）过滤器 2 安装在泵出口。过滤器 2 安装在泵的压油路上，这种安装方式主要用来滤除可能侵入阀类元件的污染物，保护除泵以外的其他液压元件。一般采用 10～15 μm 过滤精度的过滤器。过滤器在高压下工作，壳体应能承受系统工作压力和冲击压力。过滤阻力不应超过 0.35 MPa，以减小因过滤所引起的压力损失和滤芯所受的液压力，并应有安全阀或堵塞状态发信装置，以防泵过载和滤芯损坏。为了防止过滤器堵塞时引起液压泵过载或滤芯裂损，可在压力油路上设置一旁通阀，其阀的开启压力应略低于过滤器的最大允许压力。

（3）过滤器 3 安装在回油管道上。这种安装方式可滤去油液流入油箱以前的污染物，为泵提供较清洁的油液。回油路上压力低，因此安装在回油管道上的过滤道的壳体耐压性可较低，可采用强度和刚度较低但过滤精度较高的精过滤回油过滤器。与过滤器并联的溢流阀起旁通阀的作用，也可并联一单向阀作为安全阀，防止堵塞或低温启动时高黏度油液流过过滤器所引起的系统压力的升高。

（4）过滤器 4 安装在溢流阀的回油管道上。该过滤器对溢流回油箱中的油液进行过滤，容量可较小，过滤效果更好。

（5）过滤器 5 为独立的过滤系统。独立的过滤系统是由专用液压泵和过滤器单独组成的一个独立于液压系统之外的过滤回路，其作用是不断净化系统中的液压油，常用在大型的液压系统里。

6.5　蓄　能　器

6.5.1　蓄能器的功能

在液压传动系统中，蓄能器用来储存和释放液体的压力能。蓄能器的基本作用过程：当系统的压力高于蓄能器内液体的压力时，系统中的液体进入蓄能器中，直到蓄能器内外压力值相等；反之，当蓄能器内液体的压力高于系统的压力时，蓄能器内的液体流到系统中去，对系统进行流量和能量的补充，直到蓄能器内外压力平衡为止。因此，蓄能器可以在较短时间内向系统提供压力能，也可吸收系统的压力脉动和减小压力冲击。

蓄能器在系统中的主要功能如下：

（1）作辅助动力源或紧急动力源。在液压系统工作循环中不同阶段需要的流量变化很大，常采用蓄能器和一个流量较小的泵组成油源。当系统需要小流量时，蓄能器将泵多余的流量储存起来；当系统短时间需要较大流量时，蓄能器将储存的压力油释放出来与泵一起向系统供油。

如图 6-25 所示，当正常工作时，泵出口处单向阀打开，二位二通液控换向阀控制口有控制压力油进入右位工作，此时压力油进入蓄能器，储存压力能；一旦液压泵出现紧急情况无法正常提供压力油时，泵出口处单向阀关闭，二位二通液控换向阀左位工作，此时蓄能器中的压力油通过另一单向阀向执行元件供油，起到了在短时间内作为紧急动力源的作用。

（2）保压和补充泄漏。某些液压系统需要较长时间保压而液压泵卸荷，此时可利用蓄能器释放所储存的压力油，补偿系统的泄漏，保持系统压力。如图 6-26 所示，当活塞缸中活塞带动活塞杆及相应部件运动到右端实现夹紧后，换向阀 2 接通油路，液压泵开始卸荷，泵出口处的单向阀关闭防止油路中油液倒流，这时夹紧力的保持需要蓄能器释放的压力能来进行补充。

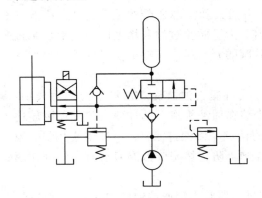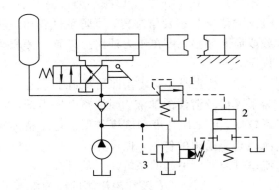

图 6-25　蓄能器作紧急动力源的液压系统　　　　图 6-26　蓄能器补偿泄漏和保持恒压的液压系统

（3）吸收压力冲击和消除压力脉动。液压阀突然关闭或换向，系统会产生压力冲击，在压力冲击处安装蓄能器即可吸收压力冲击，降低压力冲击峰值。如图 6-27 所示，在液压泵的出口处安装蓄能器，可以吸收泵的压力脉动，提高系统工作的平稳性。

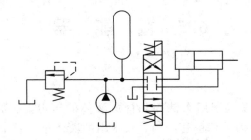

图 6-27　蓄能器吸收系统的液压冲击

6.5.2　蓄能器的类型及应用

蓄能器有弹簧式、重力式和充气式三类。常用的是充气式，它利用气体的压缩和膨胀储存、释放压力能，在蓄能器中气体和油液被隔开，而根据隔离的方式不同，充气式蓄能器又分为活塞式、皮囊式和气瓶式三种，下面主要介绍常用的活塞式和皮囊式两种。

1. 活塞式蓄能器

如图 6-28 所示，活塞式蓄能器利用在缸筒 2 中浮动的活塞 1 把缸中的液压油和气体隔开，活塞随着蓄能器中油压的增减在缸筒内移动。

活塞式蓄能器安装和维修方便，寿命长，但由于活塞惯性和密封件的摩擦力影响，其动态响应较慢，适用于压力低于 20 MPa 的系统储能或吸收压力脉动。

2. 皮囊式蓄能器

图 6-29 所示，皮囊式蓄能器中采用耐油橡胶制成的皮囊 2 内腔充入一定压力的惰性

气体，皮囊外部液压油经壳体 1 底部的限位阀 4 通入，限位阀还可保护皮囊不被挤出容器之外。此蓄能器的气液完全隔开，皮囊受压缩储存压力能，其惯性小、动作灵敏，适用于储能和吸收压力冲击，工作压力可达 32 MPa。

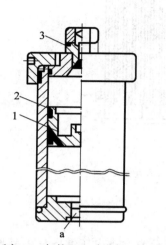

1—活塞；2—缸筒；3—充气阀；a—进油口

图 6-28   活塞式蓄能器

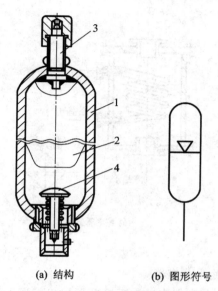

(a) 结构   (b) 图形符号

1—壳体；2—皮囊；3—充气阀；4—限位阀

图 6-29   皮囊式蓄能器

3. 蓄能器的选用

蓄能器应根据给定的工况（包括压力条件、动作频率、脉动频率、最高工作压力和最低工作压力、系统一个工作循环内的供油量情况等）进行计算选用，所选公称容积应大于计算容积，使用压力应小于额定压力。

4. 液压蓄能器的维护

对于皮囊式蓄能器而言，在充气之前，应从油口灌注少许液压油，以实现皮囊的自润滑。在使用过程中，必须定期对皮囊进行气密性检查，定期更换皮囊及密封件。一旦发现皮囊中充气压力低于规定的充气压力时，要及时充（补）气，以使蓄能器经常处于最佳使用状态。

6.6   气动辅助元件

气动辅助元件分为气源净化装置和其他辅助元件两大类。

6.6.1   气源净化装置

气源净化装置一般包括后冷却器、油水分离器、储气罐、干燥器、过滤器等。

1. 后冷却器

后冷却器安装在空气压缩机出口处的管道上。它的作用是将空气压缩机排出的压缩空气温度由 140～170℃降至 40～50℃。这样就可使压缩空气中的油雾和水汽迅速达到饱和，使其大部分析出并凝结成油滴和水滴，以便经油水分离器排出。后冷却器的结构形式有蛇形管式、列管式、散热片式和管套式四种。冷却方式有水冷和气冷两种。蛇形管式和列管式后冷却器的结构如图 6-30 所示。

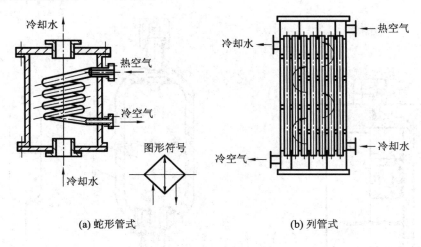

(a) 蛇形管式　　　　　　　　　　　　(b) 列管式

图 6-30　后冷却器

2. 油水分离器

　　油水分离器安装在后冷却器出口管道上，它的作用是分离并排出压缩空气中凝聚的油分、水分和灰尘杂质等，使压缩空气得到初步净化。油水分离器的结构形式有环形回转式、撞击折回式、离心旋转式、水浴式以及以上形式的组合等。图 6-31 所示为撞击折回并回转式油水分离器的结构形式及图形符号，它的工作原理是：当压缩空气由入口进入分离器壳体后，气流先受到隔板阻挡而被撞击折回向下（见图中箭头所示流向）；之后又上升产生环形回转，这样凝聚在压缩空气中的油滴、水滴等杂质受惯性力作用而分离析出，沉降于壳体底部，由放水阀定期排出。

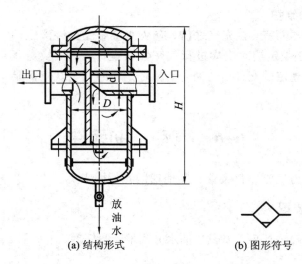

(a) 结构形式　　　　　　　　　　(b) 图形符号

图 6-31　撞击折回并回转式油水分离器

为提高油水分离效果，应控制气流在回转后上升的速度不超过 $0.3 \sim 0.5 \, \text{m/s}$。

3. 储气罐

储气罐的主要作用如下：

（1）储存一定数量的压缩空气，以备发生故障或临时需要应急使用；

（2）消除由于空气压缩机断续排气而对系统引起的压力脉动，保证输出气流的连续性和平稳性；

（3）进一步分离压缩空气中的油、水等杂质。

储气罐一般采用焊接结构，以立式居多，其结构如图 6 - 32 所示。

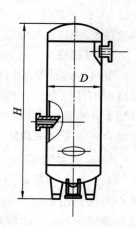

图 6 - 32　储气罐结构

4. 干燥器

经过后冷却器、油水分离器和储气罐后得到初步净化的压缩空气，已满足一般气压传动的需要。但压缩空气中仍含一定量的油、水以及少量的粉尘。如果要用于精密的气动装置、气动仪表等，上述压缩空气还必须进行干燥处理。

压缩空气干燥方法主要有吸附法和冷却法两种。

吸附法是利用具有吸附性能的吸附剂（如硅胶、铝胶或分子筛等）来吸附压缩空气中含有的水分，而使其干燥；冷却法是利用制冷设备使空气冷却到一定的露点温度，析出空气中超过饱和水蒸气部分的多余水分，从而达到所需的干燥度。吸附法是干燥处理方法中应用最为普遍的一种方法。吸附式干燥器的结构如图 6 - 33 所示。它的外壳呈筒形，其中分层设置栅板、吸附剂、滤网等。湿空气从管 1 进入干燥器，通过吸附剂层 21、过滤网 20、上

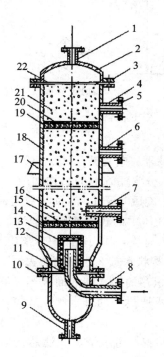

1—湿空气进气管；

2—顶盖；

3、5、10—法兰；

4、6—再生空气排气管；

7—再生空气进气管；

8—干燥空气输出管；

9—排水管；

11、22—密封座；

12、15、20—钢丝过滤网；

13—毛毡；

14—下栅板；

16、21—吸附剂层；

17—支撑板；

18—筒体；

19—上栅板

图 6 - 33　吸附式干燥器的结构

栅板 19 和下部吸附剂层 16 后，因其中的水分被吸附剂吸收而变得很干燥。然后，再经过钢丝过滤网 15、下栅板 14 和钢丝过滤网 12，干燥、洁净的压缩空气便从输出管 8 排出。

5. 过滤器

空气的过滤是气压传动系统中的重要环节。不同的场合，对压缩空气的要求也不同。过滤器的作用是进一步滤除压缩空气中的杂质。常用的过滤器有一次性过滤器(也称简易过滤器，滤灰效率为 50％～70％)和二次过滤器(滤灰效率为 70％～99％)，在要求高的特殊场合，还可使用高效率的过滤器(滤灰效率大于 99％)。

1) 一次过滤器

如图 6-34 所示为一种一次过滤器的结构及图形符号，气流由切线方向进入筒内，在离心力的作用下分离出液滴，然后气体由下而上通过多片钢板、毛毡、硅胶、焦炭、滤网等过滤吸附材料，干燥清洁的空气从筒顶输出。

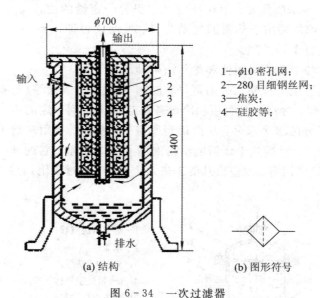

1—ϕ10 密孔网；
2—280 目细钢丝网；
3—焦炭；
4—硅胶等；

(a) 结构　　　　　　(b) 图形符号

图 6-34　一次过滤器

2) 分水滤气器

分水滤气器滤灰能力较强，属于二次过滤器。它和减压阀、油雾器一起被称为气动三联件，是气动系统不可缺少的辅助元件。普通分水滤气器的结构如图 6-35(a)所示。其工作原理为：压缩空气从输入口进入后，被引入旋风叶子 1，旋风叶子上有很多小缺口，使空气沿切线反向产生强烈的旋转，这样夹杂在气体中的较大水滴、油滴、灰尘(主要是水滴)便获得较大的离心力，并高速与存水杯 3 内壁碰撞，而从气体中分离出来，沉淀于存水杯 3 中，然后气体通过中间的滤芯 2，部分灰尘、雾状水被 2 拦截而滤去，洁净的空气便从输出口输出。挡水板 4 用于防止气体漩涡将杯中积存的污水卷起而破坏过滤作用。为保证分水滤气器正常工作，必须及时将存水杯中的污水通过手动排水阀 5 放掉。在某些人工排水不方便的场合，可采用自动排水式分水滤气器。

存水杯由透明材料制成，便于观察工作情况、污水情况和滤芯污染情况。滤芯目前采用铜粒烧结而成。如发现油泥过多，可采用酒精清洗，干燥后再装上，可继续使用。但是这种过滤器只能滤除固体和液体杂质，因此，使用时应尽可能装在能使空气中的水分变成液

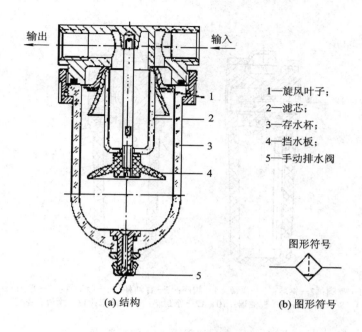

1—旋风叶子；
2—滤芯；
3—存水杯；
4—挡水板；
5—手动排水阀

(a) 结构　　　　　(b) 图形符号

图形符号

图 6-35　普通分水滤气器

态的部位或防止液体进入的部位，如气动设备的气源入口处。

气压传动系统中，通常由分水滤气器、减压阀和油雾器共同组成气动三联件。有些电磁阀和气缸能够实现无油润滑（靠润滑脂实现润滑功能），便不需要使用油雾器。气动三联件无管连接而成，过滤精度一般为 $50\sim75~\mu m$，调压范围为 $0.5\sim10$ MPa。

三联件是多数气动系统中不可缺少的气源装置辅件，安装在用气设备的近处，是压缩空气质量的最后保证。三联件的安装顺序依进气方向分别为分水滤气器、减压阀和油雾器。分水滤气器和减压阀组合在一起可以称为气动二联件。还可以将分水滤气器和减压阀集装在一起，称为过滤减压阀（功能与分水滤气器和减压阀结合起来使用相同）。有些场合不允许压缩空气中存在油雾，则需要使用油雾分离器将压缩空气中的油雾过滤掉。总之，这几个元件可以根据需要进行选择，并可以将他们组合起来使用。

6.6.2　其他辅助元件

1. 油雾器

油雾器是一种特殊的注油装置。它以空气为动力，使润滑油雾化后注入空气流中，并随空气进入需要润滑的部件，达到润滑的目的。

图 6-36 所示是普通油雾器（也称一次油雾器）的结构简图。当压缩空气由输入口进入后，通过喷嘴 1 下端的小孔进入阀座 4 的腔室内，在截止阀的钢球 2 上下表面形成压差，由于泄漏和弹簧 3 的作用，而使钢球处于中间位置，压缩空气进入存油杯 5 的上腔使油面受压，压力油经吸油管 6 将单向阀 7 的钢球顶起，钢球上部管道有一个方形小孔，钢球不能将上部管道封死，压力油不断流入视油器 9 内，再滴入喷嘴 1 中，被主管气流从上面小孔引射出来，雾化后从输出口输出。节流阀 8 可以调节流量，使滴油量在每分钟 $0\sim120$ 滴

内变化。

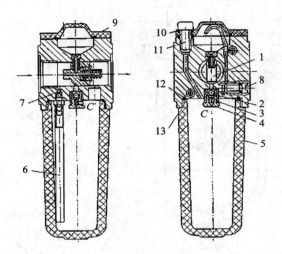

1—喷嘴；2—钢球；3—弹簧；4—阀座；5—存油杯；6—吸油管；7—单向阀；
8—节流阀；9—视油器；10、12—密封垫；11—油塞；13—螺母、螺钉

图 6-36　普通油雾器(一次油雾器)结构

二次油雾器能使油滴在雾化器内进行两次雾化，使油雾粒度更小、更均匀，输送距离更远。二次雾化粒径可达 5 μm。

油雾器的选择主要是根据气压传动系统所需额定流量及油雾粒径大小来进行。如果所需油雾粒径在 50 μm 左右，则选用一次油雾器。如果所需油雾粒径很小，则可选用二次油雾器。油雾器一般应配置在分水滤气器和减压阀之后、用气设备之前较近处。

2. 消声器

在气压传动系统中，当气缸、气阀等元件工作时，排气速度较高，气体体积急剧膨胀，会产生刺耳的噪声。噪声的强弱随排气的速度、排量和空气通道的形状而变化。排气的速度和功率越大，噪声也越大，一般可达 100～120 dB。为了降低噪声，可以在排气口装消声器。

消声器是阻止声音传播而允许气流通过的一种器件，是消除空气动力性噪声的重要措施。消声器是安装在空气动力设备(如鼓风机、空压机)的气流通道上或进、排气系统中的降低噪声的装置。消声器能够阻挡声波的传播，允许气流通过，是控制噪声的有效工具。

消声器是通过阻尼或增加排气面积来降低排气速度和功率，从而降低噪声的。

气动元件使用的消声器一般有三种类型：吸收型消声器、膨胀干涉型消声器和膨胀干涉吸收型消声器。常用的是吸收型消声器。图 6-37 所示是吸收型消声器的结构简图及图形符号。这种消声器主

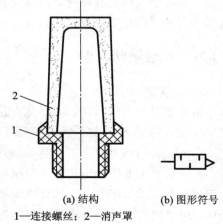

(a) 结构　　　　　(b) 图形符号

1—连接螺丝；2—消声罩

图 6-37　吸收型消声器

要依靠吸音材料消声。消声罩 2 为多孔的吸音材料，一般用聚苯乙烯或铜珠烧结而成。当消声器的通径小于 20 mm 时，多用聚苯乙烯作消音材料制成消声罩；当消声器的通径大于 20 mm 时，消声罩多用铜珠烧结，以增加强度。其消声原理是：当有压气体通过消声罩时，气流受到阻力，声能量被部分吸收而转化为热能，从而降低了噪声强度。

吸收型消声器结构简单，具有良好的消除中、高频噪声的性能。其消声效果大于 20 dB（A），在气压传动系统中，排气噪声主要是中、高频噪声，尤其是高频噪声，所以采用这种消声器是合适的。在主要是中、低频噪声的场合，应使用膨胀干涉型消声器。

3. 管道连接件

管道连接件包括管子和各种管接头。有了管子和各种管接头，才能把气动控制元件、气动执行元件以及辅助元件等连接成一个完整的气动控制系统，因此，实际应用中，管道连接件是不可缺少的。

管子可分为硬管和软管两种。总气管和支气管等一些固定不动的、不需要经常装拆的地方，使用硬管；连接运动部件和临时使用、希望装拆方便的管路应使用软管。硬管有铁管、铜管、黄铜管、紫铜管和硬塑料管等；软管有塑料管、尼龙管、橡胶管、金属编织塑料管以及挠性金属导管等等。气动系统中常用的是紫铜管和尼龙管。

气动系统中使用的管接头的结构及工作原理与液压管接头基本相似，分为卡套式、扩口螺纹式、卡箍式、插入快换式等。

【工 程 应 用】

液压辅助元件是保证液压系统正常工作不可缺少的组成部分。常用的液压辅助元件有过滤器、蓄能器、管件、密封件、油箱和热交换器等，除油箱通常需要自行设计外，其余皆为标准件。辅助元件在液压系统中虽然只起辅助作用，但对系统的性能、效率、温升、噪声和寿命的影响不亚于液压元件本身，如果选择或使用不当，不但会直接影响系统的工作性能和使用寿命，甚至会使系统发生故障，因此必须予以足够重视。

在图 5-1 的 Q2—8 型汽车起重机液压系统中，开关 10 和开关压力表组件 12 以及过滤器 11 都是液压系统辅助元件。开关压力表组件 12 完成对起重机执行元件（液压马达和液压缸）的工作压力监测；过滤器 11 保证油箱中油液在回路中循环使用时的清洁过滤，或进行专门杂质清除，以保证整个液压系统的持续正常工作。

案例拓展

其他辅助元件——压力表及压力表辅件

液压系统和各局部回路的压力大小可通过压力表观测，以便调整和控制液压系统各工作点的压力。压力表与系统的连接需要通过压力表开关。

常用的压力表是弹簧弯管式。它由弹簧弯管、放大机构、指针、基座等零件组成。压力表有各种精度等级，它的精度等级就是该表误差占量程的百分数。选用压力表应使它的量程大于系统的最高压力。在压力稳定的系统中,压力表量程一般为最高工作压力的1.5倍。压力波动较大系统的压力表量程应为最大工作压力的2倍,或者选用带油阻尼耐振压力表,如图6-38所示为远程压力表、耐震压力表及压力表辅件。

图6-38　远程压力表、耐震压力表及压力表辅件

流体传动与控制系统中的所有元件都在系统工作过程中发挥着各自的作用,每个元件在系统中的作用都至关重要,在面临流体传动工程问题时要有整体意识,以系统观来全面了解,再重点分析,抓住问题的主要矛盾,才更有助于工程问题的解决。

【思考题和习题】

6-1　液压传动无需润滑元件而气压传动则需要,原因是什么?

6-2　过滤器和油雾器在功能上有何区别?

6-3　简述油雾器的工作原理,并画出其图形符号。

6-4　简单说明气动系统噪声大的原因。可采用哪些措施降低噪声?消声器的常用类型有哪些?

6-5　气动管路系统的布置应考虑哪些方面的原则?

6-6　某皮囊式蓄能器用作动力源,容量为3 L,充气压力7 MPa。系统最高和最低工作压力分别为7 MPa和4 MPa。试求蓄能器能够输出的油液体积。

6-7　液压系统最高和最低工作压力各是7 MPa和5.6 MPa。其执行元件每隔30 s需要供油一次,每次输油1 L,时间为0.5 s。若用液压泵供油,该泵应有多大流量?若改用皮囊式蓄能器(充气压力为5 MPa)完成此工作,则蓄能器应有多大容量?向蓄能器充液的泵应有多大流量?

6-8　一单杆缸,活塞直径60 cm,活塞杆直径30 cm,行程100 cm。现从有杆腔进油,无杆腔回油,问:由于活塞的移动使有效底面积为2000 cm² 的油箱液面高度发生多大变化?

6-9　有一液压泵向系统供油,工作压力为6.3 MPa,流量为40 L/min,试选定供油管尺寸。

第三篇

综合应用篇

第 7 章　流体传动与控制的基本回路

本章以汽车起重机液压系统为案例介绍压力控制回路、速度控制回路、方向控制回路、多执行元件控制回路、液压马达控制回路等液压基本回路中常用的基本形式。通过本章的学习，应了解和掌握现有液压基本回路的构成、特点及工作原理。

案例七　汽车起重机液压系统中的基本回路

案例简介

在汽车起重机上采用液压起重技术，具有承载能力大，可在有冲击、振动和环境较差的条件下工作的优点。汽车起重机利用汽车自备的动力作为起重机的液压系统动力；当起重机工作时，汽车的轮胎不受力，依靠四条液压支撑腿将整个汽车抬起来，并将起重机的各个部分展开，进行起重作业；当需要转移起重作业现场时，需要将起重机的各个部分收回到汽车上，使汽车恢复到车辆运输功能状态进行转移。

案例分析

图 7-1 和第 5 章的图 5-1 分别是 Q2—8 型汽车起重机的外形图和工作原理图。从图中可看出该起重机由汽车、转台、支腿、吊臂变幅液压缸、基本臂、吊臂伸缩液压缸和起升机构等组成。Q2—8 型汽车起重机的最大起重量为 80 kN，最大起重高度为 11.5 m。

根据工况要求，起重机的液压系统主要是由多个调速回路、换向回路、调压回路等按照一定功能要求组成系统，实现复杂工作要求的。

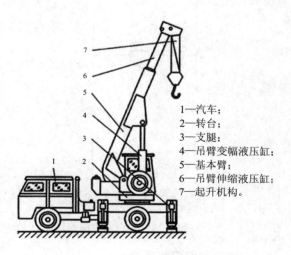

1—汽车；
2—转台；
3—支腿；
4—吊臂变幅液压缸；
5—基本臂；
6—吊臂伸缩液压缸；
7—起升机构。

图 7-1　Q2—8 型汽车起重机外形

【理　论　知　识】

7.1　概　　述

任何流体传动系统无论复杂程序如何，都是由一些基本回路组成的。所谓基本回路就是由相关元件组成的能够完成某种特定控制与运动功能的管路结构，它是流体传动系统的基本组成单元。通常来讲，一个流体传动系统由若干个基本回路组成。熟悉和掌握这些基本回路的结构与性能，有助于更好地分析、使用和设计各类流体传动系统。

一般按用途和功能对流体传动基本回路进行分类，用来控制执行元件运动方向的基本回路被称为方向控制回路；用来控制系统或某支路压力的基本回路被称为压力控制回路；用来控制执行元件运动速度的基本回路被称为调速回路；用来控制多缸运动的基本回路被称为多缸运动回路等。

7.2　方向控制回路

方向控制回路是利用各种方向控制阀来控制流体的通断和换向，以保证执行元件启动、停止和换向。方向控制回路包括一般方向控制回路和复杂方向控制回路。

1. 一般方向控制回路

一般方向控制回路只需要在动力元件与执行元件之间采用换向阀进行方向控制。图7-2所示为单向阀用于泵的出油口，对液压泵出口处压力油的流动方向进行控制，防止油液倒流回油箱。图7-3所示为换向阀实现的油路方向控制，通过二位四通电磁换向阀电磁铁的得电与失电，实现液压缸的向左和向右的不同运动方向变换。在图7-3中，单向阀起背压阀作用。

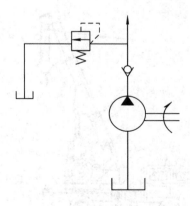
图7-2　单向阀方向控制

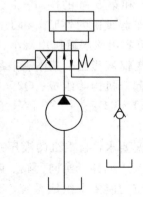
图7-3　换向阀方向控制

2. 复杂方向控制回路

当在流体传动控制系统中需要复杂方向控制时，如频繁换向或者对换向过程有很多附加要求，往往需要使用复杂方向控制回路。常见的复杂方向控制回路主要有时间控制制动式换向回路和行程控制制动式换向回路。

1）时间控制制动式换向回路

图 7-4 所示为时间控制制动式换向回路，回路中的主油路只受换向阀 3 控制。换向阀阀芯移动一定距离（使油缸制动）所需的时间取决于节流阀 J_1 的开口度，只要回路中节流阀 J_1 开口度大小确定后，制动时间就不变。

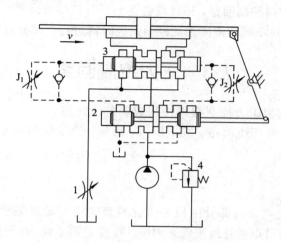

图 7-4　时间控制制动式换向回路

时间控制制动式换向回路主要用于工作部件运动速度高，要求换向稳定无冲击的场合，但其换向精度不高。

2）行程控制制动式控制回路

图 7-5 所示为行程控制制动式换向回路，回路中的主油路除了受换向阀 3 控制外，还受先导阀 2 控制。在图示工作状态，液压缸左缸进油右腔回油。换向时，活塞杆的拨块拨动先导阀阀芯移向左端，先导阀的阀芯右制动锥将油缸右腔的回油路通道逐渐关小，对活塞进行预制动，活塞运动速度变慢。当回油路通道被关得很小、活塞速度变得很慢时，虚

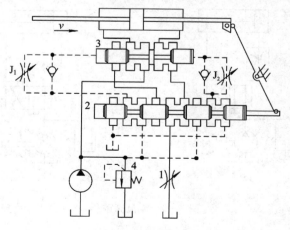

图 7-5　行程控制制动式换向回路

线所示的换向阀的控制油路才开始切换，换向阀阀芯向左移动，切断主油路，并随即反方向启动。这种控制回路不论运动部件原来运动速度如何，先导阀都要先移动一个固定行程，使工作部件进行预制动后，再由换向阀来使它换向，在合理选择制动锥度后能使制动平稳。该回路中先导阀的制动行程恒定不变，所以换向精度高，但运动部件速度快时制动冲击较大。因此，这种控制回路主要用于工作部件运动速度不大但要求换向精度高的场合。

　　除了以上的复杂方向控制回路，还经常会遇到延时控制回路等有特殊功能要求的方向控制回路，因此，在针对不同的流体传动控制系统时需进行合理分析，正确设计和选用。

7.3　压力控制回路

　　压力控制回路是利用压力控制阀来控制或调节流体传动系统或系统某一部分的压力的。压力控制回路主要有调压回路、减压回路、增压回路、保压回路、卸荷回路、平衡回路等。

7.3.1　调压回路

　　调压回路可使系统或某一部分的压力值保持恒定或不超过某个数值。在定量泵系统中，液压泵的供油压力可以通过溢流阀来调节。在变量泵系统中，用安全阀来调节限定系统的最高压力，防止系统过载。若系统中需要两种以上的压力，则可采用溢流阀或减压阀等组成多级调压回路。

1. 单级调压回路

　　如图 7-6 所示，在液压泵出口处设置并联溢流阀即可组成单级调压回路，从而控制了液压系统的工作压力。图 7-6(a)中溢流阀与定量泵并联，调节定量泵出口处的压力值；而图 7-6(b)中溢流阀与变量泵并联，溢流阀用作安全阀来调节限定系统的最高压力，系统正常工作过程中溢流阀不打开，只有当执行元件运动到终点或出现突然卡死等现象时，系统压力急剧升高，溢流阀才打开卸载，对系统起保护作用。

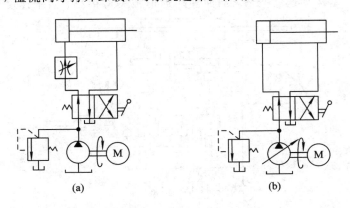

(a)　　　　　　　　　　(b)

图 7-6　溢流阀调压

2. 二级调压回路

　　二级调压回路如图 7-7 所示，该回路可实现液压泵出口处两个压力值的调节。当二位二通换向阀电磁铁失电处于左位工作时，液压泵出口处的压力由溢流阀 2 决定；当二位二通换向阀电磁铁得电处于右位工作时，液压泵出口处的压力由溢流阀 4 决定，从而实现二级调压。

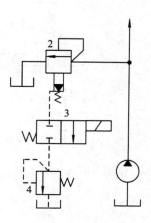

图 7-7　二级调压回路

3. 多级调压回路

能实现两级调压以上的压力控制回路统称为多级调压回路。图 7-8 所示为三级调压回路，三个压力的调节是通过三位四通电磁换向阀控制实现的，当换向阀工位是中位、左位和右位时，分别对应获得由溢流阀 1、2、3 控制调节的三个压力值。图 7-9 所示为比例调压回路，该回路是通过比例溢流阀的按比例压力调节特性实现了定量液压泵出口处的按比例调压过程。

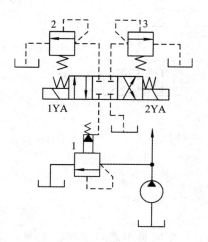

图 7-8　三级调压回路

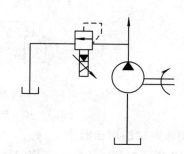

图 7-9　比例调压回路

7.3.2　减压回路

减压回路的作用是使系统中的某一分支油路具有低于系统压力的稳定压力。最常见的减压回路是将定值减压阀与主油路相连，如图 7-10(a)所示。减压回路中也可以采用类似两级或多级调压的方法获得两级或多级减压，如图 7-10(b)所示。

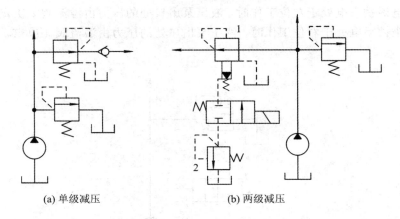

(a) 单级减压　　　　　　　　　(b) 两级减压

图 7 - 10　减压回路

7.3.3　增压回路

　　增压回路是使系统中某一部分具有较高的压力值。增压回路中的局部压力高于泵的输出压力。增压回路主要有利用增压器的增压回路(有关内容详见 4.1.4 节中的增压缸部分)，如图 7 - 11 所示，另外还有利用串联缸和气液增压缸实现的增压回路等。

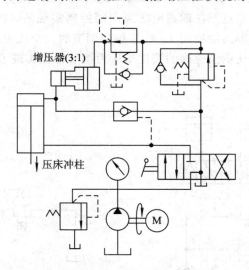

图 7 - 11　利用增压器的增压回路

1. 利用串联缸的增压回路

　　图 7 - 12 所示为利用串联缸实现的增压回路。在回路中图示工作状态时，液压泵自卸荷；当三位四通手动换向阀左位工作时，右缸进油带动活塞杆及压头向右运动；运动到最右端压住工件后液压泵继续供油，进油路中压力升高，打开单向顺序阀，油液进入左缸的左腔，此时两液压缸串联同时对压头提供压力，实现增压工作效果。

2. 利用气液增压缸的增压回路

　　利用气液增压缸实现的增压回路如图 7 - 13 所示。该回路利用气液增压缸把较低的气压力转变为液压油缸中较高的液压力，提高气液油缸的输出压力。

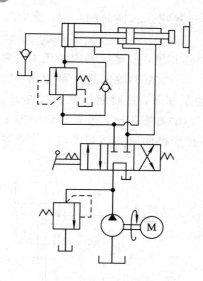

图 7 - 12　利用串联缸的增压回路

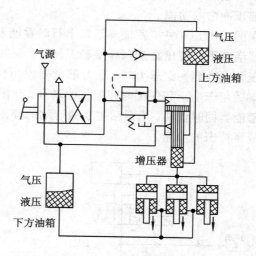

图 7 - 13　利用气液增压缸的增压回路

7.3.4　保压回路

　　有些系统在工作过程中，常常要求执行机构在其行程终止时，保持压力一段时间，此时需采用保压回路。所谓保压回路，就是使系统在液压缸不动或仅有工件变形所产生的微小位移下稳定地维持压力。最简单的保压回路是使用密封性能较好的液控单向阀的回路，但是阀类元件处的泄漏使得该种回路的保压时间不能维持太久。

　　其他常用的保压回路有以下几种：

　　1. 利用液控单向阀的保压回路

　　在 5.2.1 中对液控单向阀的保压过程已作过介绍，此处不再赘述。

　　2. 利用液压泵的保压回路

　　图 7 - 14 所示为利用液压泵的保压回路，当系统压力较低时，高压小流量泵 1 和低压大流量泵 2 同时向系统供油。当系统压力升高至卸荷阀 3 的调定压力时，低压大流量泵 2 卸荷，而高压小流量泵 1 起保压作用，由溢流阀 4 调定系统压力。

　　采用变量泵保压时，泵的压力较高，但输出流量几乎等于零。液压系统的功率损失小，自动调整输出流量，因而其效率也较高。

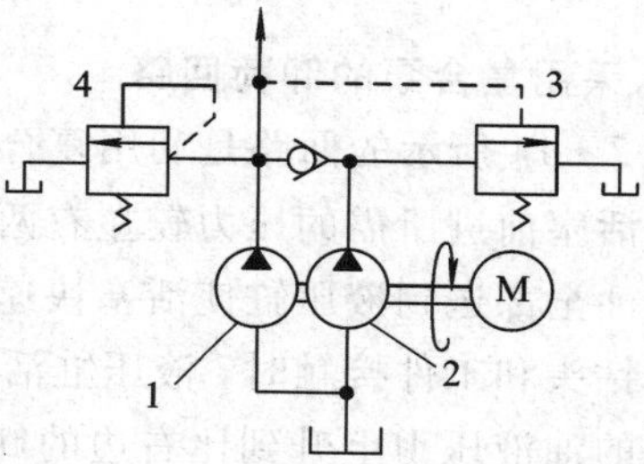

1—高压小流量泵；2—低压大流量泵；
3—卸荷阀；4—溢流阀

图 7 - 14　利用液压泵的保压回路

　　3. 利用蓄能器的保压回路

　　图 7 - 15 是利用蓄能器的保压回路。在图 7 - 15(a)中，当液压缸活塞杆在接触工件慢进和保压时，或者蓄能器活塞上行至终点时，液压泵的一部分油液进入蓄能器。当蓄能器压力达到一定值，压力继电器发出信号使泵卸载时，蓄能器的压力油对压力机保压并补充泄漏。当换向阀切换时，液压泵和蓄能器同时向缸供油，使活塞快速运动。蓄能器在其活

塞自下向上运动中，始终处于压力状态。由于蓄能器布置在泵和换向阀之间，换向时兼有防止液压冲击的功能。

在图 7-15(b)中，蓄能器活塞上行时蓄能器与油箱相通，故蓄能器内的压力为零。当蓄能器活塞下行液压缸活塞杆接触工件时，泵的压力上升，泵的油液进入蓄能器。当蓄能器的压力上升到调定压力时，压力继电器发出信号使泵卸载，这时液压缸由蓄能器保压。该方案适用于加压和保压时间较长的场合。与图 7-15(a)方案相比，图 7-15(b)方案没有泵和蓄能器同时供油、满足活塞快速运动的要求，并且当换向阀突然切换时，蓄能器没有吸收液压冲击的功能。

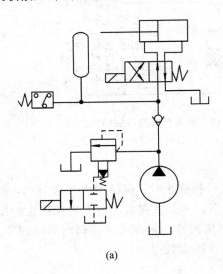
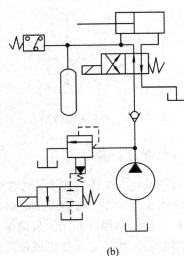

(a)　　　　　　　　　　　　　　　　　　　(b)

图 7-15　利用蓄能器的保压回路

7.3.5　卸荷回路

1. 采用复合泵的卸荷回路

图 7-14 所示的回路是利用复合泵作液压钻床的动力源。当液压缸快速推进时，推动液压缸活塞前进所需的压力较左右两边的溢流阀所设定压力还低，故大排量泵和小排量泵的压力油全部送到液压缸使活塞快速前进。

当钻头和工件接触时，液压缸活塞移动速度变慢且在活塞上的工作压力变大，当液压缸管路的油液压力上升到比右边的卸荷阀设定的工作压力大时，卸荷阀被打开，低压大排量泵排出的液压油经卸荷阀送回油箱。单向阀受高压油作用，故低压泵所排出的油不会经单向阀流到液压缸，即在钻削进给阶段，液压缸的油液由高压小排量泵来供给。该种回路的动力几乎完全由高压泵在消耗，故可达到节能作用。该回路中的卸荷阀调定压力通常比溢流阀的调定压力要低 0.5 MPa 以上。

2. 利用二位二通阀旁路的卸荷回路

如图 7-16 所示，当换向阀左位工作时，液压泵出口油液直接流回油箱，实现卸荷。

3. 利用换向阀中位机能的卸荷回路

图 7-17 所示的三位四通换向阀具有 M 型中位机能，当回路处于图示工作状态时，换

向阀处于中位，液压泵卸荷。

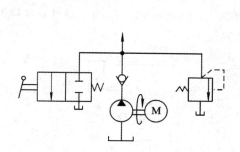

图 7 - 16　旁通阀的卸荷回路

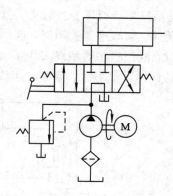

图 7 - 17　换向阀中位机能的卸荷回路

4. 利用溢流阀远程控制口卸荷的回路

如图 7 - 18 所示，将溢流阀的远程控制口和二位二通电磁换向阀相连接可实现泵卸荷。当电磁换向阀电磁铁得电，溢流阀的远程控制口通油箱，这时溢流阀的主阀阀口打开，泵排出的液压油全部流回油箱，泵出口压力几乎为零，故泵成卸荷运转状态。图中二位二通电磁换向阀只通过很少流量，因此可用小流量规格（尺寸为 1/8 或 1/4）。在实际应用中，将二位二通电磁换向阀和溢流阀组合在一起的组合阀称为电磁溢流阀。

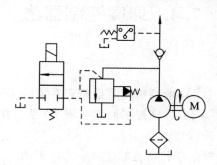

图 7 - 18　利用溢流阀远程控制口卸荷

7.3.6　平衡回路

平衡回路的功用在于防止垂直或倾斜放置的液压缸和与之相连的工作部件因自重而自行下落。

图 7 - 19(a)所示为采用单向顺序阀的平衡回路。当 1YA 得电后活塞下行时，回油路上就存在着一定的背压；只要将这个背压调得能支承住活塞和与之相连的工作部件自重，活塞就可以平稳地下落。当换向阀处于中位时，活塞就停止运动，不再继续下移。在这种回路中，当活塞向下快速运动时功率损失大，锁住时活塞和与之相连的工作部件会因单向顺序阀和换向阀的泄漏而缓慢下落，因此它只适用于工作部件重量不大、活塞锁住时定位要求不高的场合。

图 7 - 19(b)所示为采用液控顺序阀的平衡回路。当活塞下行时，控制压力油打开液控顺序阀，背压消失，因而回路效率较高；当停止工作时，液控顺序阀关闭以防止活塞和工

作部件因自重而下降。这种平衡回路的优点是只有上腔进油时活塞才下行，比较安全可靠；缺点是活塞下行时平稳性较差。这是因为活塞下行时，液压缸上腔油压降低，将使液控顺序阀关闭。当顺序阀关闭时，因活塞停止下行，使液压缸上腔油压升高，又打开液控顺序阀。因此液控顺序阀始终工作于启闭的过渡状态，因而影响工作的平稳性，这种回路适用于运动部件重量不大、停留时间较短的液压系统中。

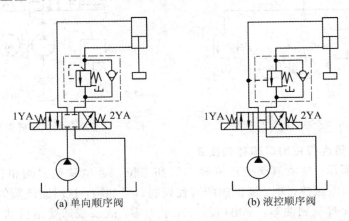

(a) 单向顺序阀　　　　　　　　　　(b) 液控顺序阀

图 7-19　用顺序阀的平衡回路

7.4　速度控制回路

7.4.1　概述

在流体传动与控制系统中，速度控制回路是研究系统的速度调节和变换问题的，它在基本回路中占有重要地位。常用的速度控制回路有调速回路、快速回路、速度换接回路等，本节中分别对上述三种回路进行介绍。

调速回路的基本原理是根据缸和马达的计算公式而来的。

在不计泄漏的情况下，缸的运动速度 v 由输入流量和缸的有效作用面积 A 决定，即

$$v = \frac{q}{A}$$

马达的转速 n_M 由输入流量和马达的排量 V_M 决定，即

$$n_M = \frac{q}{V_M}$$

由以上两式可知，调节马达的转速 n_M 或缸的运动速度 v，可通过改变输入流量 q、排量 V_M 和缸的有效作用面积 A 等方法来实现。一般来说改变缸的工作面积会比较困难，所以通常把缸的有效面积 A 作为定值，只通过改变流量 q 的大小来实现调速过程，而改变输入流量 q，可以通过采用流量阀或变量泵等来实现，改变马达的排量 V_M 可通过采用变量马达来实现。因此，调速回路主要有节流调速回路、容积调速回路和容积节流调速回路三种。

7.4.2　调速回路

调速回路主要有以下三种情况：

（1）节流调速回路：由定量泵供油，用流量阀调节进入或流出执行机构的流量来实现调速；

（2）容积调速回路：用调节变量泵或变量马达的排量来调速；

（3）容积节流调速回路：用限压变量泵供油，由流量阀调节进入执行机构的流量，并使变量泵的流量与调节阀的调节流量相适应来实现调速。

此外，还可采用几个定量泵并联，按不同速度需要，启动一个泵或几个泵供油实现分级调速。

1. 节流调速回路

节流调速回路是通过调节流量阀的通流截面积大小来改变进入或流出执行机构的流量，从而实现对运动速度的调节。节流调速回路中的流量阀主要有节流阀和调速阀两种。

1）节流阀式节流调速回路

（1）进口节流阀式调速回路。如图 7－20(a)所示，如果调节回路里只有节流阀，则液压泵输出的油液全部经节流阀流进液压缸，改变节流阀节流口的大小，只能改变油液流经节流阀速度的大小，而总的流量不会改变，在这种情况下节流阀不能起调节流量的作用，液压缸的速度不会改变。

进口节流阀式调速回路是将节流阀安装在执行机构的进油路上，起调速作用，其原理如图 7－20(b)所示。该回路的特点为：由定量泵供油，流量 q_0 恒定，溢流阀调定压力为 p_y，泵的供油压力为 p_0，进入液压缸的流量 q_1 由调节节流阀的开口面积 A 确定，压力作用在活塞 A_1 上，克服负载 F，推动活塞以速度 $v=q_1/A_1$ 向右运动。因为定量泵供油，q_1 小于 q_0，所以溢流阀常开。定量泵出口压力为 p_0，p_0 的压力由溢流阀调定压力 p_y 决定，p_y 为常数。

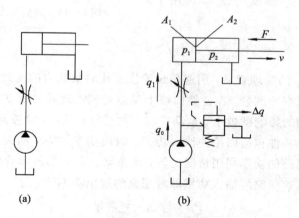

图 7－20　进口节流阀式调速回路

活塞受力平衡方程为

$$p_1 A_1 = F + p_2 A_2 \tag{7-1}$$

进入油缸的流量为

$$q_1 = C A_T \Delta p^{\varphi} \tag{7-2}$$

节流阀两端的压差为

$$\Delta p = p_0 - \frac{F}{A_1} \tag{7-3}$$

由式(7-3)可知，为了保证液压回路能始终驱动负载进行正常工作，液压泵的工作压力 p_0 应足够大。一般取节流阀的最小工作压差为 $0.3 \sim 0.4$ MPa，调速阀的最小工作压差为 $0.4 \sim 0.5$ MPa。将式(7-1)、式(7-3)代入式(7-2)后整理得

$$q_1 = CA_{\mathrm{T}} \Delta p^{\varphi} = CA_{\mathrm{T}} \left(p_0 - \frac{F}{A_1} \right)^{\varphi} \tag{7-4}$$

将式(7-4)代入流速方程，则得出进口节流调速回路的速度—负载特性方程为

$$v = \frac{q_1}{A_1} = \frac{CA_{\mathrm{T}}}{A_1} \left(p_0 - \frac{F}{A_1} \right)^{\varphi} \tag{7-5}$$

式中：C——与节流口形式、液流状态、油液性质等有关的节流阀的系数；

　　　A_{T}——节流口的通流面积；

　　　φ——节流阀口指数（薄壁小孔，$\varphi = 0.5$）。

由式(7-5)可知，当 F 增大，A_{T} 一定时，速度 v 减小。

进口节流阀式调速回路的速度—负载特性曲线如图7-21所示。调速回路的速度—负载特性也称为机械特性，它是在回路中调速元件的调定值不变的情况下，负载变化所引起速度变化的性能。

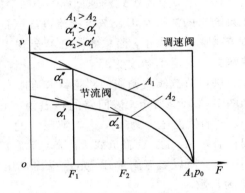

图7-21　进口节流阀式调速回路的速度—负载特性

由图7-21可看出，液压缸的速度 v 随负载力的增加而减小。当 $F = p_0 A_1$ 时，速度为零，此时节流阀的工作压差为零。

液压缸运动速度受负载影响的程度，可用回路速度刚性来评定。速度刚性 κ_v 可用下式表示：

$$\kappa_v = -\frac{\partial F}{\partial v} = -\frac{1}{\tan \alpha} \tag{7-6}$$

回路速度刚性 κ_v 的物理意义：引起单位速度变化时负载力的变化量。它是速度—负载特性曲线上某点处斜率的倒数。在特性曲线上某点处斜率越小，速度刚性就越大，液压缸运动速度受负载波动的影响就越小，运动平稳性就越好；反之，会使运动平稳性变差。

调速回路的功率特性包括回路的输入功率、输出功率、功率损失和回路效率。为了便于计算和进行不同回路的功率利用情况比较，常忽略在各元器件和管路中的功率损失。

进口节流阀式调速回路的输入功率即液压泵的输出功率 P_{B} 为

$$P_{\mathrm{B}} = p_0 q_0 = 常量 \tag{7-7}$$

进口节流阀式调速回路的输出功率即液压缸的输入功率（回路的有效功率）P_1 为

$$P_1 = p_1 q_1 = 常量 \tag{7-8}$$

回路的功率损失 ΔP 为

$$\Delta P = p_0 q_0 - p_1 q_1 = p_0 \Delta q + \Delta p q_1 \tag{7-9}$$

式(7-9)表明，该回路的功率损失主要由两部分组成：一是溢流阀的溢流损失；二是节流阀的节流损失。这两部分损失都变成热量使油温度升高。

回路的效率 η 为

$$\eta = \frac{P_1}{P_B} = \frac{p_1 q_1}{p_0 q_0} \tag{7-10}$$

由于上述两部分损失的存在，所以进口节流阀式调速回路的效率很低。据有关资料介绍，当负载 F 恒定或变化很小时，$\eta = 0.2 \sim 0.6$。

在恒定负载条件下，进口节流阀式调速回路的功率及效率特性曲线如图 7-22 所示。该回路在恒定负载情况下工作时，液压缸的工作压力、液压泵的输出压力和节流阀的工作压差等均为定值。因此，有效功率及回路效率随工作速度的提高而增大。该回路在变负载条件下工作时，液压泵的工作压力需要按照最大负载的需要来决定，而泵的流量又必须大于液压执行元件在最大速度时所需要的流量。因此，从功率利用率的角度来看，该种回路不宜用在负载变化范围大的场合。

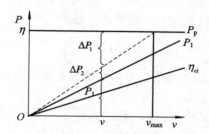

图 7-22　恒定负载条件下进口节流阀式调速回路的功率及效率特性

进口节流阀式调速回路的优点是液压缸回油腔和回油管中压力较低，当采用单杆活塞杆液压缸，油液进入无杆腔中时，其有效工作面积较大，可以得到较大的推力和较低的运动速度。这种回路多用于要求冲击小、负载变动小的液压系统中。

（2）出口节流阀式调速回路。出口节流阀式调速回路也叫回油节流调速回路。它是将节流阀安装在液压缸的回油路上，其调速原理如图 7-23 所示。

出口节流阀式调速回路由定量泵供油，流量 q_0 恒定，溢流阀调定压力为 p_y，泵的供油压力为 p_0，进入液压缸的流量为 q_1，液压缸输出的流量为 q_2，q_2 由节流阀的调节开口面积 A 确定，压力 p_1 作用在活塞 A_1 上，压力 p_2 作用在活塞 A_2 上，推动活塞以速度 $v = q_1/A_1$ 向右运动，克服负载 F 做功。

因

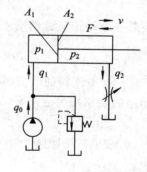

图 7-23　出口节流阀式调速回路

$$v = \frac{q_1}{A_1} = \frac{q_2}{A_2} \tag{7-11}$$

故

$$q_1 = \frac{q_2 A_1}{A_2} \tag{7-12}$$

q_1 小于 q_0，所以液压泵出口处压力值等于溢流阀调定供油压力和液压缸左腔中油液的压力值，即

$$p_0 = p_y = p_1 \tag{7-13}$$

活塞受力平衡方程为

$$p_1 A_1 = F + p_2 A_2 \tag{7-14}$$

因此，液压缸回油腔的压力值 p_2 为

$$p_2 = \frac{p_1 A_1 - F}{A_2} \tag{7-15}$$

当 $F=0$ 时，$p_2 = p_1 A_1 / A_2 > p_1$

$$q_2 = C A_\mathrm{T} \Delta p^\varphi \tag{7-16}$$

$$\Delta p = p_2 = \frac{p_1 A_1 - F}{A_2} \tag{7-17}$$

$$q_2 = C A_\mathrm{T} \Delta p^\varphi = C A_\mathrm{T} \left(\frac{p_1 A_1 - F}{A_2} \right)^\varphi \tag{7-18}$$

出口节流阀式调速回路的速度—负载特性方程为

$$v = \frac{q_2}{A_2} = C A_\mathrm{T} \left(\frac{p_1 A_1 - F}{A_2} \right)^\varphi \tag{7-19}$$

式中：C——与节流口形式、液流状态、油液性质等有关的节流阀的系数；

A_T——节流口的通流面积；

φ——节流阀口指数（薄壁小孔，$\varphi = 0.5$）。

由式(7-19)可知，当 F 增大，A_T 一定时，速度 v 减小。

出口节流阀式调速回路的速度—负载特性曲线与图7-21相似。回路的速度刚性 κ_v 为

$$\kappa_v = \frac{p_0 A_1 - F}{v \varphi} \tag{7-20}$$

在功率特性方面，液压泵输出功率 P_B 为

$$P_\mathrm{B} = p_0 q_0 = 常量 \tag{7-21}$$

有效功率即液压缸的输入功率为

$$P_1 = p_1 q_1 = \left(p_0 - \frac{A_2}{A_1} p_2 \right) q_1 = \left(p_0 - \frac{A_2}{A_1} p_2 \right) \frac{q_2 A_2}{A_1} \tag{7-22}$$

式中：p_2——节流阀的节流损失。

回路的功率损失 ΔP 为

$$\Delta P = p_0 \Delta q + \Delta p q_2 = p_0 \Delta q + p_2 q_2 \tag{7-23}$$

式(7-23)表明，该回路的功率损失也主要由溢流阀的溢流损失和节流阀的节流损失两部分组成。

回路的效率 η 为

$$\eta = \frac{P_1}{P_\mathrm{B}} = \frac{\frac{q_2 A_2}{A_1} \left(p_0 - \frac{A_2}{A_1} p_2 \right)}{p_0 q_0} = \frac{q_2 A_2}{p_0 q_0 A_1} \left(p_0 - \frac{A_2 p_2}{A_1} \right) \tag{7-24}$$

出口节流阀式调速回路的调速范围同进口节流调速回路一样，也取决于节流阀的调节范围。

与进口节流阀式调速回路相比，出口节流阀式调速回路的节流阀在回油路上可以产生背压，能承受负值负载（与液压缸运动方向相同的负载力）；而进口节流阀式调速回路只有在液压缸回路上设置背压阀后，才能承受负值负载，但是，这样会增加进口节流阀式调速回路的功率损失。在出口节流阀式调速回路中，流经节流阀而发热的油液，直接流回油箱

冷却；而进口节流阀式调速回路中，流经节流阀而发热的油液要进入液压缸，这对热变形有严格要求的精密设备会产生不利影响。

相对进口节流阀式调速回路而言，出口节流阀式调速回路运动比较平稳，常用于负载变化较大、要求运动平稳的液压系统中。而且在节流口的通流面积 A_T 一定时，速度 v 随负载 F 增加而减小。

综上所述，进口、出口节流阀式调速回路结构简单、经济性好，但效率低、机械特性软，宜用在负载变化不大、低速小功率场合，如平面磨床、外圆磨床的工作台往复运动液压系统等。

另外，在液压缸的进、出油路上也可同时使用节流阀，通过两阀的联动调节控制运动速度，构成进出口节流阀式调速回路。由伺服阀控制的液压伺服系统和有些磨床的液压系统就采用了此种调速回路。

（3）旁路节流阀式调速回路。旁路节流阀式调速回路由定量泵、安全阀、液压缸和节流阀组成，节流阀安装在与液压缸并联的旁油路上，其调速原理如图 7-24 所示。

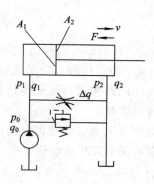

图 7-24　旁路节流阀式调速回路

定油泵输出流量为 q_0，其中一部分流量 q_1 进入液压缸，另一部分流量 Δq 通过节流阀流回油箱。溢流阀在回路中起安全阀的作用，在回路正常工作时，溢流阀不打开，当供油压力超过正常工作压力时，溢流阀才打开，防止过载。溢流阀的调节压力应大于回路正常工作压力，在回路中，缸的进油压力 p_1 等于泵的供油压力 p_0，溢流阀的调节压力一般为缸克服最大负载所需的工作压力 p_{1max} 的 $1.1\sim1.3$ 倍。

旁路节流阀式调速回路的液压缸速度为

$$v = \frac{q_0 - \Delta q}{A_1} \tag{7-25}$$

式中：Δq——节流阀的节流流量；

q_0——液压泵的理论流量。

图 7-25 所示为旁路节流阀式调速回路的速度—负载特性，在节流阀通流截面积不变的情况下，液压缸的速度因负载增大而明显减小，速度—负载特性很弱。原因主要有以下两点：一是当负载增大后，节流阀前面的压差也增大，通过节流阀的流量增加，从而减少了进入液压缸的流量，降低了液压缸的运动速度；二是当负载增大后，液压泵出口处压力也增大，使液压泵的内泄漏增加，导致液压泵实际输出流量减少，液压缸速度减小。当负载增大到某一数值时，液压缸停止不动；而且节流阀通流截面积越大，液压缸停止运动的负载力就越小。为了在低速下驱动足够大的负载，就必须减小节流阀的通流截面积，使回路的调速

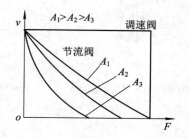

图 7-25　旁路节流阀式调速回路的
速度—负载特性

范围变小。

在不考虑各元件及管路的压力损失及其泄漏的情况下,下面对旁路节流阀式调速回路的功率特性进行分析。

液压泵输出功率 P_B,在负载不变情况下为

$$P_B = p_0 q_0 = p_1 q_0 = 常量 \qquad (7-26)$$

有效功率即液压缸的输入功率为

$$P_1 = p_1 q_1 = p_1 v A_1 \qquad (7-27)$$

功率损失 ΔP 为

$$\Delta P = P_B - P_1 = p_1 (q_0 - q_1) = p_1 \Delta q \qquad (7-28)$$

回路的效率 η 为

$$\eta = \frac{P_1}{P_B} = \frac{p_1 q_1}{p_0 q_0} = \frac{q_1}{q_0} = 1 - \frac{C A_T p_0^\varphi}{q_0} \qquad (7-29)$$

从式(7-28)可以看出,旁路节流阀式调速回路的功率损失只有节流损失,没有溢流损失。因此,与进口和出口节流阀式调速回路相比,旁路节流阀式调速回路的效率比较高。由于在该回路中液压泵的输出压力与负载相适应,没有压力损失,所以在调速和变载的情况下效率更高。

旁路节流阀式调速回路的调速范围不仅与节流阀的调速范围有关,还与负载、液压缸的泄漏有关,因此其数值比进口、出口节流阀式调速回路的调速范围要小。

2)调速阀式节流调速回路

前面介绍的三种基本回路的速度均随负载的变化而变化,对于一些负载变化较大、对速度稳定性要求较高的液压系统,可采用调速阀来改善其速度—负载特性,如图7-26所示。因为只要调速阀的前后压差超过它的最小压差值(一般为 $0.4 \sim 0.5$ MPa),通过调带阀的流量便不随压差而变化。

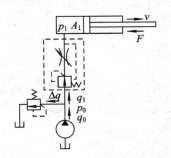

(a) 进口调速阀式调速回路

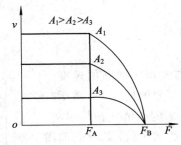

(b) 进口、出口调速阀式调速回路的速度—负载特性曲线

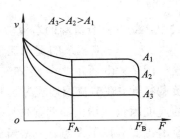

(c) 旁路调速阀式调速回路的速度—负载特性曲线

图 7-26 调速阀式调速回路

采用调速阀的调速回路也可按其安装位置不同,分为进口调速阀式调速回路(如图7-26(a)所示)、出口调速阀式调速回路和旁路调速阀式调速回路。调速阀式调速回路同节流阀式调速回路的三种形式相同,因此,这里仅以进口调速阀式调速回路为例进行详细讲解,其他部分不再一一介绍。

图 7-26(a)所示为进口调速阀式调速回路，图 7-26(b)所示为进口、出口调速阀式调速回路的速度—负载特性曲线图。其工作原理与进口、出口节流阀式调速回路相似。在这里当负载 F 变化而使 p_1 变化时，由于调速阀中的定差减压阀的调节作用，使调速阀中的节流阀前后压差 Δp 保持不变，从而使流经调速阀的流量 q_1 不变，所以活塞的运动速度 v 也不变。

进口调速阀式调速回路的速度—负载特性曲线如图 7-26(b)所示。当液压缸的负载在 $0 \sim F_A$ 之间变化时，缸的运动速度不会随之变化。当负载大于 F_A 时，由于调速阀的工作压差已小于调速阀正常工作的最小压差，其输出特性与节流阀式调速回路相同，速度将随负载的增大而减小；当负载增大到 F_B 时，液压缸停止运动（$F_B = p_0 A_1$）。

图 7-26(c)所示为旁路调速阀式调速回路的速度—负载特性曲线。当液压缸的负载在 $F_A \sim F_B$ 之间变化时，负载增大，速度有所减小，但幅度不大，其原因主要是由于泄漏引起的。液压泵的泄漏量随负载增大而增多，当负载增大到 F_B 时，安全阀打开，液压缸停止运动。当负载小于 F_A 时，由于调速阀的工作压差小于其自身正常工作的最小压差，所以输出特性和节流阀的相同。

调速阀式调速回路的其他特性与节流阀式调速回路相似，在计算和分析时请参照前述相关公式。

由于泄漏的影响，实际上随负载 F 的增加，速度 v 有所减小。在此回路中，调速阀上的压差 Δp 包括两部分：节流口的压差和定差输出减压口上的压差。所以调速阀的调节压差比采用节流阀时要大，一般 $\Delta p \geqslant 5 \times 10^5$ Pa，高压调速阀则达 10×10^5 Pa。这样泵的供油压力 p_0 相应地比采用节流阀时也要调得高些，故其功率损失也要大些。

综上所述，采用调速阀式调速回路的低速稳定性、回路刚度、调速范围等，要比采用节流阀式调速回路都好，所以它在机床液压系统中获得广泛的应用，如组合机床的液压滑台系统、液压六角车床及液压多刀半自动车床等。

2. 容积调速回路

容积调速回路是通过改变回路中液压泵或液压马达的排量来实现调速的。其主要优点是功率损失小（没有溢流损失和节流损失），且其工作压力随负载变化，所以效率高、油的温度低，适用于高速、大功率系统。

按油路循环方式不同，容积调速回路有开式回路和闭式回路两种。开式回路中泵从油箱吸油，执行机构的回油直接回到油箱，油箱容积大，油液能得到较充分冷却，但空气和灰尘、杂质等污染物容易进入回路。闭式回路中，液压泵将油输出进入执行机构的进油腔，又从执行机构的回油腔吸油。闭式回路结构紧凑，只需很小的补油箱，但冷却条件差。为了补偿工作中油液的泄漏，一般设补油泵，补油泵的流量为主泵流量的 $10\% \sim 15\%$。压力调节为 $3 \times 10^5 \sim 10 \times 10^5$ Pa。

容积调速回路通常有三种基本形式：变量泵和缸、定量马达的容积调速回路，定量泵和变量马达的容积调速回路，变量泵和变量马达的容积调速回路。

1）变量泵和缸、定量马达的容积调速回路

变量泵和缸、定量马达的容积调速回路可由变量泵与液压缸或变量泵与定量液压马达组成。该回路如图 7-27 所示，图 7-27(a)所示为变量泵与液压缸所组成的开式容积调速回路；图 7-27(b)所示为变量泵与定量液压马达组成的闭式容积调速回路。

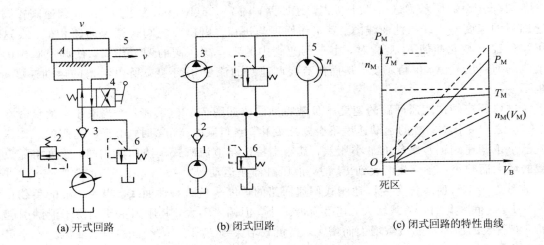

(a) 开式回路　　　　　(b) 闭式回路　　　　　(c) 闭式回路的特性曲线

图 7 - 27　变量泵和缸、定量马达的容积调速回路

在图 7 - 27(a) 中，液压缸活塞 5 的运动速度 v 由变量泵 1 调节，2 为安全阀，4 为换向阀，6 为背压阀。在图 7 - 27(b) 中，采用变量泵 3 来调节液压马达 5 的转速，安全阀 4 用以防止过载，液压泵 1 进行低压辅助补油，其补油压力由低压溢流阀 6 进行调节。

(1) 速度特性。在不考虑回路的容积效率时，图 7 - 27(a) 所示回路中执行机构液压缸的速度 v 和图 7 - 27(b) 所示回路中液压马达的转速 n_M（对应排量 V_M）与变量泵的排量 V_3 的关系为

$$v = \frac{q_1}{A} \tag{7-30}$$

式中：q_1——图 7 - 27(a) 中液压泵的输出工作流量。

$$n_M = n_3 \frac{V_3}{V_M} \tag{7-31}$$

或

$$V_M = \frac{q_3}{n_M} = \frac{A_3 v}{n_M} \tag{7-32}$$

式(7 - 31)和式(7 - 32)表明，因马达的排量 V_M 和缸的有效工作面积 A_3 是不变的，当变量泵的转速不变，则马达的转速 n_M（或活塞的运动速度）与变量泵的排量成正比，是一条通过坐标原点的直线，如图 7 - 27(c) 中虚线所示。实际上回路的泄漏是不可避免的，在一定负载下，需要一定流量才能启动和带动负载，所以实际的变化关系如实线所示。这种回路在低速下承载能力差，速度不稳定。

(2) 转矩与功率特性。当不考虑回路的损失时，液压马达的输出转矩 T_M 为

$$T_M = \frac{V_M \Delta p}{2\pi} \tag{7-33}$$

缸的输出推力 F 为

$$F = p_0 A_1 - p_2 A_2 \tag{7-34}$$

式(7 - 33)和式(7 - 34)表明，当泵的输出压力 p_2 和吸油路（也即马达或缸的排油）压力 p_0 不变，马达的输出转矩 T_M 或缸的输出推力 F 理论上是恒定的，与变量泵的排量 V_B 无关。但实际上由于泄漏和机械摩擦等的影响，存在一个"死区"，如图 7 - 27(c) 所示。

回路中执行机构的输出功率为

$$P = (p_B - p_0)q_B = (p_B - p_0)n_B V_B \tag{7-35}$$

或

$$P = \frac{n_B V_B T_M}{V_M} \tag{7-36}$$

式(7-35)和式(7-36)表明:马达或缸的输出功率 P 随变量泵的排量 V_B 的增减而线性地增减。其理论与实际的功率特性如图 7-27(c)所示。

该种回路的调速范围主要取决于变量泵的变量范围,其次是受回路的泄漏和负载的影响。

综上所述,变量泵和缸、定量马达容积调速回路为恒转矩输出,可正反向实现无级调速,调速范围较大。因此,这种回路适用于调速范围较大、要求恒扭矩输出的场合,如大型机床的主运动或进给系统中。

2) 定量泵和变量马达的容积调速回路

定量泵和变量马达的容积调速回路如图 7-28 所示。图 7-28(a)为开式回路,由定量泵 1、变量马达 2、安全阀 3、换向阀 4 组成;图 7-28(b)为闭式回路,其中,1 为定量泵,2 为变量马达,3 为安全阀,4 为低压溢流阀,5 为补油泵。

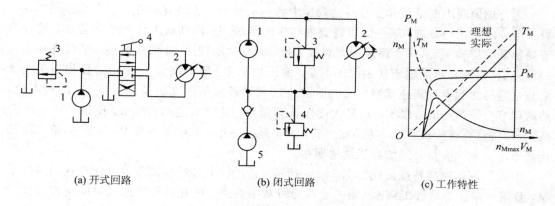

(a) 开式回路　　　　　　(b) 闭式回路　　　　　　(c) 工作特性

图 7-28　定量泵和变量马达的容积调速回路

定量泵和变量马达的容积调速回路是由调节变量马达的排量 V_M 来实现调速的。

(1) 速度特性。在不考虑回路泄漏时,液压马达的转速 n_M 为

$$n_M = \frac{q_B}{V_M} \tag{7-37}$$

式中: q_B——定量泵的输出流量。

可见变量马达的转速 n_M 与其排量 V_M 成反比,当排量 V_M 最小时,马达的转速 n_M 最高。其理论与实际的特性曲线分别如图 7-28(c)中虚、实线所示。

由上述分析和调速特性可知,此种用调节变量马达的排量来调速的回路,如果用变量马达来换向,在换向的瞬间要经过"高转速—零转速—反向高转速"的突变过程,所以,不宜用变量马达来实现平稳换向。

(2) 转矩与功率特性。液压马达的输出转矩为

$$T_M = \frac{V_M(p_B - p_0)}{2\pi} \tag{7-38}$$

液压马达的输出功率为

$$P_M = n_M T_M = q_B(p_B - p_0) \tag{7-39}$$

式(7-38)和式(7-39)表明，马达的输出转矩 T_M 与其排量 V_M 成正比；马达的输出功率 P_M 与其排量 V_M 无关，如果进油压力 p_B 与回油压力 p_0 不变，则 $P_M = C$，故此种回路属恒功率调速。其转矩特性和功率特性如图 7-28(c)所示。

综上所述，定量泵和变量马达的容积调速回路由于不能用改变马达的排量来实现平稳换向，调速范围比较小（一般为 3～4），因而较少单独应用。

3）变量泵和变量马达的容积调速回路

变量泵和变量马达的容积调速回路是上述两种调速回路的组合，其调速特性也具有两者的特点。

图 7-29 所示为变量泵和变量马达的容积调速回路，图 7-30 所示为其调速特性。该回路是由双向变量泵 1 和双向变量马达 2 等组成的闭式容积调速回路。回路的工作原理是：调节变量泵 1 的排量 V_B 和变量马达 2 的排量 V_M，都可调节马达的转速 n_M；补油泵通过单向阀 6 和 8 向低压腔补油，其补油压力由溢流阀 5 来调节；安全阀 4 用以防止正反两个方向的高压过载。

为合理地利用变量泵和变量马达调速中各自的优点，克服其缺点，在实际应用时，一般采用分段调速的方法。第一阶段将变量马达的排量 V_M 调到最大值并使之恒定，然后调节变量泵的排量 V_B 从最小逐渐加大到最大值，则马达的转速 n_M 便从最小逐渐升高到相应的最大值（变量马达的输出转矩 T_M 不变，输出功率 P_M 逐渐加大）。第一阶段相当于变量泵和定量马达的容积调速回路，第二阶段将已调到最大值的变量泵的排量 V_B 固定不变，然后调节变量马达的排量 V_M 从最大逐渐调到最小，此时马达的转速 n_M 便进一步逐渐升高到最高值（在该阶段中，马达的输出转矩 T_M 逐渐减小，而输出功率 P_M 不变），第二阶段相当于定量泵和变量马达的容积调速回路。

上述分段调速的特性曲线如图 7-30 所示。通过以上过程的调节就可使马达的换向平稳，且第一阶段为恒转矩调速，第二阶段为恒功率调速。该种容积调速回路的调速范围是变量泵调节范围和变量马达调节范围之乘积，所以其调速范围大（可达 100），并且有较高的效率，适用于大功率场合，如矿山机械、起重机械，以及大型机床的主运动液压系统。

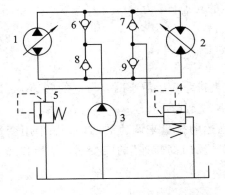

1、3—液压泵；2—马达；4、5—溢流阀；6～9—单向阀

图 7-29　变量和泵变量马达的容积调速回路

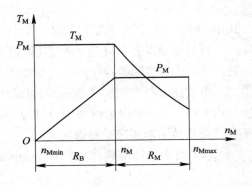

图 7-30　变量泵和变量马达的容积
调速回路的调速特性曲线

3. 容积节流调速回路

容积节流调速回路的基本工作原理是采用压力补偿式变量泵供油、调速阀（或节流阀）调节进入液压缸的流量并使泵的输出流量自动地与液压缸所需流量相适应。

常用的容积节流调速回路有限压式变量泵与调速阀组成的容积节流调速回路、变压式变量泵与节流阀等组成的容积调速回路。

图 7-31 所示为限压式变量泵与调速阀组成的容积节流调速回路的工作原理和工作特性。在图示位置，活塞 4 快速向右运动，泵 1 按快速运动要求调节其输出流量为 q_{max}，同时调节限压式变量泵的压力调节螺钉，使泵的限定压力 p_c 大于快速运动所需压力（图 7-31（b）中 AB 段）。当换向阀 3 通电，泵输出的压力油经调速阀 2 进入缸 4，其回油经背压阀 5 流回油箱。调节调速阀 2 的流量 q_1 就可调节活塞的运动速度 v，由于 $q_1 < q_B$，压力油迫使泵的出口与调速阀进口之间的油压升高，即泵的供油压力升高，泵的流量便自动减小到 $q_B \approx q_1$ 为止。

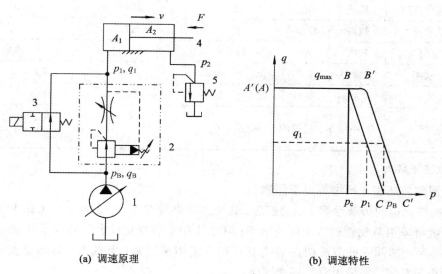

(a) 调速原理　　　　　　　　　　　　　　(b) 调速特性

图 7-31　限压式变量泵与调速阀组成的容积节流调速回路

这种调速回路的运动稳定性、速度负载特性、承载能力和调速范围均与采用调速阀的节流调速回路相同。图 7-31(b) 所示为其调速特性，由图可知，此回路只有节流损失而无溢流损失。

当不考虑回路中泵和管路的泄漏损失时，回路的效率为

$$\eta_c = \frac{p_1 - p_2(A_2/A_1)}{p_B} \tag{7-40}$$

式（7-40）表明，泵的输油压力 p_B 调得越低，回路效率就越高一些，但为了保证调速阀的正常工作压差，泵的压力应比负载压力 p_1 至少大 5×10^5 Pa。当此回路用于"死挡铁停留"、压力继电器发讯实现快退时，泵的压力还应调高些，以保证压力继电器可靠发讯，故此时的实际工作特性曲线如图 7-31(b) 中 $AB'C'$ 所示。此外，当 p_c 不变时，负载越小，p_1 便越小，回路效率越低。

综上所述：限压式变量泵与调速阀等组成的容积节流调速回路，具有效率较高、调速

较稳定、结构较简单等优点。目前已广泛应用于负载变化不大的中、小功率组合机床的液压系统中。

4. 调速回路的比较和选用

1）调速回路的比较

不同调速回路在机械特性、调速范围、功率特性方面都有各自的特点，适用范围也不同，表 7-1 所示为不同调速回路在以上几方面的比较。必须深入了解各种调速回路的特点，才能在工程设计和使用分析时正确应用。

表 7-1　不同调速回路的比较

回路类别		节流调速回路				容积调速回路	容积节流调速回路	
		用节流阀		用调速阀			限压式	稳流式
		进、出口	旁路	进、出口	旁路			
机械特性	速度稳定性	较差	差	好		较好	好	
	承载能力	较好	较差	好		较好	好	
调速范围		较大	小	较大		大	较大	
功率特性	效率	低	较高	低	较高	最高	较高	高
	发热	大	较小	大	较小	最小	较小	小
适用范围		小功率、轻载的中、低压系统				大功率、重载高速的中、高压系统	中、小功率的中压系统	

2）调速回路的选用。

调速回路的选用主要考虑以下问题：

（1）执行机构的负载性质、运动速度、速度稳定性等要求。负载小，且工作中负载变化也小的系统可采用节流阀式节流调速回路；在工作中负载变化较大且要求低速稳定性好的系统，宜采用调速阀式的节流调速回路或容积节流调速回路；负载大、运动速度高、油的温升要求小的系统，宜采用容积调速回路。

一般来说，功率在 3 kW 以下的液压系统宜采用节流调速；3～5 kW 范围宜采用容积节流调速；功率在 5 kW 以上的宜采用容积调速回路。

（2）工作环境要求。处于温度较高的环境下工作，且要求整个液压装置体积小、重量轻的情况，宜采用闭式回路的容积调速。

（3）经济性要求。节流调速回路的成本低，功率损失大，效率也低；容积调速回路因变量泵、变量马达的结构较复杂，所以价钱高，但其效率高、功率损失小；而容积节流调速则介于两者之间。所以需综合分析选用何种回路。

7.4.3　快速回路

为了提高生产效率，装置工作部件常常要求实现空行程（或空载）的快速运动。这时要求液压系统流量大而压力低。此时工作要求和工作运动时一般需要的流量较小和压力较高的情况正好相反。对快速运动回路的要求主要是在快速运动时，尽量减小需要液压泵输出的流量，或者在加大液压泵的输出流量后，但在工作运动时又不至于引起过多的能量消耗。

　　下面介绍几种常用的快速运动回路。

1. 差动连接回路

　　差动连接回路是在不增加液压泵输出流量的情况下，提高工作部件运动速度的一种快速回路，其实质是改变了液压缸的有效作用面积。

　　图 7-32 所示为能实现差动连接工作进给的回路，它是用于快、慢速转换的，其中快速运动采用差动连接回路。当换向阀 3 左端的电磁铁通电时，阀 3 左位进入系统，液压泵 1 输出的压力油和缸 4 右腔的油经 3 左位、5 下位（此时外控顺序阀 7 关闭）进入液压缸 4 的左腔，实现了差动连接，使活塞快速向右运动。当快速运动结束，工作部件上的挡铁压下机动换向阀 5 时，泵的压力升高，阀 7 打开，液压缸 4 右腔的回油只能经调速阀 6 流回油箱，这时是工作进给。当换向阀 3 右端的电磁铁通电时，活塞向左快速退回（非差动连接）。

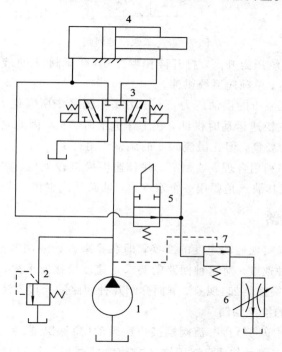

图 7-32　能实现差动连接工作进给回路

　　采用差动连接的快速回路方法简单，较经济，但快、慢速度的换接不够平稳。必须注意，差动油路的换向阀和油管通道应按差动时的流量选择，否则流动液阻过大，会使液压泵的部分油液从溢流阀流回油箱，速度减慢，甚至无法起到差动连接作用。

2. 双泵供油的快速运动回路

　　双泵供油的快速运动回路是利用低压大流量泵和高压小流量泵并联为系统供油，如图 7-33 所示。图中高压小流量泵 1 用来实现工作进给运动。低压大流量泵 2 用来实现快速运动。在快速运动时，系统负载较小，需要的工作压力低于液压泵 2 的出口工作压力，因此，液压泵 2 输出的油液经单向阀 4 和液压泵 1 输出的油共同向系统供油。此时系统的运动速度是由液压泵 1 和液压泵 2 的流量之和决定，共同实现了系统的快速运动过程，因此，该种回路称为双泵供油快速运动回路。

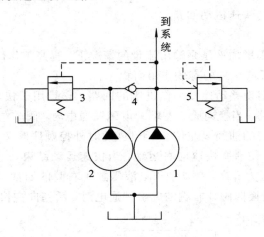

图 7 - 33　双泵供油回路

在工作进给时，系统压力升高，打开液控顺序阀（卸荷阀）3 使液压泵 2 卸荷，此时单向阀 4 关闭，由液压泵 1 单独向系统供油。

溢流阀 5 控制液压泵 1 的供油压力，该压力是根据系统所需最大工作压力来调节的，卸荷阀 3 使液压泵 2 在快速运动时供油，在工作进给时卸荷，因此它的调整压力应比快速运动时系统所需的压力要高，但比溢流阀 5 的调整压力低。

双泵供油回路功率利用合理、效率高，并且速度换接较平稳，在快、慢速度相差较大的机床中应用很广泛；其缺点是要用一个双联泵，油路系统也稍复杂。

7.4.4　速度换接回路

速度换接回路用来实现运动速度的变换，即在原来设计或调节好的几种运动速度中，从一种速度换成另一种速度。对这种回路的要求是速度换接要平稳，即不允许在速度变换的过程中有前冲（速度突然增加）现象。下面介绍几种回路的换接方法及特点。

1. 快、慢速运动的换接回路

图 7 - 34 所示是用单向行程节流阀换接快速运动（简称快进）和工作进给运动（简称工进）的速度换接回路。在图示位置，液压缸 3 右腔的回油可经行程阀 4 和换向阀 2 流回油箱，使活塞快速向右运动。当快速运动到达所需位置时，活塞上挡块压下行程阀 4，将其通路关闭，这时液压缸 3 右腔的回油就必须经过节流阀 6 流回油箱，活塞的运动转换为工作进给运动（简称工进）。当操纵换向阀 2 使活塞换向后，压力油可经换向阀 2 和单向阀 5 进入液压缸 3 右腔，使活塞快速向左退回。

在该速度换接回路中，因为行程阀的通油路是由液压缸活塞的行程控制阀芯移动而逐渐关闭的，所以换接时的位置精度高，冲出量小，运动速度的变换也比较平稳。这种回路在机床液压系统中应用较多，它的缺点是行程阀的安装位置受一定限制（要由挡铁压下），所以有时管路连接稍复杂。行程阀也可以用电磁换向阀来代替，这时电磁阀的安装位置不受限制（挡铁只需要压下行程开关），但其换接精度及速度变换的平稳性较差。

图 7 - 35 所示是利用液压缸自身的管路连接实现的速度换接回路。在图示位置时，活

塞快速向右移动，液压缸右腔的回油经油路 1 和换向阀流回油箱。当活塞运动到将油路 1 封闭后，液压缸右腔的回油须经节流阀 3 流回油箱，活塞则由快速运动变换为工作进给运动。这种速度换接回路方法简单，换接较可靠，但速度换接的位置不能调整，工作行程也不能过长以免活塞过宽，所以仅适用于工作情况固定的场合。这种回路也常用作活塞运动到达端部时的缓冲制动回路。

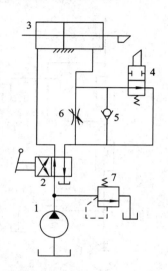 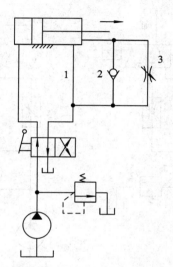

图 7 - 34　用单向行程节流阀的速度换接回路　　图 7 - 35　利用液压缸自身结构的速度换接回路

2. 两种工作进给速度的换接回路

对于某些自动机床、注塑机等，需要在自动工作循环中变换两种以上的工作进给速度，这时需要采用两种（或多种）工作进给速度的换接回路。

图 7 - 36 所示是两个调速阀并联以实现两种工作进给速度的换接回路。在图 7 - 36(a)中，液压泵输出的压力油经调速阀 3 和电磁阀 5 进入液压缸。当需要第二种工作进给速度时，电磁阀 5 通电，其右位接入回路，液压泵输出的压力油经调速阀 4 和电磁阀 5 进入液压缸。这种回路中两个调速阀的节流口可以独立调节，互不影响，即第一种工作进给速度和第二种工作进给速度互相无限制。但一个调速阀工作时，另一个调速阀中没有油液通过，它的减压阀处于完全打开的位置，在速度换接开始的瞬间不能起减压作用，容易出现部件突然前冲的现象。

图 7 - 36(b)所示为另一种调速阀并联的速度换接回路。在该回路中，两个调速阀始终处于工作状态，在由一种工作进给速度转换为另一种工作进给速度时，不会出现工作部件突然前冲现象，因而工作可靠。但是液压系统在工作中有一定量的油液通过不起调速作用的调速阀流回油箱，会造成能量损失，使系统发热。

图 7 - 37 所示是两个调速阀串联的速度换接回路。图中液压泵输出的压力油经调速阀 3 和电磁阀 5 进入液压缸，这时的流量由调速阀 3 控制。当需要第二种工作进给速度时，阀 5 通电，其右位接入回路，则液压泵输出的压力油先经调速阀 3，再经调速阀 4 进入液压缸，这时的流量应由调速阀 4 控制，所以两个调速阀串联的回路中调速阀 4 的节流口应调得比调速阀 3 小，否则调速阀 4 在速度换接回路中将不起作用。这种回路在工作时调速阀

3 一直工作，限制了进入液压缸或调速阀 4 的流量，因此在速度换接时不会使液压缸产生前冲现象，换接平稳性较好。在调速阀 4 工作时，油液需经两个调速阀，故能量损失较大，系统发热也较大，但比图 7-36(b)所示的回路要小。

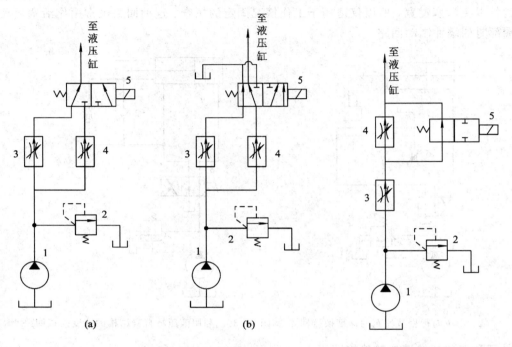

图 7-36　两个调速阀并联的速度换接回路图　　　图 7-37　两个调速阀串联的速度换接回路

7.5　多缸运动控制回路

在液压系统中，如果由一个油源给多个液压缸输送压力油，这些液压缸会因压力和流量的彼此影响而在动作上相互牵制，所以必须使用一些特殊的回路才能实现预定的动作要求，常见的多缸运动控制回路主要有同步运动回路、顺序动作回路和互不干涉回路三种。

7.5.1　同步运动回路

同步运动回路是用于保证系统中的两个或多个执行元件在运动中以相同的位移或速度运动，或按一定的速比运动，即同步运动可分为位置同步和速度同步两种。理论上依靠流量控制即可达到同步，但若要做到精确的同步，还须采用比例阀或伺服阀配合电子感测元件、计算机来实现，以下将介绍几种基本的同步回路。

影响同步运动精度的因素很多，如外负载、泄漏、摩擦阻力、变形及液体中含有气体等，这些因素都会使执行元件运动不同步。所以，同步运动回路中应尽量避免或减少以上因素的影响。

1. 容积式同步运动回路

容积式同步运动回路主要是使用相同的液压泵、执行元件(缸或马达)或机械连接的方法实现的。

1）同步泵的同步运动回路

图 7-38 所示为同步泵的同步运动回路，回路中用两个同轴等排量的液压泵分别向两油缸供油，当两油缸进油腔活塞工作面积相等时，即可实现两油缸的同步运动。

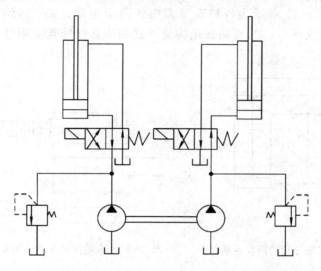

图 7-38　同步泵的同步运动回路

除了同步泵的同步回路外，同步缸的同步运动回路与其同步原理基本相似，它是在回路中使用了两个尺寸相同的油缸来实现同步运动的。

串联缸同步运动回路如图 7-39 所示，回路中的执行元件液压缸 1 和液压缸 2 进行串联，工作过程中主控三位四通电磁换向阀 6 右侧电磁铁得电时，换向阀 4 和 5 失电，此时液控单向阀 3 断开，缸 1 的 A 腔和缸 2 的 B 腔相通，流量相等，在此情况下只要在选择使用时保证两腔的有效工作面积相等即可实现两缸同步运动。

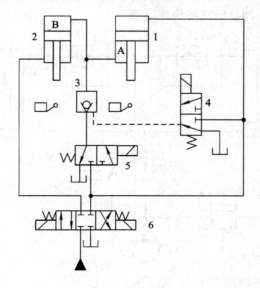

图 7-39　串联缸同步运动回路

2）机械连接同步运动回路

机械连接同步运动回路主要包括应用刚性梁和齿轮齿条等机械结构或零件进行连接实现的同步运动回路。

图 7－40 和图 7－41 所示为机械连接实现的同步运动回路。回路应用刚性梁（见图 7－40)或齿轮齿条（见图 7－41)等机械结构使两缸的活塞杆间建立刚性的运动连接，实现位移同步。

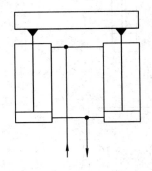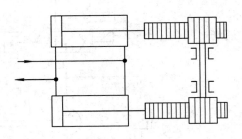

　　图 7－40　刚性梁连接的同步运动回路　　　图 7－41　齿轮齿条连接的同步运动回路

2. 节流式同步运动回路

节流式同步运动回路是采用节流方式（如分流集流阀、比例阀或伺服阀)实现同步运动的。

1）调速阀同步运动回路

调速阀同步运动回路如图 7－42 所示，图中 4 和 5 是单向调速阀，分别决定两个液压缸的运动速度。如图所示工作状态，当换向阀 3 左位工作时，两液压缸活塞向上运动，两缸与调速阀 4 和 5 分别构成调速阀式出口节流调速回路，缸的速度各由相应调速阀决定。当换向阀 3 右位工作时，两缸活塞将快速返回。

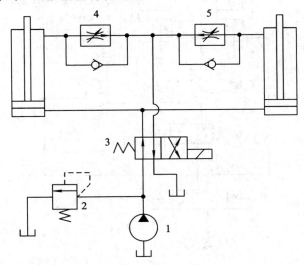

图 7－42　调速阀同步运动回路

2）分流阀同步运动回路

图 7-43 所示为分流阀控制两个并联液压缸的同步运动回路。两个尺寸相同的液压缸的进油路上串接分流阀。该回路主要由液压缸 1、液压缸 2、电磁换向阀 3 和分流阀 8 组成。分流阀 8 能保证进入两液压缸的流量相等，从而实现速度同步运动。其工作原理为：分流阀 8 中左右两个节流口的尺寸和特点相同，阀心可依据液压缸负载变化自由地轴向移动，来调节 a、b 两处的开度，保证阀心左端压力 p_1 与右端压力 p_2 相等。这样就可保持左固定节流口 4 两端压力差与右固定节流口 5 两端压力差相等，根据流量特性方程可知，此时流经两节流口的流量相等，即进入两液压缸的流量相同，从而实现了两缸速度同步。

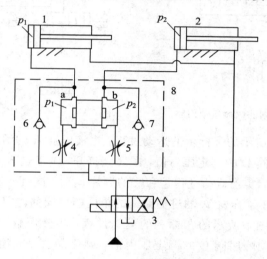

图 7-43　分流阀同步运动回路

7.5.2　顺序运动回路

顺序运动回路是使多缸液压系统中的各个液压缸严格地按规定的顺序动作，在制造行业、交通运输业、纺织业等的装备系统中得到广泛应用。顺序运动回路按控制方式的不同，可分为行程控制、压力控制和时间控制。

1. 行程控制顺序运动回路

行程控制顺序运动回路是利用执行元件运动到一定位置（或行程）时，发出控制信号，使下一执行元件开始运动。

图 7-44 所示为行程阀控制的连续往复运动回路，是由行程阀实现的顺序运动过程。该回路当阀 3 左位工作时，液压缸 1 左腔进油，活塞杆向右伸出，直至终点压下行程阀，使进油路与液压缸 2 左腔相通，推动液压缸 2 的活塞杆向右伸出，直至终点。当换向阀 3 右位工作时，液压缸 1 和液压缸 2 同时右腔进油实现活塞杆回缩，最终实现了由行程阀控制的顺序动作过程。

2. 压力控制顺序运动回路

图 7-45 所示为顺序阀控制的连续往复运动回路。在图中当三位四通换向阀左侧电磁铁得电工作时，由于液压缸B的进油路上的单向顺序阀的作用，使得油液会直接进入液压

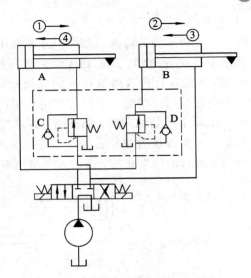

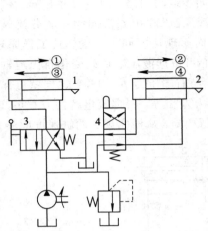

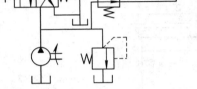

图 7-44 行程阀控制的顺序运动回路　　　　图 7-45 顺序阀控制的顺序运动回路

缸 A 的左腔，实现图中所示的①标示的运动过程；当液压缸 A 的活塞运动到最右端后，此时回路压力上升到顺序阀 D 的调定压力值，顺序阀打开，油液进入液压缸 B 的左腔，实现图示②标示的运动过程，实现运动过程①和②的顺序运动。同理，当三位四通换向阀右侧电磁铁得电工作时，由于液压缸 A 的进油路上的单向顺序阀的作用，使得油液会直接进入液压缸 B 的右腔，实现图中所示的③标示的运动过程；当液压缸 B 的活塞运动到最左端后，此时回路压力上升到顺序阀 C 的调定压力值，顺序阀打开，油液进入液压缸 A 的右腔，实现图示④标示的运动过程，从而实现了运动过程③和④的顺序运动。通过以上运动过程的分析可知，顺序阀控制的连续往复运动回路的顺序动作主要是由顺序阀结合换向阀来实现各运动过程的顺序控制的。

　　图 7-46 所示为压力继电器控制的顺序运动回路。该回路主要由液压泵 1、溢流阀 2、

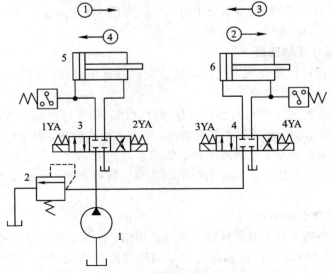

图 7-46 压力继电器控制的顺序运动回路

电磁换向阀 3 和 4、液压缸 5 和 6 组成。当电磁换向阀 3 的电磁铁 1YA 得电时,缸 5 活塞执行动作①到终点,此时油路压力上升达到与缸 5 相连的压力继电器的调定值,使其发出电信号接通 3YA,缸 6 执行动作②;同理,3YA 断电,4YA 通电,缸 6 执行动作③至终点,与缸 6 右端相连接的压力继电器发出电信号接通 2YA,缸 5 执行动作④,完成一个工作循环。

3. 时间控制顺序运动回路

时间控制的顺序运动回路是在一个执行元件开始运动后经过预先设定的时间后,另一个执行元件再开始运动的回路,可应用继电器、延时继电器或延时阀等来实现时间控制。

图 7-47 所示是采用延时阀进行时间控制的顺序运动回路。延时阀是由单向节流阀和二位三通的液动换向阀组成。当电磁铁 1YA 通电时,右液压缸向右运动。同时液压油进入延时阀中液动换向阀的左端腔,推动阀芯右移,阀右端腔的液压油经节流阀流回油箱。由此,经过一定时间后,使延时阀中的二位三通换向阀左位接入系统。然后,压力油经该阀左位进入左液压缸左腔,使其向右运动。两液压缸向右运动开始时间的间隔可通过延时阀中的节流阀调节实现。

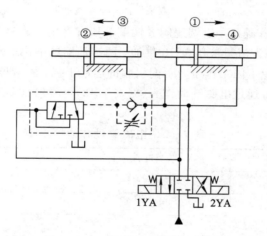

图 7-47 延时阀控制顺序运动回路

由于延时阀设定的时间易受油温的影响,会在一定范围内波动,因此尽量不要单独使用,常采用行程-时间复合控制方式。

7.5.3 互不干扰回路

在多执行元件的系统中,由于各自的负载压力是不等的,会产生负载小的执行元件运动时,负载大的执行元件不能运动的现象。例如,在组合机床液压系统中,如果用同一个液压泵供油,当某液压缸快进(或快退)时,负载压力很小,其他液压缸就不能正常工作进给(因为工进时负载压力很大)。该现象称为执行元件间的运动干扰,在实际生产应用中是必须要避免的。

多执行元件快慢速互不干扰回路可以使系统中的几个执行元件在完成各自工作循环时彼此互不干涉,如图 7-48 所示为双泵供油快慢速互不干扰回路。

各液压缸(1 和 2)工进时(负载较大,工作压力大),由左侧的小流量泵 9 供油,以调速

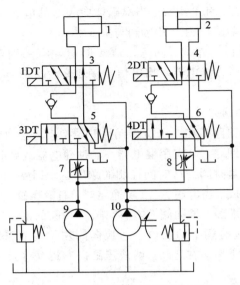

图 7-48　双泵供油互不干扰回路

阀 7 调节液压缸 1 的工作速度，以调速阀 8 调节液压缸 2 的工作速度。快进时（负载较小，工作压力小），由右侧的大流量液压泵 10 供油。两个油路的输出油路由二位五通换向阀隔离，互不相混，从而避免了因工作压力不同引起的运动干扰，各液压缸均可单独实现快进、工进、快退的工作循环。通过电磁铁动作表（见表 7-2）可看出自动工作循环各阶段油路的流向及换向的状态。

表 7-2　电磁铁动作表

	1DT，3DT	2DT，4DT
快进	+	—
工进	—	+
快退	+	+
原停	—	—

【工程应用】

　　液压基本回路应用于所有的液压系统中，流体传动系统离不开基本回路的作用。下面以本章的案例为例具体说明基本回路的应用情况。

　　Q2-8 型汽车起重机液压传动系统（见图 7-49）中有几个重要的液压基本回路，如回转机构、伸缩机构、变幅机构和起升机构中的方向控制基本回路、调压回路（也是平衡回路）和节流调速回路，以及支腿机构中的方向控制回路（双向液压锁也是应用了两个液控单身阀的互锁作用的方向控制回路）。

　　Q2-8 型汽车起重机的液压传动系统属于中高压系统，用一个轴向柱塞泵作动力源，由汽车发动机通过传动装置（取力箱即液压泵能源装置）驱动工作。整个系统由支腿收放、转台回转、吊臂伸缩、吊臂变幅和吊重起升五个工作机构的液压支路组成，各机构的工作

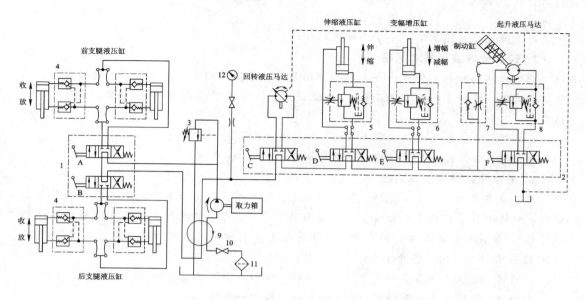

图 7-49　Q2—8 型汽车起重机的液压传动系统原理图

由相应的液压基本回路来完成。其中，前、后支腿收放支路的换向阀 A、B 组成一个阀组（双联多路阀，如图 7-49 中的阀组 1）。其余四支路的换向阀 C、D、E、F 组成另一阀组（四联多路阀，如图中阀组 2）。各换向阀均为 M 型中位机能三位四通手动阀，相互串联组合，可实现多缸卸荷。根据起重工作的具体要求，操纵各阀不仅可以分别控制各执行元件的运动方向，还可以通过控制阀芯的位移量来实现节流调速。

案例拓展

Q2—8 型汽车起重机液压传动基本回路是如何工作的？

在 Q2—8 型汽车起重机的液压传动系统中，除液压泵、安全阀、阀组 1 及支腿液压缸外，其他液压元件都装在可回转的上车部分。油箱也装在上车部分，兼作配重。上车和下车部分的油路通过中心旋转接头 9 连通。

1. 支腿收放液压基本回路

由于汽车轮胎支承能力有限，且为弹性变形体，作业时很不安全，故在起重作业前必须放下前、后支腿，使汽车轮胎架空，用支腿承重。在行驶时又必须将支腿收起，轮胎着地。为此，在汽车的前、后端各设置两条支腿，每条支腿均配置有液压方向控制基本回路和压力控制基本回路。前支腿两个液压缸同时用一个手动换向阀 A 控制其收、放动作，后支腿两个液压缸用阀 B 来控制其收、放动作。为确保支腿停放在任意位置并能可靠地锁住，在每一个支腿液压缸的油路中设置一个由两个液控单向阀组成的双向液压锁。

当阀 A 在左位工作时，前支腿放下，其进、回油路线为：

进油路：液压泵→换向阀 A→液控单向阀→前支腿液压缸无杆腔；

回油路：前支腿液压缸有杆腔→液控单向阀→阀 A→阀 B→阀 C→阀 D→阀 E→阀 F→

油箱。

后支腿液压缸用阀 B 控制，其油流路线与前支腿油路相同。

2. 转台回转液压基本回路

回转支路的执行元件是一个大转矩液压马达，它能双向驱动转台回转。通过齿轮、蜗杆机构减速，转台可获得 $1\sim3$ r/min 的低速。马达由手动换向阀 C 控制正、反转，其油路为：

进油路：液压泵→阀 A→阀 B→阀 C→回转液压马达；

回油路：回转液压马达→阀 C→阀 D→阀 E→阀 F→油箱。

3. 吊臂伸缩液压基本回路

吊臂由基本臂和伸缩臂组成，伸缩臂套装在基本臂内，由吊臂伸缩液压缸带动作伸缩运动。为防止吊臂在停止阶段因自重作用而向下滑移，油路中设置了平衡阀 5（外控式单向顺序阀）。吊臂的伸缩由换向阀 D 控制，使伸缩臂具有伸出、缩回和停止三种工况。例如，当阀 D 在右位工作时，吊臂伸出，其油流路线为：

进油路：液压泵→阀 A→阀 B→阀 C→阀 D→阀 5 中的单向阀→伸缩液压缸无杆腔；

回油路：伸缩液压缸有杆腔→阀 D→阀 E→阀 F→油箱。

4. 吊臂变幅支路

吊臂变幅是用液压缸来改变吊臂的起落角度。变幅支路要求工作平稳可靠，故在油路中也设置了平衡阀 6。增幅或减幅运动由换向阀 E 控制，其油流路线类同于伸缩支路。

5. 吊重起升支路

起升支路是本系统的主要工作油路。吊重的提升和落下作业由一个大转矩液压马达带动绞车来完成。液压马达的正、反转由换向阀 F 控制，马达转速（即起吊速度）可通过改变发动机油门（转速）及控制换向阀 F 来调节。油路设有平衡阀 8，用以防止重物因自重而下落。因液压马达的内泄漏较大，为防止重物向下缓慢滑移，在液压马达驱动的轴上设有制动器。

当起升机构工作时，在系统油压作用下，制动器液压缸使闸块松开；当液压马达停止转动时，在制动器弹簧作用下，闸块将轴抱紧。当重物悬空停止后再次起升时，若制动器立即松闸，马达的进油路可能未来得及建立足够的油压，就会造成重物短时间失控下滑。为避免发生这种现象，在制动器油路中设置了单向节流阀 7，使制动器抱闸迅速，松闸缓慢。

液体都可以用来完成流体传动与控制吗？

当然不是，如液态金属。液态金属是指一种不定型、可流动的液体金属，如图 7-50 所示。在液态金属成形及控制过程中，液态金属的水力学特性及流动情况对铸件质量的影响很大，在液态金属充型不利的情况下可能产生各种缺陷，如冷隔、浇不足、夹杂、气孔、夹砂、粘砂等。单质中只有水银是液态金属，镓、铷、铯是低熔点金属。

中国科学家造出了世界首台液态金属机器，这一成就被外媒形容为制造出"终结者"。液态金属机器一系列非同寻常的习性已相当接近一些自然界简单的软体生物，例如能"吃"

图 7-50　液态金属的成形与控制

食物(燃料)，自主运动，可变形，具备一定代谢功能(化学反应)，因此学者们将其命名为液态金属软体动物。这一人工机器的发明同时也引申出"如何定义生命"的问题。

【思考题和习题】

7-1　方向控制回路的作用是什么？有哪几种方向控制回路？

7-2　减压回路的作用是什么？

7-3　保压回路应用的场合是什么？试绘制两种不同的保压回路。

7-4　卸荷回路的作用是什么？试绘制两种不同的卸荷回路。

7-5　什么是平衡回路？平衡阀的调定压力如何确定？

7-6　调速回路有哪些类型？各自的特点是什么？分别适用于什么场合？

7-7　什么叫差动回路？

7-8　如何利用行程阀实现两种不同速度的换接？

7-9　顺序运动回路的作用是什么？举例说明该回路是如何实现顺序运动的。

7-10　同步回路的作用是什么？常见的类型有哪些？

7-11　在图 7-51 所示回路中，液压泵的流量和液压缸无杆腔流量 $q_B=10$ L/min，液压缸无杆腔面积 $A_1=50$ cm²，液压缸有杆腔面积 $A_2=25$ cm²，溢流阀的调定压力 $p_y=2.4$ MPa，负载 $F=10$ kN。节流阀口为薄壁孔，流量系数 $C_d=0.62$，油液密度 $\rho=900$ kg/m³。试求：节流阀口通流面积 $A_T=0.05$ cm² 时的液压缸速度 v、液压泵压力 p_B、溢流功率损失 ΔP_y 和回路效率 η。

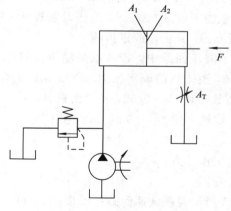

图 7-51　题 7-11 图

7-12 如图 7-52 所示的液压系统，两液压缸的有效面积，$A_1 = A_2 = 100 \text{ cm}^2$，缸 I 负载 $F = 35\ 000$ N，缸 II 运动时负载为零。不计摩擦阻力、惯性力和管路损失，溢流阀、顺序阀和减压阀的调定压力分别为 4 MPa、3 MPa 和 2 MPa。

求在下列三种情况下，A、B、C 处的压力。

（1）液压泵启动后，两换向阀处于中位；

（2）1Y 通电，液压缸 I 活塞移动时及活塞运动到终点时；

（3）1Y 断电，2Y 通电，液压缸 II 活塞运动时及活塞碰到固定挡块时。

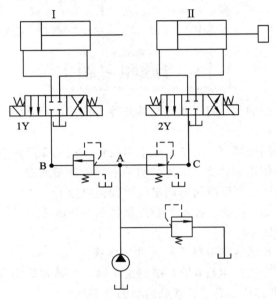

图 7-52 题 7-12 图

7-13 在回油节流调速回路中，在液压缸的回油路上，用减压阀在前、节流阀在后相互串联的方法，能否起到调速阀稳定速度的作用？如果将它们装在缸的进油路或旁油路上，液压缸运动速度能否稳定？

7-14 图 7-53 所示为采用中、低压系列调速阀的回油调速回路，溢流阀的调定压力 $p_y = 4$ MPa，缸径 $D = 100$ mm，活塞杆直径 $d = 50$ mm，负载力 $F = 31\ 000$ N，工作时发现活塞运动速度不稳定，试分析原因，并提出改进措施。

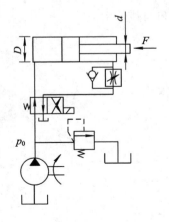

7-15 在图 7-54 所示液压回路中，若液压泵输出流量为 q_0，溢流量 $q_y = 10$ L/min，溢流阀的调定压力 $p_y = 2$ MPa，两个薄壁式节流阀的流量系数都是 $C_d = 0.62$，开口面积 $A_{T1} = 0.02 \text{ cm}^2$，$A_{T2} = 0.01 \text{ cm}^2$，油液密度 $\rho = 900 \text{ kg/m}^3$，在不考虑溢流阀的调压偏差时，求：

（1）液压缸大腔的最高工作压力；

（2）溢流阀的最大溢流量。

图 7-53 题 7-14 图

7-16 试说明图 7-55 所示容积调速回路中单向阀 A 和液控单向阀 B 的功用。在液压缸正反向运动时，为了向系统提供过载保护，安全阀应如何接？试作图表示。

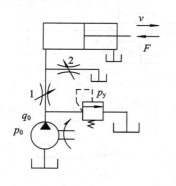

图 7 - 54　题 7 - 15 图

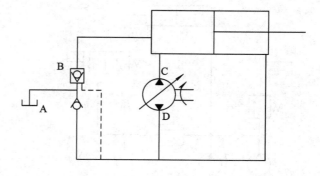

图 7 - 55　题 7 - 16 图

7－17　由变量泵和定量马达组成的调速回路，变量泵的排量可在 0～50 cm³/r 范围内改变，泵转速为 1000 r/min，马达排量为 50 cm³/r，安全阀调定压力为 10 MPa，泵和马达的机械效率都是 0.85，在压力为 10 MPa 时，泵和马达的泄漏量均是 1 L/min，求：

（1）液压马达的最高和最低转速；

（2）液压马达的最大输出转矩；

（3）液压马达最高输出功率；

（4）系统在最高转速下的总效率。

7－18　在变量泵和变量马达组成的调速回路中，把马达的转速由低向高调节，画出采用在低速段改变马达的排量—高速段改变泵的排量调速时的输出特性。

7－19　在图 7－56 所示的双向差动回路中，A_A、A_B、A_C 分别代表液压缸左、右腔及柱塞缸的有效工作面积，q_B 为液压泵输出流量。如果 $A_A > A_B$，$A_B + A_C > A_A$，试求活塞向左和向右移动时的速度表达式。

7－20　在图 7－57 所示回路中，已知液压缸大、小腔面积为 A_1、A_2，快进和工进时负载力为 F_1 和 F_2（$F_2 < F_1$），相应的活塞移动速度为 v_1 和 v_2。若液流通过节流阀 5 和卸荷阀 2 时的压力损失为 Δp_5 和 Δp_x，其他的阻力可忽略不计，试求：

（1）溢流阀和卸荷阀的压力调整值 p_y 和 p_x；

（2）大、小流量泵的输出流量 q_1 和 q_2；

（3）快进和工进时的回路效率 η_1 和 η_2。

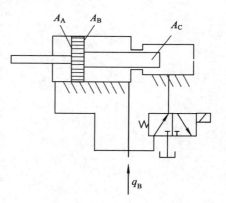

图 7 - 56　题 7 - 19 图

7－21　在图 7－58 所示回路中，已知两节流阀通流截面分别为 $A_1 = A_2 = 0.02$ cm²，流量系数 $C_q = 0.67$，油液密度 $\rho = 900$ kg/m，负载压力 $p_1 = 2$ MPa，溢流阀调整压力 $p_y = 3.6$ MPa，活塞面积 $A = 50$ cm²，液压泵流量 $q_B = 25$ L/min，如不计管道损失，试问：

（1）当电磁铁接通和断开时，活塞的运动速度各为多少？

（2）将两个节流阀对换一下，结果将如何变化？

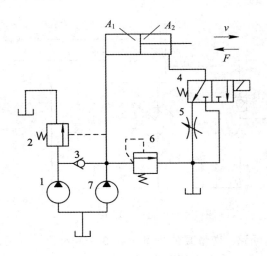

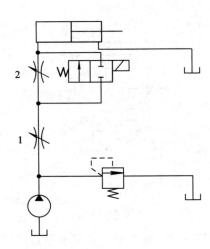

图 7-57 题 7-20 图 　　　　　　　　　图 7-58 题 7-21 图

7-22 在图 7-59 所示的双向液压缸差动连接回路中，泵的输出流量 $q=25$ L/min，缸的大小面积为 $A_1=100$ cm²、$A_2=60$ cm²，快进时负载 $F=1.5$ kN，三位四通换向阀压力损失 $\Delta p_1=0.25$ MPa，二位三通换向阀压力损失 $\Delta p_2=0.2$ MPa，合成后管路压力损失 $\Delta p_3=0.15$ MPa，单向调速阀压力损失 $\Delta p_4=0.3$ MPa。试求：

（1）快进时的缸速 v 及泵输出压力 p_B；

（2）若溢流阀调定压力为 3 MPa，此时回路承载能力有多大？

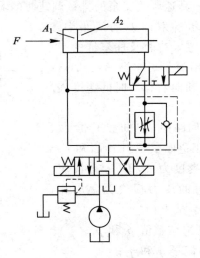

图 7-59 题 7-22 图

第8章　流体传动与控制系统的典型实例

　　本章以组合机床动力滑台液压系统、塑料液压注射机液压系统、气动机械手气压传动系统、气液动力滑台气压传动系统，八轴仿形铣加工机床气压传动控制系统为例，系统分析它们的工作原理和特点，积累分析流体传动与控制系统的经验。

案例八　Q2—8 型汽车起重机的液压传动系统

案例简介

　　Q2—8 型汽车起重机的液压传动系统属于中高压系统，它用一个轴向柱塞泵作动力源，由汽车发动机通过传动装置驱动工作。整个系统由支腿收放、转台回转、吊臂伸缩、吊臂变幅和吊重起升五个工作机构的液压支路组成，各机构的工作由相应的液压基本回路来完成，整个系统的工作又由各基本回路根据动作顺序要求完成承载和速度等运动和动力的输出。

案例分析

　　Q2—8 型汽车起重机的液压传动系统在各类工程机械的液压系统中相对简单，主要完成方向和压力平衡的控制。其中，前、后支腿收放回路的核心作用元件是换向阀 A、B 组成的一个阀组（双联多路阀，如图 7-49 中的阀组 1）。其余四支路的换向阀 C、D、E、F 组成另一阀组（四联多路阀，如图 7-49 中阀组 2）。各换向阀均为 M 型中位机能三位四通手动阀，相互串联组合，可实现多缸卸荷。根据起重工作的具体要求，操纵各阀不仅可以分别控制各执行元件的运动方向，还可以通过控制阀芯的位移量来实现节流调速。系统中除液压泵、安全阀、阀组 1 及支腿液压缸外，其他液压元件都装在可回转的上车部分。油箱也装在上车部分，兼作配重。上车和下车部分的油路通过中心旋转接头 9 连通。

【理 论 知 识】

8.1　概　述

通常把机床或设备中的液压与气压传动部分称为流体传动系统。当机床或设备中的工作主体是用流体(液压油或压缩空气)实现传动时,则该机床或设备称为流体传动设备。本章介绍的流体传动控制系统是在现有的流体传动设备中,较具有代表性的液压或气压传动控制系统。

前面的几部分章节主要讲述了流体传动知识和基本原理,本章内容将通过对典型系统的学习和分析,掌握阅读流体传动系统图的方法,为分析和设计流体传动系统打下必要的基础。

流体传动与控制系统种类繁多,广泛应用于各个领域,但由于其工作情况的不同,特点也不同。下面以液压传动系统为例来说明典型液压系统的工况与特点(见表8-1)。

表 8-1　典型液压系统的工况与特点

系统名称	液压系统的工况要求与特点
以速度变换为主的液压系统(如组合机床系统)	(1) 能实现工作部分的自动工作循环,生产率较高; (2) 快进与工进时,其速度与负载相差较大; (3) 要求进给速度平稳、刚性好,有较大的调速范围; (4) 要求行程终点的重复位置精度高,有严格的顺序动作
以换向精度为主的液压系统(如磨床系统)	(1) 要求运动平稳性高,有较低的稳定速度; (2) 启动与制动迅速平稳、无冲击,有较高的换向频率(最高可达150次/分); (3) 换向精度高,换向前停留时间可调
以压力变换为主的液压系统(如液压机系统)	(1) 系统压力要能经常变换调节,且能产生很大的压力; (2) 空行程时速度快,加压时推力大,功率利用合理; (3) 系统多采用高低压泵组合或恒功率变量泵供油,以满足空行程与压制时其速度与压力的变化
多个执行元件配合工作的液压系统(如机械手液压系统)	(1) 在各执行元件动作频繁换接、压力急剧变化下,系统足够可靠,避免误动作; (2) 能实现严格的顺序动作,完成工作部件规定的工作循环; (3) 满足各执行元件对速度、压力及换向精度的要求

在使用、调整和维修流体传动设备时,首先要阅读流体传动系统原理图,以透彻了解它的工作原理。系统原理图表示了流体传动元件的连接和控制情况,也表示了执行元件所要实现的动作和功能。

阅读和分析流体传动系统原理图的基本步骤和方法如下:

(1) 了解机床或设备工况对流体传动系统的要求,了解在各工作循环中全部工作过程的各工步对三个主要参数(力、速度和方向)的明确具体技术要求。

(2) 初步分析各执行元件的工作循环过程,了解系统中所含元件的类型、规格、性能、功能和各元件之间的相互关系,并以执行元件为中心,将系统分解为若干个工作单元。

(3) 以各执行元件为中心拓展分析相应的子系统,分析找出其中包含的所有基本回路,并针对各执行元件的动作要求,参照动作顺序表读出各子系统的功能状态以及在系统整个工作循环中的作用;

(4) 根据系统中对各执行元件间的互锁、同步、防干扰等要求,分析各子系统之间的联系，并读懂在系统中的实现方法和起重要作用的元器件特性。

（5）在全面读懂系统的基础上，归纳总结整个系统的工作原理及特点，深入理解本系统以及同类系统。

8.2　组合机床动力滑台液压系统

8.2.1　概述

组合机床是由通用部件和一些专用部件组成的高度自动化专用机床，它操作简便、效率高，适用于成批大量的生产中。动力滑台是组合机床用来实现进给运动的通用部件，根据加工工艺的要求可在滑台台面上安装放置动力箱、多轴箱以及各种专用切削头等动力部件，以完成钻、扩、铰、铣、镗和攻丝等加工工序以及完成多种复杂进给工作循环。

动力滑台有液压动力滑台和机械滑台之分。由于液压动力滑台的机械结构简单，在电气和机械装置的配合下可以实现各种自动工作循环，又可以很方便地对工进速度进行调节，因此它的应用比较广泛。液压动力滑台是利用液压缸将泵站所提供的液压能转变成滑台运动所需的机械能。它对液压系统性能的主要要求是速度换接平稳、进给速度稳定、功率利用合理、效率高、发热少。

8.2.2　动力滑台液压系统的工作原理

现以 YT4543 型动力滑台液压系统为例分析其液压系统的工作原理和特点。该动力滑台要求进给速度范围为 $6.6 \sim 600$ mm/min，最大进给力为 4.5×10^3 N。图 8 - 1 所示为 YT4543 型动力滑台液压系统原理图，表 8 - 2 所示为 YT4543 型动力滑台液压系统的电磁铁、压力继电器和行程阀的动作顺序表。该系统是由限压式变量叶片泵、单杆活塞液压缸及其他液压元件组成，在机、电、液的联合控制下能实现复杂的工作循环。

表 8 - 2　YT4543 型动力滑台液压系统的电磁铁、压力继电器和行程阀的动作顺序表

动作 ＼ 电磁铁、压力继电器、行程阀	电 磁 铁			压力继电器 5	行程阀 8
	1YA	2YA	3YA		
快进（差动）	＋	－	－	－	接通
第一次工进	＋	－	－	－	切断
第二次工进	＋	－	＋	－	切断
死挡铁停留	＋	－	＋	＋	切断
快退	－	＋	－	－	切断 接通
原位停止	－	－	－	－	接通

注："＋"表示通电，"－"表示断电。

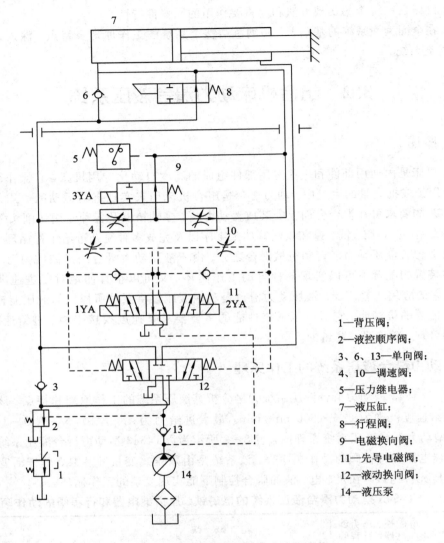

图 8-1　YT4543 型动力滑台液压系统

1—背压阀；
2—液控顺序阀；
3、6、13—单向阀；
4、10—调速阀；
5—压力继电器；
7—液压缸；
8—行程阀；
9—电磁换向阀；
11—先导电磁阀；
12—液动换向阀；
14—液压泵

　　动力滑台工作循环是由快进、第一次工进、第二次工进、死挡铁停留、快退和原位停止 6 个步骤组成，根据液压系统不同工作循环时的回路，得到相应的进油路和回油路、控制元件动作顺序，如图 8-2 所示。

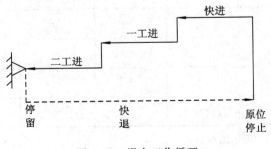

图 8-2　滑台工作循环

1）快进

按下启动按钮，电磁铁 1YA 得电吸合，先导电磁阀 11 左位接入系统，限压式变量叶片泵14 输出的压力油经先导电磁阀进入液动换向阀 12 的左端油腔，液动换向阀的右端油腔经回油节流阀和先导电磁阀的左位回油箱。液动换向阀左位接入系统工作，其油路为：

进油路：过滤器→泵 14→单向阀 13→液动换向阀 12 左位→行程阀（机动换向阀）8（接通）→液压缸 7 左腔；

回油路：液压缸 7 右腔→液动换向阀 12 左位→单向阀 3→行程阀 8→液压缸 7 左腔。

由于动力滑台空载，系统工作压力低，使液控顺序阀 2 关闭，液压缸实现差动连接，根据限压式变量叶片泵的特性，这时泵的流量最大，所以滑台向左快进。（注：活塞固定，缸体移动，滑台固定在缸体上。）

2）第一次工作进给

当滑台快速运动到预定位置时，滑台上的行程挡块压下了行程阀 8 的阀芯，切断了原来进入液压缸 7 无杆腔的油路。此时电磁换向阀的电磁铁 3YA 处于断电状态，压力油只能经过调速阀 4 和电磁换向阀 9 的右位进入液压缸 7 的左腔，由于油液要经过调速阀 4 而使系统压力升高，使限压式变量叶片泵的流量减少，一直到与调速阀 4 所通过流量相同为止，这时，进入液压缸无杆腔的流量由调速阀 4 开口大小决定；同时打开液控顺序阀 2，使液压缸右腔的油液通过液控顺序阀 2、背压阀 1 流回油箱。这样滑台的快速运动转换为第一次工作进给运动，其油路为：

进油路：过滤器→泵 14→单向阀 13→液动换向阀 12 左位→调速阀 4→电磁换向阀 9 右位→液压缸 7 左腔；

回油路：液压缸 7 右腔→液动换向阀 12 左位→液压顺序阀 2→背压阀 1→油箱。

3）第二次工作进给

第二次工作进给的油路基本与第一次工作进给的油路相同，不同的是当第一次工作进给到指定位置时，滑台上行程挡铁压下行程开关，发出电信号使电磁铁 3YA 得电，电磁换向阀 9 左位接入油路，这时液压油必须通过调速阀 4 和调速阀 10 进入液压缸 7 的左腔。回油路和第一次工作进给完全相同。由于调速阀 4 和调速阀 10 是串联连接，调速阀 10 的开口面积小于调速阀 4 的开口面积，故滑台的进给速度进一步减小，其速度值是由调速阀 10 的开口面积大小决定的。

4）死挡铁停留

当滑台完成第二次工作进给后，碰到死挡铁，滑台停止运动，使液压缸 7 左腔压力升高，当压力升高到压力继电器 5 的调定值时，压力继电器发出电信号给时间继电器，使滑台在死挡铁停留一定时间后再开始下一动作。停留时间的长短由时间继电器来调节设定。

5）快退

滑台停留时间结束后，时间继电器发出滑台快退信号，使电磁铁 1YA 断电，2YA 通电，先导电磁阀右位接入系统，液动换向阀右位也接入系统。滑台快退时负载小，系统压力低，限压式变量叶片泵的流量自动恢复到最大，滑台快速退回，其油路为：

进油路：过滤器→泵 14→单向阀 13→液动换向阀 12 右位→液压缸 7 右腔；

回油路：液压缸 7 左腔→单向阀 6→阀液动换向 12 右位→油箱。

6）原位停止

滑台快速退回到原位，挡块压下行程开关，发出信号，使电磁铁 1YA、2YA 和 3YA 全部断电，先导电磁阀 11 和液动换向阀 12 回复到中位，滑台停止运动。此时液压泵输出的液压油经单向阀 13 和液动换向阀 12 中位流回油箱，在低压下卸荷（维持低压是为了保证下次启动时液动换向阀 12 能够动作）。

8.2.3　动力滑台液压系统的特点

YT4543 型组合机床动力滑台液压系统有如下特点：

（1）采用了限压式变量泵和调速阀组成的容积节流调速回路，并在回路中设置了背压阀。能够保证稳定的低速运动，有较好的速度刚性和较大的调速范围，并且系统调速范围大。回油路上的背压阀使滑台能承受负值负载。

（2）采用了限压式变量泵和液压缸的差动连接实现快进，工进时断开油缸差动连接，这样即保证了较快的速度又不致使系统的效率过低，工进时仅输出与液压缸的需要相适应的流量，死挡铁停留时只输出系统泄漏的流量，使系统无溢流损失，能量利用合理，系统效率较高。系统采用了行程阀和顺序阀实现快进和工进的换接，不仅简化了电气回路，而且使动作可靠，转换位置精度比电气控制高，而两个工进间的换接则由于两者速度都较低，采用电磁阀完全能保证换接精度。

（3）系统采用了行程阀和顺序阀实现快进和工进的换接，不仅简化了电气回路，而且使动作可靠，转换位置精度比电气控制高，而两个工进间的换接则由于两者速度都较低，采用电磁阀完全能保证换接精度。

（4）采用了三位五通 M 型中位机能的电液换向阀换向，提高了换向平稳性，并且滑台在原位停止时，利用 M 型中位机能使液压泵处于卸荷状态，功率消耗小。另外由于采用五通换向阀，使回路容易形成差动连接，简化了回路。

8.3　塑料液压注射机液压系统

8.3.1　液压系统的功能

塑料液压注射机（简称"液压注射机"）是把粒状塑料加热熔融后，用高压把熔化的塑料注射到事先合模的金属模具中冷却固化，得到制品的成型加工设备。液压注射机主要包括合模机构、注射机构及注射机构移动装置等。

8.3.2　液压系统的工作原理

塑料液压注射机的工作循环一般包括合模、注射保压、计量、开模、取出制品等工步，其液压系统如图 8-3 所示。

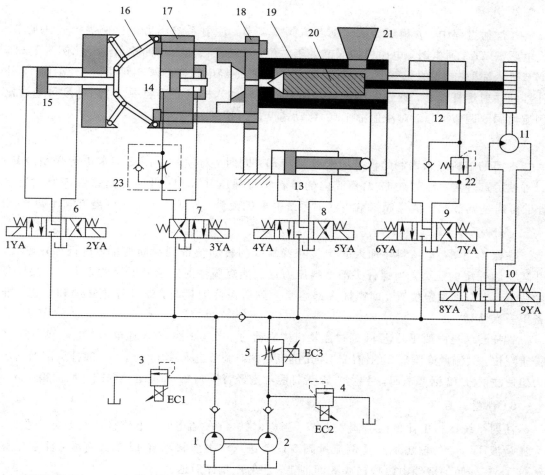

1—小流量液压泵；2—大流量液压泵；3、4—比例溢流阀；5—比例流量阀；6、8、9、10—三位四通电磁换向阀；7—二位四通电磁换向阀；11—液压马达；12—注射缸；13—注射座移动缸；14—顶出缸；15—合模缸；16—肘杆机构；17—动模板；18—定模板；19—料筒；20—螺杆；21—料斗；22—背压阀；23—单向节流阀

图 8-3　塑料液压注射机的液压系统

塑料液压注射机的各工作循环的具体工作过程如下：

1）合模

当电磁换向阀 6、8、9、10 处于中位、电磁铁 1YA 通电、电磁换向阀 6 处于左位时，小流量液压泵 1 和大流量液压泵 2 合流向合模缸 15 的无杆腔供油，合模缸 15 的有杆腔回油。因此，合模缸 15 外伸推动肘杆机构 16 闭合动模板 17。闭合动模板的合模压力是由比例溢流阀 3 调节的。调节比例电磁铁 EC3 的电流即可调节比例流量阀 5 的流量，从而调节合模缸 15 的外伸速度。

2）注射座前移

当电磁铁 5YA 通电时，电磁换向阀 8 处于右位，大流量液压泵 2 的输出油经比例流量阀 5 调节进入注射座移动缸 13 的有杆腔，注射座移动缸 13 无杆腔油液经电磁换向阀 8 回油箱，注射座前移使喷嘴与定模板接触。

3）注射

在注射过程中，合模压力由比例溢流阀 3 调节，注射系统压力由比例溢流阀 4 调节。当电磁铁 7YA 通电时，电磁换向阀 9 处于右位，大流量液压泵 2 的输出油经比例流量阀 5 调节进入注射缸 12 的无杆腔，注射缸 12 有杆腔的油经电磁换向阀 9 回油箱，注射缸 12 外伸推动注射螺杆前移，通过喷嘴把已经熔融的塑料注入模具的型腔中。注射速度可通过比例流量阀 5 调节流量，对注射缸 12 的移动速度进行控制。

4）保压

高温的熔料进入铁制的模具中会快速冷却；同时，对模具采用冷却水进行强制冷却，以加快冷却速度。注射缸 12 对模腔内的熔料实行保压并补塑；此时注射系统需要的流量小，可通过调节比例流量阀 5 减少注射系统需要的流量。保压压力由比例溢流阀 4 调节。

5）预塑

在保压完毕后，从料斗加入的物料随着螺杆的转动被带到料筒前端，进行加热塑化，并建立起一定的压力。当螺杆头部熔料压力达到能克服注射缸活塞退回的阻力时，螺杆开始后退。当退到预定位置，即螺杆头部熔料达到所需注射量时，螺杆停止转动和后退，准备下一次注射。

螺杆转动是由液压马达 11 通过齿轮机构驱动的。当电磁铁 8YA 通电时，电磁换向阀 10 处于左位，大流量液压泵 2 的输出油经比例流量阀 5 调节进入液压马达 11，螺杆头部熔料压力迫使注射缸 12 活塞退回，注射缸 12 无杆腔油液经背压阀 22 和电磁换向阀 9 回油箱。

6）注射座后退

注射系统压力由比例溢流阀 4 调节。当电磁铁 4YA 通电时，电磁换向阀 8 处于左位，大流量液压泵 2 的输出油经比例流量阀 5 调节进入注射座移动缸 13 的无杆腔，注射座移动缸 13 有杆腔油液经电磁换向阀 8 回油箱，注射座整体后退。

7）开模

开模系统压力由比例溢流阀 3 调节。当电磁换向阀 6、8、9、10 处于中位、电磁铁 2YA 通电、电磁换向阀 6 处于右位时，小流量液压泵 1 和大流量液压泵 2 合流向合模缸 15 的有杆腔供油，合模缸 15 的无杆腔回油。调节比例电磁铁 EC3 的电流可调节比例流量阀 5 的流量，即可调节合模缸 15 的缩回速度，从而调节开模的速度。

8）顶出

液压泵 2 卸荷。当电磁铁 3YA 通电时，电磁换向阀 7 处于右位，液压泵 1 的输出油经过电磁换向阀 7、单向节流阀 23 进入顶出缸 14 的无杆腔，推动顶出杆顶出制品，顶出缸 14 的有杆腔的油经电磁换向阀 7 回油箱。系统压力由比例溢流阀 3 调节，顶出缸的运动速度由单向节流阀 23 调节。

8.3.3　液压系统的特点

由于加工工艺要求，塑料液压注射机的液压系统一共有五个工步八个动作，其主要特点如下：

（1）系统采用比例溢流阀和比例流量阀配合小流量液压泵和大流量液压泵共同实现调速和压力选择调节，功率损失较小；

（2）在保压并预塑过程中，调节比例流量阀减少注射系统需要的流量，用比例溢流阀进行保压，保证系统工作的稳定性；

（3）本系统在结构上采用了多个电磁换向阀，通过一体化电液控制实现复杂工作过程，既使结构紧凑、操纵方便，又便于制造和装配修理。

8.4　气动机械手气压传动系统

气动机械手是机械手的一种，它具有结构简单，重量轻，动作迅速、平稳、可靠和节能等优点。气压传动在工业机械手特别是在高速机械手中应用较广。气动机械手气压传动系统的工作压力一般为 $0.4 \sim 0.6$ MPa，个别的气压传动系统的工作压力可达 $0.8 \sim 1.0$ MPa，其臂力压力一般在 3.0 MPa 以下。

8.4.1　气压传动系统的工作原理

这里以 160 冷挤压机气动机械手气压传动系统为例对气动机械手的工作原理进行阐述。

160 冷挤压机可用于生产活塞销，采用冷挤压的方法直接将毛坯挤压成型。挤压机两侧分别装有上料和下料两台机械手。采用行程开关式固定程序控制，控制系统与挤压系统配合，由上料机械手控制挤压机滑块的下压和原料补充，下料机械手则由挤压机滑块的回升来控制。

图 8-4 所示为上料机械手工作原理。气缸 1 推动齿条 2，带动齿轮 3 和齿轮 12，同时带动立柱 11 旋转。固定在立柱上的压料气缸 10 及手臂随之旋转。而锥齿轮 12 则经锥齿轮 4 带动手臂使其绕手臂轴 5 自转，从而使工件轴心线对正机器轴心线。压料气缸 10 推动手臂伸缩气缸 6 带着手爪 7 压入模具 8，将工件压入模孔，完成上料任务。最后各气缸反向动作复原，手臂伸缩气缸 6 带动手爪 7 抓料并退回，至此完成一个循环动作。上料机械手的气压传动系统如图 8-5 所示。

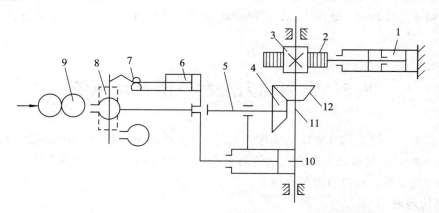

1—气缸；2—齿条；3—齿轮；4、12—锥齿轮；5—手臂轴；6—手臂伸缩气缸；
7—手爪；8—模具；9—工件；10—压料气缸；11—立柱

图 8-4　上料机械手工作原理

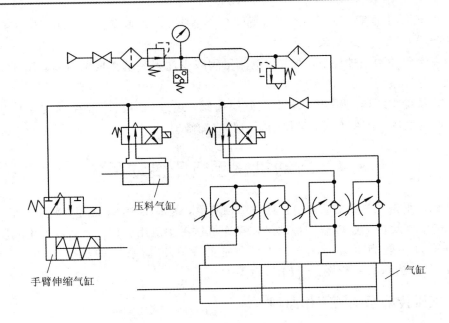

图 8-5　上料机械手气压传动系统

下料机械手共有两个伸缩气缸，一个使手臂伸缩，另一个夹放料，放料时工件从料槽滑入料箱，该过程比较简单，在此不再说明。

8.4.2　气压传动系统的工作特点

气动机械手气压传动系统具有以下特点：

（1）无增速机构即能获得较高的运动速度，使其能快速自动地完成上料、下料动作；

（2）结构简单，刚性好，成本低；

（3）工作介质（压缩空气）的泄漏对环境无污染，对管路要求低；

（4）驱动立柱旋转的气缸 1 采用气液联动缸。以气压缸作为动力，液压缸起阻尼作用。为保证机械手速度均匀、动作协调，系统中需增设一定的气压辅助元件，如蓄能器、压力继电器等。

8.5　气液动力滑台气压传动系统

气液动力滑台是采用气液阻尼缸作为执行元件，在机械装备中用来实现进给运动的部件，图 8-6 所示为气液动力滑台气压传动系统。该气液动力滑台能完成两种工作循环，下面对该滑台的工作过程进行简单介绍。

1. 系统组成

如图 8-6 所示，气液动力滑台气压传动系统主要由二位三通换向阀 1、行程阀 2、二位四通换向阀 3、手动二位二通换向阀 4、节流阀 5、行程阀 6 和 8、单向阀 7 和 9 及补油箱10 组成。

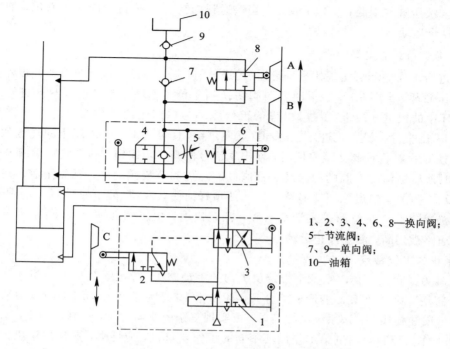

图 8-6　气液动力滑台气压传动系统

1、2、3、4、6、8—换向阀；
5—节流阀；
7、9—单向阀；
10—油箱

2. 系统的工作原理

气液动力滑台气压传动系统可实现如图 8-7 所示的单向进给工作循环和图 8-8 所示的双向进给工作循环。

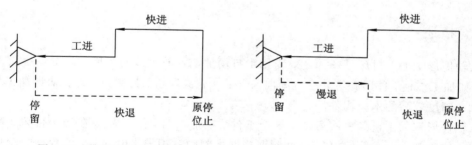

图 8-7　单向进给工作循环　　　　　图 8-8　双向进给工作循环

1）单向进给工作循环

单向进给工作循环可实现快进→慢进(工进)→快退→原位停止的动作循环，当图 8-6 中手动换向阀 4 处于图示状态时，即可实现该动作过程，其工作原理为：

当手动换向阀 3 切换到右位时，实际上就是给予进刀信号，在气压作用下气缸中活塞开始向下运动，液压缸中活塞下腔的油液经行程阀 6 的左位和单向阀 7 进入液压缸活塞的上腔，实现快进过程。当快进到活塞杆上的挡铁 B 切换行程阀 6(使其处于右位)后，油液只能经节流阀 5 进入液压缸活塞上腔，调节节流阀的开度，即可调节气液阻尼缸运动速度，所以活塞开始慢进(工进)。当工进至挡铁 C 使行程阀 2 复位时，输出气信号使阀 3 切换到左位，这时气缸活塞开始向上运动。液压缸活塞上腔的油液经阀 8 的左位和手动阀 4 中的单向阀进入液压缸的下腔,实现了快退,当快退到挡铁 A 切换行程阀 8 至右位,油路被切断,活塞停止运动。

2)双向进给工作循环

双向进给工作循环可实现快进→慢进(工进)→慢退(反向进给)→快退→原位停止的双向进给工作循环。当图 8-6 中手动换向阀切换到左位工作时,即可进入双向进给工作循环,该循环中的快进→慢进(工进)过程的工作原理与单向进给工作循环中的快进→慢进(工进)过程相同。由慢进(工进)进入慢退(反向进给)直至快退、原位停止的过程如下:当慢进至挡铁 C 切换行程阀 2 至左位时,输出气信号使阀 3 切换到左位,气缸活塞开始向上运行,此时液压缸活塞上腔的油液经行程阀 8 的左位和节流阀 5 进入活塞下腔,亦即实现了慢退(反向进给),慢退到挡铁 B 离开阀 6 的顶杆而使其复位(处于左位)后,液压缸活塞上腔的油液就经阀 6 左位而进入活塞下腔,开始快退,快退到挡铁 A 切换行程阀 8 至右位,油液通路被切断,活塞停止运动。

3. 系统的工作特点

气液动力滑台气压传动系统中带定位机构的手动阀 1、行程阀 2 和手动阀 3 共同组成一个组合阀块,阀 4、5 和 6 变形成组合阀,补油箱 10 是为了补偿系统中的泄漏油而设置的,一般可用油杯代替。该系统结构简单,可实现复杂的换向动作,控制灵敏度高,实现了单向进给工作循环和双向进给工作循环不同的工作要求,适应性强,广泛用于机械装置的各类动力滑台系统。

8.6　八轴仿形铣加工机床气压传动控制系统

8.6.1　概述

八轴仿形铣加工机床是一种高效专用半自动加工木质工件的机床。其主要功能是仿形加工,如加工梭柄、虎形腿等异型空间曲面。工件表面经粗、精铣,砂光和仿形加工后,可得到尺寸精度较高的木质构件。

八轴仿形铣加工机床一次可加工 8 个工件。在加工时,把样品放在居中位置,铣刀主轴转速一般为 8000 r/min 左右。由变频调速器控制的三相异步电动机,经蜗杆蜗轮传动副控制降速后,可得工件的转速范围为 15~735 r/min,纵向进给由电动机带动滚珠丝杠实现,其转速根据挂轮变化为 20~1190 r/min 或 40~2380 r/min。工件转速、纵向进给运动速度的改变,都是根据仿形轮的几何轨迹变化,反馈给变频调速器后,再控制电动机来实现的。该机床的接料盘升降,工件的夹紧松开,粗、精铣,砂光和仿形加工等工序都是由气压传动控制与电气控制配合来实现的。

8.6.2　气压传动控制系统的工作原理

八轴仿形铣加工机床使用了夹紧缸 B(共 8 只),接料托盘升降缸 A(共 2 只),盖板升降缸 C,铣刀上、下缸 D,粗、精铣缸 E,砂光缸 F,平衡缸 G 共计 15 只气缸。其动作顺序如图 8-9 所示。

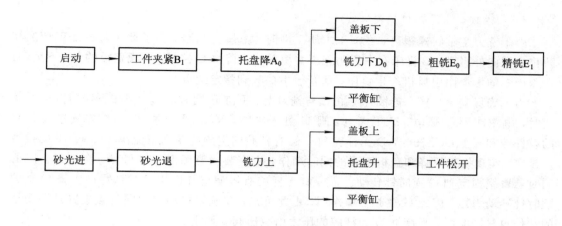

图 8-9　八轴仿形铣加工机床动作顺序

八轴仿形铣加工机床的气压传动控制回路如图 8-10 所示。

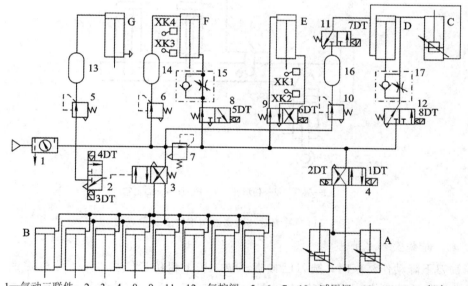

1—气动三联件；2、3、4、8、9、11、12—气控阀；5、6、7、10—减压阀；13、14、16—气容；15、17—单向节流阀；A—接料托盘升降缸；B—夹紧缸；C—盖板升降缸；D—铣刀上、下缸；E—粗、精铣缸；F—砂光缸；G—平衡缸

图 8-10　八轴仿形铣加工机床的气压传动控制回路

1）接料托盘升降及工件夹紧

在按下接料托盘上升按钮开关（电开关）后，电磁铁 1DT 通电，使阀 4 处于右位，A 缸无杆腔进气，活塞杆伸出，有杆腔余气经阀 4 排气口排空，此时接料托盘升起。当托盘升至预定位置时，由人工把工件毛坯放在托盘上，接着按工件夹紧按钮使电磁铁 3DT 通电，阀 2 换向处于下位。此时，阀 3 的气控信号经阀 2 的排气口排空，使阀 3 复位处于右位，压缩空气分别进入 8 只夹紧气缸的无杆腔，有杆腔余气经阀 3 的排气口排空，实现工件夹紧。

工件夹紧后，按下接料托盘下降按钮，使电磁铁 2DT 通电，1DT 断电，阀 4 换向处于左位，A 缸有杆腔进气，无杆腔排气，活塞杆退回，使接料托盘降至原位。

2）盖板缸、铣刀缸和平衡缸的动作

由于铣刀主轴转速很高，在加工木质工件时，木屑会飞溅。为了便于观察加工情况和防止木屑向外飞溅，该机床有一透明盖板并由盖板升降缸 C 控制，实现盖板的上、下运动。在盖板中的木屑由引风机产生负压，从管道中抽吸到指定地点。

为了确保安全生产，盖板升降缸 C 与铣刀上、下缸 D 同时动作。当按下铣刀缸向下按钮时，电磁铁 7DT 通电，8DT 断电，阀 11 处于右位，阀 12 处于左位，压缩空气进入 D 缸的有杆腔和 C 缸的无杆腔，D 无杆腔和 C 缸有杆腔的空气经单向节流阀 17、阀 12 的排气口排空，实现铣刀下降和盖板下降的同时动作。由安装示意图 8-11 可见，在铣刀下降的同时悬臂绕固定轴 O 逆时针转动。而 G 缸无杆腔有压缩空气作用且对悬臂产生绕 O 轴的顺时针转动力矩，因此 G 缸起平衡作用。由此可知，在铣刀缸动作的同时盖板缸及平衡缸的动作也是同时的，平衡缸 G 无杆腔的压力由减压阀 5 调定。

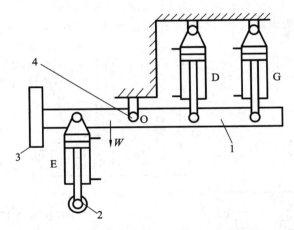

1—悬臂；2—仿形轮；3—铣刀；4—固定轮

图 8-11　铣刀缸和平衡缸仿形轮安装示意图

3）粗、精铣及砂光的进退

当铣刀下降动作结束时，铣刀已接近工件，按下粗仿形铣按钮后，使电磁铁 6DT 通电，阀 9 换向处于右位，压缩空气进入 E 缸的有杆腔，无杆腔的余气经阀 9 排气口排空，完成粗铣加工。由图 8-11 可知，E 缸的有杆腔加压时，由于对下端盖有一个向下的作用力，因此，等于对整个悬臂又增加了一个逆时针转动力矩，进一步增加铣刀对工件的吃刀量，从而完成粗仿形铣加工工序。

同理，当 E 缸无杆腔进气，有杆腔排气时，等于对悬臂施加一个顺时针转动力矩，使铣刀离开工件，切削量减少，完成精加工仿形工序。

在进行粗仿形铣加工时，E 缸活塞杆缩回，当粗仿形铣加工结束时，压下行程开关 XK1，6DT 断电，阀 9 换向处于左位，E 缸活塞杆又伸出，进行粗铣加工。加工完了时，压下行程开关 XK2，使电磁铁 5DT 通电，阀 8 处于右位，压缩空气经减压阀 6、气容 14 进入 F 缸的无杆腔，有杆腔余气经单向节流阀 15、阀 8 排气口排气，完成砂光进给动作。砂光进给速度由单向节流阀 15 调节，当砂光结束时，压下行程开关 XK3，使电磁铁 5DT 断电，F 缸退回。

当 F 缸返回至原位时，压下行程开关 XK4，使电磁铁 8DT 通电，7DT 断电，D 缸、C 缸同时动作，完成铣刀上升，盖板打开，此时平衡缸仍起着平衡重物的作用。

4）接料托盘升、工件松开

当加工完毕时，按下启动按钮，接料托盘升至接料位置。再按下另一按钮，工件松开并自动落到接料托盘上，人工取出加工完毕的工件。接着再放上被加工工件至接料托盘上，为下一个工作循环做准备。

8.6.3　气压传动控制系统的特点

八轴仿形铣加工机床气压传动控制系统的特点如下：

（1）该机床将气压传动控制与电气控制相结合，各自发挥自己的优点，互为补充，具有操作简便、自动化程度较高等特点；

（2）砂光缸、铣刀缸和平衡缸均与气容相连，稳定了气缸的工作压力，在气容前面都设有减压阀，可单独调节各自的压力值；

（3）用平衡缸通过悬臂对吃刀量和自重进行平衡，具有气弹簧的作用，其柔韧性较好，缓冲效果好；

（4）接料托盘升降缸采用双向缓冲气缸，实现终端缓冲，简化了气动控制回路。

【工程应用】

流体传动技术使用简单，可获得大的作用力，安全可靠，可实现高度自动化和远程控制的特点很好地适应机器人技术的需求。流体传动技术与机器人的结合使流体传动技术本身不断发展和更新。

根据流体传动系统执行元件的不同和机器人所在环境的不同，流体传动技术和机器人技术的结合可有以下两方面：① 流体传动系统的执行元件种类较多，对不同型号、不同功能的机器人，可以运用不同的执行元件来实现机器人的动作，达到机器人的功能，例如，形成最简单的直线或旋转的机器人运行控制系统、气动人工肌肉等；② 机器人的种类和功能、应用的场所和所处的环境不同，导致机器人与不同的流体传动技术结合情况也不同，如德国 Festo 公司的仿生蝠鲼机器人，新西兰坎特伯雷大学的 5 倍超音速伯努利机器人、大狗机器人、水下机器人等。

 案例拓展

Q2—8 型汽车起重机液压传动系统的功能及特点

Q2—8 型汽车起重机的液压传动系统的动作顺序与原理，如表 8-3 所示。

Q2—8 型汽车起重机液压传动系统的主要特点：

（1）系统中采用了平衡回路、锁紧回路和制动回路，能保证起重机工作可靠，操作安全；

（2）采用三位四通手动换向阀，不仅可以灵活方便地控制换向动作，还可通过手柄操纵来控制流量，以实现节流调速。在起升工作中，将此节流调速方法与控制发动机转速的方法结合使用，可以实现各工作部件微速动作；

（3）换向阀串联组合，不仅各机构的动作可以独立进行，而且在轻载作业时，可实现起升和回转复合动作，以提高工作效率；

（4）各换向阀处于中位时系统卸荷，能减少功率损耗，适于起重机间歇性工作。

表 8-3　Q2-8 型汽车起重机的液压传动系统的动作顺序与原理

手动阀位置						系统工作情况						
A	B	C	D	E	F	前支腿液压缸	后支腿液压缸	回转液压马达	伸缩液压缸	变幅液压缸	起升液压马达	制动液压缸
左	中	中	中	中	中	放下	不动	不动	不动	不动	不动	不动
右						收起						
中	左					不动	放下					
	右						收起					
	中	左					不动	正转				
		右						反转				
		中	左					不动	缩回			
			右						伸出			
			中	左					不动	减幅		
				右						增幅		
				中	左					不动	正转	松开
					右						反转	

知识延伸

纳　米　流　体

纳米流体是指把金属或非金属纳米粉体分散到水、醇、油等传统换热介质中，制备成均匀、稳定、高导热的新型换热介质，这是纳米技术应用于热能工程这一传统领域的创新性的研究。纳米流体在能源、化工、汽车、建筑、微电子、信息等领域具有巨大的潜在应用前景，从而成为材料、物理、化学、传热学等众领域的研究热点。

纳米流体的制备方法分两种：一步法和两步法。一步法是将纳米颗粒的制备过程和纳米颗粒在基液中的分散过程同时完成。两步法是将制备好的纳米颗粒通过某种手段分散到基液中，制备和分散过程分两步进行。由于一步法制备工艺复杂，所需设备昂贵，不具备大批量生产的能力，所以现阶段主要采用两步法制备纳米流体。两步法制备的纳米流体中纳米颗粒容易自聚，长时间放置后聚合的纳米颗粒会从基液中析出。

纳米流体光热转化是国际前沿，也契合国家重大需求。例如，纳米流体吸收太阳能实现光热转化在发电、海水淡化、污水处理等方面有巨大应用潜力。此外，在光流控等功能化应用方面，用光控制纳米流体运动有其独特优势，拥有很大的施展空间。纳米流体光热转化及相变传热机理发展出了一种新的具有广阔应用前景的光流控手段，为光流控推广应用奠定了基础。

【思考题和习题】

8-1 典型液压系统的工况与特点有哪些？

8-2 阅读和分析流体传动系统原理图的基本步骤和方法是什么？

8-3 组合机床动力滑台液压系统的系统组成及工作特点是什么？

8-4 万能外圆磨床的系统组成及工作特点是什么？

8-5 气动机械手的系统组成及其工作特点是什么？

8-6 气液动力滑台气压传动系统与组合机床动力滑台液压系统的工作原理的主要差别是什么？

8-7 图 8-12 所示压力机液压系统能实现"快进→慢进→保压→快退→停止"的动作循环。试读懂此液压系统图，并写出：

（1）包括液流情况的动作循环表；

（2）标号元件的名称和功能。

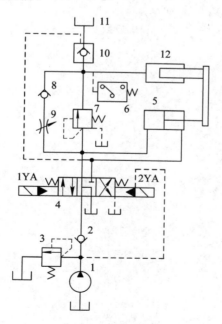

图 8-12 题 8-7 图

8-8 图 8-13 示为叉车液压系统。其功能有升降货物，装货框架前、后倾斜及转向等。阀 7 是防止因发动机突然停转使泵失压而设置的后倾锁紧阀。阀 8 用来调节货物下降时的速度，并使下降速度不因货物重量不同而改变。阀 9 是手动随动（伺服）阀，由方向盘通过转向器与垂臂控制叉车转向。试分析：

(1) 液压系统工作原理；

(2) 液压系统基本回路组成和系统中各阀的作用。

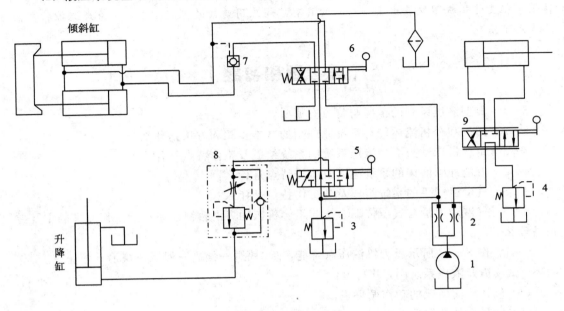

图 8 − 13　题 8 − 8 图

第四篇

设计与前沿发展篇

第9章　流体传动与控制系统的设计计算

本章介绍液压系统设计的基本步骤和方法。通过对本章内容的学习，要求初步掌握液压系统设计的内容、基本步骤和方法，能够完成简单液压系统的设计。

案例九　汽车起重机液压系统的设计

案例简介

在进行汽车起重机液压系统的设计计算之前，要先弄清楚所设计液压系统的组成、功能及工作特点。在进行设计计算时，首先要整体认识汽车起重机液压系统的六个主回路组成部分；再分析各基本回路的功能、组成和工作特点；按照功能要求选择各液压元件，绘制正确的系统工作原理图，并进行设计验算。最后，各基本回路要能协调运动完成整个液压系统的复杂工作过程。

案例分析

汽车起重机液压系统是汽车起重机的最重要组成部分，直接影响整机的正常工作。系统设计计算的前提是明晰整个液压系统的组成、功能及工作特点。根据用途和工作特点来分析汽车起重机液压系统的组成回路，它一般由起升、变幅、伸缩、回转、支腿升降和控制六个主要基本回路组成。按各基本回路不同的功能（如起升、变幅、伸缩、回转、支腿升降和控制）、组成和工作特点，分析需要实现功能的液压油液的流量（确定输出速度）和压力（承担工作负载和泄漏损失）。在对各基本回路组成和功能完成分析的基础上，根据速度和压力的具体要求进行设计计算，合理选择各液压元件。按整个系统各支路基本回路协调工作的正确顺序要求，绘制实现整个液压系统复杂工作过程的工作原理图，并进行油温、油压等设计验算，制订详细的设计说明书。

【理 论 知 识】

9.1　概　　述

流体传动系统的设计是机械装置整体设计的一部分，经常使用的方法是现代设计方法与传统经验的积累相结合。在进行流体传动系统的设计时，应着重解决工作部件对力和运动两方面如何满足要求的问题。在保证满足工作性能和工作可靠性的前提下，应力求系统简单、经济且维修方便。

液压系统设计的步骤大致如下：

（1）明确设计要求，进行工况分析；

（2）初定液压系统的主要参数；

（3）拟定液压系统原理图；

（4）计算和选择液压元件；

（5）估算液压系统性能；

（6）绘制工作图和编写技术文件。

由于不同系统的具体内容有所不同，因此以上设计步骤也会有所不同。下面对液压系统设计计算各步骤的具体内容进行简单介绍，气压传动系统的设计计算可参照进行。

9.1.1　明确设计要求和工况分析

在设计液压系统时，首先应明确以下问题，并将其作为设计依据。

（1）主机的用途、工艺过程、总体布局以及对液压传动装置的位置和空间尺寸的要求。

（2）主机对液压系统的性能要求，如自动化程度、调速范围、运动平稳性、换向定位精度以及对系统的效率、温升等的要求。

（3）液压系统的工作环境，如温度、湿度、振动冲击以及是否有腐蚀性和易燃物质存在等情况。

在完成上述工作的基础上，应对主机进行工况分析。工况分析包括运动分析和动力分析，对复杂的系统还需编制负载和动作循环图，由此了解液压缸或液压马达的负载和速度随时间变化的规律。

工况分析的内容如下：

1. 运动分析

主机的执行元件按工艺要求的运动情况，可以用位移循环图（$L-t$）和速度循环图（$v-t$ 或 $v-L$）来表示，由此对运动规律进行分析。

1）位移循环图（$L-t$）

图 9-1 所示为液压机的液压缸位移循环图，纵坐标 L 表示活塞位移，横坐标 t 表示从活塞启动到返回原位的时间，曲线斜率表示活塞移动速度。该图清楚地表明液压机的工作循环分别由快速下行、减速下行、压制、保压、泄压慢回和快速回程六个阶段组成。

2）速度循环图（$v-t$ 或 $v-L$）

工程中液压缸的运动特点可归纳为三种类型。图 9-2 所示为三种类型液压缸的速度循环图（$v-t$），第一种如图 9-2 中实线所示，液压缸开始作匀加速运动，然后以匀速运动，最后以匀减速运动到终点；第二种如图 9-2 中虚线所示，液压缸在总行程的前一半作匀加速运动，在另一半作匀减速运动，且加速度的数值相等；第三种如图 9-2 中点画线所示，液压缸在总行程的一大半以上以较小的加速度作匀加速运动，然后匀减速至行程终点。$v-t$ 图的三条速度曲线，不仅清楚地表明了三种类型液压缸的运动规律，也间接地表明了三种工况的动力特性。

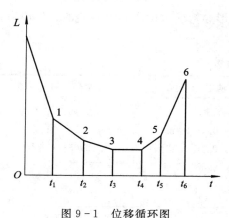

图 9 - 1　位移循环图　　　　　　　　　　图 9 - 2　速度循环图

2. 动力分析

动力分析研究机器在工作过程中其执行机构的受力情况，对液压系统而言，就是研究液压缸或液压马达的负载情况。

1）液压缸的负载及负载循环图

（1）液压缸的负载力计算。当工作机构作直线往复运动时，液压缸必须克服的负载由六部分组成：

$$F = F_c + F_f + F_i + F_G + F_m + F_b \qquad (9-1)$$

式中：F_c——切削阻力；

$\quad\quad F_f$——摩擦阻力；

$\quad\quad F_i$——惯性阻力；

$\quad\quad F_G$——重力；

$\quad\quad F_m$——密封阻力；

$\quad\quad F_b$——排油阻力。

① 切削阻力 F_c：液压缸运动方向的工作阻力，对于机床来说就是沿工作部件运动方向的切削力。此作用力的方向如果与执行元件运动方向相反，则为正值；两者同向，则为负值。该作用力可能是恒定的，也可能是变化的，其值要根据具体情况计算或由实验测定。

② 摩擦阻力 F_f：液压缸带动的运动部件所受的摩擦阻力，它与导轨的形状、放置情况和运动状态有关，其计算方法可查有关的设计手册。图 9 - 3 所示为最常见的两种导轨形式，其摩擦阻力的值如下：

平导轨：

$$F_f = f \sum F_n \qquad (9-2)$$

V 形导轨：

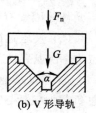

(a) 平导轨　　　　(b) V 形导轨

图 9 - 3　导轨形式

$$F_f = f \frac{\sum F_n}{\sin \dfrac{\alpha}{2}} \qquad (9-3)$$

式中：f——摩擦因数，可参阅表 9-1 选取；

　　$\sum F_n$——作用在导轨上总的正压力或沿 V 形导轨横截面中心线方向的总作用力；

　　α——V 形角，一般为 90°。

表 9-1　摩擦因数 f

导轨类型	导轨材料	运动状态	摩擦因数(f)
滑动导轨	铸铁对铸铁	启动时	0.15～0.20
		低速($v<0.16$ m/s)	0.10～0.12
		高速($v>0.16$ m/s)	0.05～0.08
滚动导轨	铸铁对滚柱（珠）	—	0.005～0.02
	淬火钢导轨对滚柱（珠）		0.003～0.006
静压导轨	铸铁	—	0.005

　　③ 惯性阻力 F_i：运动部件在启动和制动过程中的惯性力，可按下式计算：

$$F_i = ma = \frac{G}{g}\frac{\Delta v}{\Delta t} \tag{9-4}$$

式中：m——运动部件的质量（kg）；

　　a——运动部件的加速度（m/s²）；

　　G——运动部件的重量（N）；

　　g——重力加速度，$g=9.81$ m/s²；

　　Δv——速度变化值（m/s）；

　　Δt——启动或制动时间（s），一般机床的 $\Delta t=0.1\sim0.5$ s，运动部件重量大的取大值。

　　④ 重力 F_G：对于垂直放置和倾斜放置的移动部件，其本身的重量也成为一种负载，当其上移时负载为正值，下移时为负值。

　　⑤ 密封阻力 F_m：装有密封装置的零件在相对移动时的摩擦力，其值与密封装置的类型、液压缸的制造质量和油液的工作压力有关。在初算时，可按缸的机械效率（$\eta_m=0.9$）考虑；在验算时，可按密封装置摩擦力的计算公式计算。

　　⑥ 排油阻力 F_b：液压缸回油路上的阻力。该值与调速方案、系统所要求的稳定性、执行元件等因素有关，在系统方案未确定时无法计算，可放在液压缸的设计计算中考虑。

　　（2）液压缸运动循环各阶段的总负载力。液压缸运动循环一般包括启动加速、快进、工进、快退、减速制动等几个阶段，每个阶段的总负载力是有区别的。

　　① 启动加速阶段：这时液压缸或活塞处于由静止到启动并加速到一定速度的阶段，其总负载力包括导轨的摩擦力、密封装置的摩擦力（按缸的机械效率 $\eta_m=0.9$ 计算）、重力和惯性力等项，即

$$F = F_f + F_i \pm F_G + F_m + F_b \tag{9-5}$$

　　② 快速进给阶段：

$$F = F_f \pm F_G + F_m + F_b \tag{9-6}$$

③ 工进阶段：

$$F = F_f + F_c \pm F_G + F_m + F_b \tag{9-7}$$

④ 减速阶段：

$$F = F_f \pm F_G - F_i + F_m + F_b \tag{9-8}$$

对于简单的液压系统，上述计算过程可简化。例如，在采用单定量泵供油时，只需计算工进阶段的总负载力；若简单系统采用限压式变量泵或双联泵供油，则只需计算快速进给阶段和工进阶段的总负载力。

（3）液压缸的负载循环图。对较为复杂的液压系统，为了更清楚地了解该系统内各液压缸（或液压马达）的速度和负载的变化规律，应根据各阶段的总负载力和它所经历的工作时间 t 或位移 L 按相同的坐标绘制液压缸的负载时间（F-t）或负载位移（F-L）图，然后将各液压缸在同一时间 t（或位移）的负载力叠加。

图 9-4 所示为一部机器的 F-t 图，其中：$0 \sim t_1$ 为启动过程；$t_1 \sim t_2$ 为加速过程；$t_2 \sim t_3$ 为恒速过程；$t_3 \sim t_4$ 为制动过程。它清楚地表明了液压缸在动作循环内负载的变化规律。图 9-4 中的最大负载是初选液压缸工作压力和确定液压缸结构尺寸的依据。

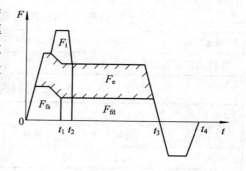

图 9-4　负载循环图

2）液压马达的负载

当工作机构作旋转运动时，液压马达必须克服的外负载为

$$M = M_e + M_f + M_i \tag{9-9}$$

（1）工作负载力矩 M_e。工作负载力矩可能是定值，也可能随时间变化，应根据机器工作条件进行具体分析。

（2）摩擦力矩 M_f。它是旋转部件轴颈处的摩擦力矩，其计算公式为

$$M_f = GfR \tag{9-10}$$

式中：G——旋转部件的重量（N）；

　　f——摩擦因数，启动时为静摩擦因数，启动后为动摩擦因数；

　　R——轴颈半径（m）。

（3）惯性力矩 M_i。它是旋转部件加速或减速时产生的惯性力矩，其计算公式为

$$M_i = J \frac{\Delta\omega}{\Delta t} = J\varepsilon \tag{9-11}$$

式中：ε——角加速度（r/s²）；

　　$\Delta\omega$——角速度的变化（r/s）；

　　Δt——加速或减速时间（s）；

　　J——旋转部件的转动惯量（kg·m²），$J = GD^2/(4g)$，其中，GD^2 为回转部件的飞轮效应（N·m²）。各种回转体的 GD^2 可查《机械设计手册》。

根据式（9-9），分别算出液压马达在一个工作循环内各阶段的负载大小，便可绘制液压马达的负载循环图。

9.1.2　主要参数的确定

1. 液压缸的设计计算

1) 初定液压缸工作压力

液压缸工作压力主要根据运动循环各阶段中的最大总负载力来确定，此外，还需要考虑以下因素：

(1) 各类设备的不同特点和使用场合。

(2) 考虑经济和重量因素。压力选得低，则元件尺寸大、重量重；压力选得高，则元件尺寸小、重量轻，但对元件的制造精度、密封性能要求就会高。

所以，液压缸的工作压力的选择有两种方式：一是根据机械类型；二是根据切削负载，如表 9-2 和表 9-3 所示。

表 9-2　按负载选择执行元件的工作压力

负载/N	<5000	500~10000	10000~20000	20000~30000	30000~50000	>50000
工作压力/MPa	≤0.8~1	1.5~2	2.5~3	3~4	4~5	>5

表 9-3　按机械类型选择执行元件的工作压力

机械类型	机　床				农业机械	工程机械
	磨床	组合机床	龙门刨床	拉床		
工作压力/MPa	≤2	3~5	≤8	8~10	10~16	20~32

2) 液压缸主要尺寸的计算

液压缸的有效面积和活塞杆直径可根据缸受力的平衡关系具体计算，详见第 4 章4.2节。

3) 液压缸的流量计算

液压缸的最大流量(m^3/s)为

$$q_{max} = A \cdot v_{max} \qquad (9-12)$$

式中：A——液压缸的有效面积 A_1 或 $A_2(m^2)$；

　　　v_{max}——液压缸的最大速度(m/s)。

液压缸的最小流量(m^3/s)为

$$q_{min} = A \cdot v_{min} \qquad (9-13)$$

式中：v_{min}——液压缸的最小速度。

液压缸的最小流量 q_{min} 应等于或大于流量阀或变量泵的最小稳定流量。若不满足此要求，则需重新选定液压缸的工作压力，使工作压力低一些，缸的有效工作面积大一些，所需最小流量 q_{min} 也大一些，以满足上述要求。

流量阀和变量泵的最小稳定流量可从产品样本中查到。

2. 液压马达的设计计算

1) 计算液压马达排量

液压马达排量根据下式决定：

$$V_M = \frac{6.28T}{\Delta p_M \eta_m} \tag{9-14}$$

式中：T——液压马达的负载力矩（N·m）；

　　　Δp_M——液压马达进出口压力差（N/m²）；

　　　η_m——液压马达的机械效率，一般齿轮和柱塞马达取 0.9～0.95，叶片马达取 0.8～0.9。

2）计算液压马达所需流量

液压马达的最大流量（m³/s）为

$$q_{max} = V_M n_{max} \tag{9-15}$$

式中：V_M——液压马达排量（m³/r）；

　　　n_{max}——液压马达的最高转速（r/s）。

9.1.3　系统原理图的拟定

拟定液压传动系统原理图是液压传动系统设计中非常重要的一步，它将以简图的形式全面、具体地体现设计中提出的动作要求和性能。在这一设计步骤中需要综合应用前面章节知识，拟定出一个比较完善的液压传动系统，并且必须对各种液压基本回路、典型液压传动系统有全面而深刻的了解。

在拟定液压传动系统图的过程中应注意以下问题：

（1）选择回路时既要考虑调速、调压、换向、顺序动作、动作互锁等技术要求，也要考虑节省能源、减少发热、减少冲击、保证动作精度等。

（2）拟定出的液压传动系统应保证其工作循环中的每个动作都安全可靠，无互相干扰的现象。

（3）尽可能省去不必要的元件，以简化系统结构。

（4）尽可能使系统经济合理，便于维修检测。

9.1.4　元件参数的计算和选择

1. 液压泵的确定与所需功率的计算

1）确定液压泵的最大工作压力 p_B

液压泵所需工作压力 p_B 主要根据液压缸在工作循环各阶段所需最大压力 p_1 及油泵的出油口到缸进油口处总的压力损失 $\sum \Delta p$ 确定，即

$$p_B = p_1 + \sum \Delta p \tag{9-16}$$

式中，$\sum \Delta p$ 包括油液流经流量阀和其他元件的局部压力损失、管路沿程损失等，在系统管路未设计之前，可根据同类系统按经验估计，一般管路简单的节流阀调速系统的 $\sum \Delta p$ 为 $(2 \sim 5) \times 10^5$ Pa；调速阀及管路复杂系统的 $\sum \Delta p$ 为 $(5 \sim 15) \times 10^5$ Pa。$\sum \Delta p$ 也可只考虑流经各控制阀的压力损失，而将管路系统的沿程损失忽略不计，各阀的额定压力损失可从液压元件手册或产品样本中查找，亦可参照表 9-4 选取。

表 9 - 4　常用中、低压各类阀的压力损失(Δp_n)

阀名	单向阀	换向阀	背压阀	节流阀	行程阀	顺序阀	转阀	调速阀
Δp_n /($\times 10^5$ Pa)	0.3~0.5	1.5~3	3~8	2~3	1.5~2	1.5~3	1.5~2	3~5

2）确定液压泵的流量 q_B

泵的流量 q_B 根据执行元件动作循环所需最大流量 q_{max} 和系统的泄漏确定。

（1）当多液压缸同时动作时，液压泵的流量要大于同时动作的几个液压缸（或马达）所需的最大流量，并应考虑系统的泄漏和液压泵磨损后容积效率的下降，即

$$q_B \geqslant K\left(\sum q\right)_{max} \tag{9-17}$$

式中：K——系统泄漏系数，一般取 1.1~1.3，大流量取小值，小流量取大值；

$\left(\sum q\right)_{max}$——同时动作的液压缸（或马达）的最大总流量（$m^3/s$）。

（2）当采用差动液压缸回路时，液压泵所需流量为

$$q_B \geqslant K(A_1 - A_2)v_{max} \tag{9-18}$$

式中：A_1、A_2——液压缸无杆腔与有杆腔的有效面积（m^2）；

v_{max}——活塞的最大移动速度（m/s）。

（3）当系统使用蓄能器时，液压泵流量按系统在一个循环周期中的平均流量选取，即

$$q_B = \frac{\sum\limits_{i=1}^{z} V_i K}{T_i} \tag{9-19}$$

式中：V_i——液压缸在工作周期中的总耗油量（m^3）；

T_i——机器的工作周期（s）；

Z——液压缸的个数。

3）选择液压泵的规格

根据上面所计算的最大压力 p_B 和流量 q_B，查液压元件产品样本，选择与 p_B 和 q_B 相当的液压泵的规格型号。

上面所计算的最大压力 p_B 是系统静态压力，系统工作过程中存在着过渡过程的动态压力，而动态压力往往比静态压力高得多，所以泵的额定压力 p_B 应比系统最高压力大25%~60%，从而使液压泵有一定的压力储备。若系统属于高压范围，则压力储备取小值；若系统属于中低压范围，则压力储备取大值。

4）确定驱动液压泵的功率

（1）当液压泵的压力和流量比较恒定时，所需功率为

$$P = p_B q_B \eta_B \tag{9-20}$$

式中：p_B——液压泵的最大工作压力（N/m^2）；

q_B——液压泵的流量（m^3/s）；

η_B——液压泵的总效率，各种形式液压泵的总效率可参考表 9-5 估取，液压泵规格大，取大值，反之取小值；定量泵取大值，变量泵取小值。

表 9 - 5　液压泵的总效率

液压泵类型	齿轮泵	螺杆泵	叶片泵	柱塞泵
总效率	0.6~0.7	0.65~0.80	0.60~0.75	0.80~0.85

（2）在工作循环中，当泵的压力和流量有显著变化时，可分别计算出工作循环中各个阶段所需的驱动功率，然后求其平均值，即

$$P = \sqrt{\frac{t_1 P_1^2 + t_2 P_2^2 + \cdots + t_n P_n^2}{t_1 + t_2 + \cdots + t_n}} \qquad (9-21)$$

式中：t_1，t_2，$\cdots$，t_n——一个工作循环中各阶段所需的时间（s）；

$\quad p_1$，p_2，$\cdots$，p_n——一个工作循环中各阶段所需的功率（kW）。

按上述功率和泵的转速，可以从产品样本中选取标准电动机，再进行验算，使电动机发出最大功率时，其超载量在允许范围内。

2. 阀类元件的选择

1）选择依据

阀类元件的选择依据为额定压力、最大流量、动作方式、安装固定方式、压力损失数值、工作性能参数和工作寿命等。

2）选择阀类元件应注意的问题

（1）应尽量选用标准定型产品，除非不得已时才自行设计专用件。

（2）阀类元件的规格主要根据流经该阀油液的最大压力和最大流量选取。在选择溢流阀时，应按液压泵的最大流量选取；在选择节流阀和调速阀时，应考虑其最小稳定流量满足机器低速性能的要求。

（3）一般选择控制阀的额定流量应比系统管路实际通过的流量大一些，必要时，允许通过阀的最大流量超过其额定流量的 20%。

3. 蓄能器的选择

（1）蓄能器在液压泵供油不足时提供补充，其有效容积为

$$V = \sum A_i L_i K - q_B t \qquad (9-22)$$

式中：A_i——第 i 个液压缸有效面积（m²）；

$\quad L_i$——第 i 个液压缸行程（m）；

$\quad K$——液压缸损失系数，估算时可取 $K=1.2$；

$\quad q_B$——液压泵供油流量（m³/s）；

$\quad t$——动作时间（s）。

（2）蓄能器作应急能源时，其有效容积为

$$V = \sum A_i L_i K \qquad (9-23)$$

当蓄能器用于吸收脉动、缓和液压冲击时，应将其作为系统中的一个环节，与其关联部分一起综合考虑其有效容积。

根据求出的有效容积并考虑其他要求，即可选择蓄能器的形式。

4. 管道的选择

1）油管类型的选择

液压系统中使用的油管分硬管和软管，选择的油管应有足够的通流截面和承压能力，

同时应尽量缩短管路，避免急转弯和截面突变。

（1）钢管：中高压系统选用无缝钢管，低压系统选用焊接钢管。钢管价格低，性能好，使用广泛。

（2）铜管：紫铜管工作压力在 6.5～10 MPa 以下，易弯曲，便于装配；黄铜管承受压力较高，可达 25 MPa，不如紫铜管易弯曲。铜管价格高，抗震能力弱，易使油液氧化，应尽量少用，只用于液压装置配接不方便的部位。

（3）软管：用于两个相对运动件之间的连接。高压橡胶软管中夹有钢丝编织物；低压橡胶软管中夹有棉线或麻线编织物；尼龙管是乳白色半透明管，承压能力为 2.5～8 MPa，多用于低压管道。因软管弹性变形大，容易引起运动部件爬行，所以不宜装在液压缸和调速阀之间。

2）油管尺寸的确定

（1）油管内径 d 按下式计算：

$$d = \sqrt{\frac{4q}{\pi v}} \qquad (9-24)$$

式中：q——通过油管的最大流量($\mathrm{m^3/s}$)；

　　　v——管道内允许的流速(m/s)。一般吸油管取 0.5～5 m/s；压力油管取 2.5～5 m/s；回油管取 1.5～2 m/s。

（2）油管壁厚 δ 按下式计算：

$$\delta \geqslant \frac{p \cdot d}{2[\sigma]} \qquad (9-25)$$

式中：p——管内最大工作压力。

　　　$[\sigma]$——油管材料的许用压力，$[\sigma] = \dfrac{\sigma_b}{n}$，$\sigma_b$ 为材料的抗拉强度；其中，n 为安全系数，钢管 $p<7$ MPa 时，取 $n=8$；$p<17.5$ MPa 时，取 $n=6$；$p>17.5$ MPa 时，取 $n=4$。

根据计算出的油管内径和壁厚，查相关手册选取标准规格油管。

5．油箱的设计

油箱的作用是储油、散发油的热量、沉淀油中杂质及逸出油中的气体。其形式有开式和闭式两种，开式油箱油液液面与大气相通，闭式油箱油液液面与大气隔绝。开式油箱应用较多。

1）油箱设计要点

（1）油箱应有足够的容积以满足散热，同时其容积应保证系统中油液全部流回油箱时不溢出，油液液面不应超过油箱高度的 80%。

（2）吸箱管和回油管的间距应尽量大。

（3）油箱底部应有适当斜度，泄油口置于最低处，以便排油。

（4）注油器上应装滤网。

（5）油箱的箱壁应涂耐油防锈涂料。

2）油箱容量计算

油箱的有效容量 V 可近似用液压泵单位时间内排出油液的体积确定：

$$V = K \sum q \qquad (9-26)$$

式中：K——系数，低压系统取 2～4，中、高压系统取 5～7；

$\sum q$——同一油箱供油的各液压泵流量总和。

6. 滤油器的选择

选择滤油器的依据有以下几点：

（1）承载能力：按系统管路工作压力确定。

（2）过滤精度：按被保护元件的精度要求确定，选择时可参阅表 9-6。

表 9-6　滤油器过滤精度的选择

系　　统	过滤精度/μm	元　　件	过滤精度/μm
低压系统	100～150	滑阀	1/3 最小间隙
70×10^5 Pa 系统	50	节流孔	1/7 孔径 （孔径小于 1.8 mm）
100×10^5 Pa 系统	25	流量控制阀	2.5～30
140×10^5 Pa 系统	10～15	安全阀溢流阀	15～25
电液伺服系统	5	高精度伺服系统	2.5

（3）通流能力：按通过的最大流量确定。

（4）阻力压降：应满足过滤材料强度与系数要求。

9.1.5　系统性能验算

为了判断液压系统的设计质量，需要对系统的压力损失、发热温升、效率和系统的动态特性等进行验算。由于液压系统的验算较复杂，只能采用一些简化公式近似地验算某些性能指标，如果设计中有经过生产实践考验的同类型系统供参考或有较可靠的实验结果可以采用，那么可以不进行验算。

1. 管路系统压力损失的验算

当液压元件规格型号和管道尺寸确定之后，就可以较准确地计算系统的压力损失。压力损失包括油液流经管道的沿程压力损失 Δp_L、局部压力损失 Δp_c 和流经阀类元件的压力损失 Δp_V，即

$$\Delta p = \Delta p_L + \Delta p_c + \Delta p_V \qquad (9-27)$$

在计算沿程压力损失时，如果管中为层流流动，可按以下经验公式计算：

$$\Delta p_L = \frac{4.3 \times 10^6 \nu q L}{d^4} \qquad (9-28)$$

式中：q——通过管道的流量（m^3/s）；

L——管道长度（m）；

d——管道内径（mm）；

ν——油液的运动黏度（m^2/s）。

局部压力损失 Δp_c 可按下式估算：

$$\Delta p_c = (0.05 \sim 0.15) \Delta p_L \qquad (9-29)$$

阀类元件的压力损失 Δp_v 可按下式近似计算：

$$\Delta p_\text{v} = \Delta p_\text{n} \left(\frac{q_\text{v}}{q_{\text{v}_\text{n}}}\right)^2 \tag{9-30}$$

式中：q_{v_n}——阀的额定流量（m^3/s）；

q_v——通过阀的实际流量（m^3/s）；

Δp_n——阀的额定压力损失（Pa）。

计算系统压力损失是为了正确确定系统的调整压力和分析系统设计的好坏。

系统的调整压力计算公式为

$$p_0 \geqslant p_1 + \Delta p \tag{9-31}$$

式中：p_0——液压泵的工作压力或支路的调整压力；

p_1——执行元件的工作压力。

如果计算出来的 Δp 比在初选系统工作压力时粗略选定的压力损失大得多，应该重新调整有关元件、辅件的规格，重新确定管道尺寸。

2. 系统发热温升的验算

系统发热来源于系统内部的能量损失，如液压泵和执行元件的功率损失、溢流阀的溢流损失、液压阀及管道的压力损失等。这些能量损失转化为热能，使油液温度升高。油液的温升使黏度下降，泄漏增加，同时，使油分子裂化或聚合，产生树脂状物质，堵塞液压元件小孔，影响系统正常工作，因此必须使系统中油温保持在允许范围内。一般机床液压系统正常工作时的油温为 30～50℃；矿山机械正常工作时的油温为 50～70℃；最高允许的油温为 70～90℃。

（1）系统发热功率 P 可换下式计算：

$$P = P_\text{B}(1-\eta) \tag{9-32}$$

式中：P_B——液压泵的输入功率（W）；

η——液压泵的总效率。

若一个工作循环中有几道工序，则可根据各个工序的发热量，求出系统单位时间的平均发热量：

$$P = \frac{1}{T}\sum_{i=1}^{n} P_i(1-\eta)t_i \tag{9-33}$$

式中：T——工作循环周期（s）；

t_i——第 i 个工序的工作时间（s）；

P_i——循环中第 i 个工序的输入功率（W）。

（2）系统的散热量和温升系统的散热量可按下式计算：

$$P' = \sum_{j=1}^{m} K_j A_j \Delta t_\text{s} \tag{9-34}$$

式中：K_j——散热系数（$\text{W/m}^2\text{℃}$）。当周围通风很差时，$K_j \approx 8\sim9$；当周围通风良好时，$K_j \approx 15$；当用风扇冷却时，$K_j \approx 23$；当用循环水强制冷却时，冷却器表面 $K_j \approx 110\sim175$。

A_j——散热面积（m^2）。当油箱长、宽、高的比例为 1:1:1 或 1:2:3，油面高度为油箱高度的 80% 时，油箱散热面积近似看成 $A_j = 0.065\sqrt[3]{V^2}$（m^2），其中 V

为油箱体积（L）。

Δt_s——液压系统的温升（℃），即液压系统相比周围环境温度的升高值。

j——散热面积的次序号。

当液压系统工作了一段时间后，达到热平衡状态，则

$$P = P'$$

所以液压系统的温升为

$$\Delta t_s = \frac{P}{\sum\limits_{j=1}^{m} K_j A_j} \tag{9-35}$$

计算所得的温升 Δt 加上环境温度，不应超过油液的最高允许温度。

当系统允许的温升确定后，也能利用上述公式来计算油箱的容量。

3. 系统效率验算

液压系统的效率是由液压泵、执行元件和液压回路效率来确定的。

液压回路效率 η_c 一般可用下式计算：

$$\eta_c = \frac{p_1 q_1 + p_2 q_2 + \cdots}{p_{B1} q_{B1} + p_{B2} q_{B2} + \cdots} \tag{9-36}$$

式中：p_1，q_1；p_2，q_2；…——每个执行元件的工作压力和流量；

p_{B1}，q_{B1}；p_{B2}，q_{B2}；…——每个液压泵的供油压力和流量。

液压系统总效率为

$$\eta = \eta_B \eta_c \eta_M \tag{9-37}$$

式中：η_B——液压泵总效率；

η_M——执行元件总效率；

η_c——回路效率。

9.1.6　绘制工作图和编制技术文件

经过对液压系统性能的验算和必要的修改之后，便可绘制正式工作图。正式工作图包括液压系统原理图、系统管路装配图和各种非标准元件设计图。

正式液压系统原理图上要标明各液压元件的型号规格。对于自动化程度较高的机床，还应包括运动部件的运动循环图和电磁铁、压力继电器的工作状态图。

系统管路装配图是正式施工图，各种液压部件和元件在机器中的位置、固定方式、尺寸等应标注清楚。对于自行设计的非标准件，应绘出装配图和零件图。

编制的技术文件包括设计计算书，使用维护说明书，专用件、通用件、标准件、外购件明细表，以及试验大纲等。

9.2　系统设计计算举例

某厂气缸加工自动线上要求设计一台卧式单面多轴钻孔组合机床，该机床有 16 根主轴，钻 14 个 $\phi 13.9$ mm 的孔、2 个 $\phi 8.5$ mm 的孔。要求的工作循环是快速接近工件，然后以工作速度钻孔，加工完毕后快速退回原始位置，最后自动停止；工件材料为铸铁，硬度

为 HB240；假设运动部件重 $G=9800$ N；快进快退速度均为 $v_1=0.1$ m/s；动力滑台采用平导轨，静、动摩擦因数 $\mu_s=0.2$，$\mu_d=0.1$；往复运动的加速、减速时间为 0.2 s；快进行程 $L_1=100$ mm，工进行程 $L_2=50$ mm。试设计计算其液压系统。

1. 作 $F\text{-}t$ 与 $v\text{-}t$ 图

（1）计算钻铸铁孔时的切削阻力，其轴向切削阻力可用下式计算：

$$F_c = 25.5DS^{0.8} \text{硬度}^{0.6}$$

式中：D——钻头直径（mm）；

　　　S——每转进给量（mm/r）。

选择切削用量：钻 $\phi 13.9$ mm 孔时，主轴转速 $n_1=360$ r/min，每转进给量 $S_1=0.147$ mm/r；钻 $\phi 8.5$ mm 孔时，主轴转速 $n_2=550$ r/min，每转进给量 $S_2=0.096$ mm/r。则有

$$
\begin{aligned}
F_c &= 14 \times 25.5 D_1 S_1^{0.8} \text{硬度}^{0.6} + 2 \times 25.5 D_2 S_2^{0.8} \text{硬度}^{0.6} \\
&= 14 \times 25.5 \times 13.9 \times 0.147^{0.8} \times 240^{0.6} + 2 \times 25.5 \times 8.5 \times 0.096^{0.8} \times 240^{0.6} \\
&= 30\ 467\ （\text{N}）
\end{aligned}
$$

（2）计算摩擦阻力。

静摩擦阻力为

$$F_s = f_s G = 0.2 \times 9800 = 1960\ （\text{N}）$$

动摩擦阻力为

$$F_d = f_d G = 0.1 \times 9800 = 980\ （\text{N}）$$

（3）计算惯性阻力。

$$F_i = \frac{G}{g} \frac{\Delta v}{\Delta t} = \frac{9800}{9.8} \frac{0.1}{0.2} = 500\ （\text{N}）$$

（4）计算工进速度。工进速度可按加工 $\phi 13.9$ mm 的切削用量计算，即

$$v_2 = n_1 S_1 = \frac{360}{60} \times 0.147 = 0.88 \times 10^{-3}\ （\text{m/s}）$$

（5）计算各工况负载。

根据以上分析计算各工况液压缸负载，如表 9-7 所示。其中，取液压缸机械效率 $\eta_{cm}=0.9$。

表 9-7　液压缸负载的计算

工　况	计算公式	液压缸负载 F/N	液压缸驱动力 F_0/N
启动	$F = f_s G$	1960	2180
加速	$F = f_d G + \dfrac{G}{g} \cdot \dfrac{\Delta v}{\Delta t}$	1480	1650
快进	$F = f_d G$	980	1090
工进	$F = F_c + f_d G$	31 480	35 000
反向启动	$F = f_s G$	1960	2180
加速	$F = f_d G + \dfrac{G}{g} \cdot \dfrac{\Delta v}{\Delta t}$	1480	1650
快退	$F = f_d G$	980	1090
制动	$F = f_d G - \dfrac{G}{g} \cdot \dfrac{\Delta v}{\Delta t}$	480	532

（6）计算快进、工进时间和快退时间。

快进时间为

$$t_1 = \frac{L_1}{v_1} = \frac{100 \times 10^{-3}}{0.1} = 1 \text{（s）}$$

工进时间为

$$t_2 = \frac{L_2}{v_2} = \frac{50 \times 10^{-3}}{0.88 \times 10^{-3}} = 56.6 \text{（s）}$$

快退时间为

$$t_3 = \frac{L_1 + L_2}{v_1} = \frac{(100 + 50) \times 10^{-3}}{0.1} = 1.5 \text{（s）}$$

（7）作 $F\text{-}t$ 图与 $v\text{-}t$ 图。

根据上述数据作液压缸的 $F\text{-}t$ 与 $v\text{-}t$ 图，如图 9-5 所示。

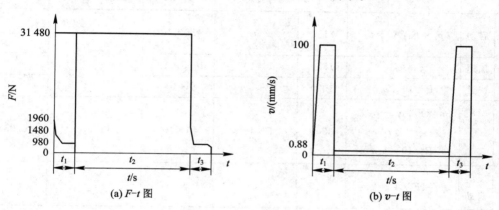

图 9-5　$F\text{-}t$ 图与 $v\text{-}t$ 图

2. 确定液压系统参数

（1）初选液压缸工作压力。由工况分析可知，工进阶段的负载力最大，所以液压缸的工作压力按此负载力计算。根据液压缸与负载的关系，选 $p_1 = 40 \times 10^5$ Pa。本机床为钻孔组合机床，为防止钻通时发生前冲现象，液压缸回油腔应有背压，设背压 $p_2 = 6 \times 10^5$ Pa，为使快进、快退速度相等，选用 $A_1 = 2A_2$ 的差动油缸，假定快进、快退的回油压力损失为 $\Delta p = 7 \times 10^5$ Pa。

（2）计算液压缸尺寸。

由式 $(p_1 A_1 - p_2 A_2)\eta_{cm} = F$，得

$$A_1 = \frac{F}{\left(p_1 - \frac{p_2}{2}\right)\eta_{cm}} = \frac{31\ 480}{\left(40 - \frac{6}{2}\right) \times 10^5 \times 0.9} = 94 \times 10^{-4} \text{（m}^2\text{）}$$

液压缸直径为

$$D = \sqrt{\frac{4A_1}{\pi}} = \sqrt{\frac{4 \times 94 \times 10^{-4}}{\pi}} = 10.9 \text{（cm）}$$

取标准直径 $D = 110$ mm。

因为 $A_1 = 2A_2$，所以

$$d = \frac{D}{\sqrt{2}} \approx 80 \text{ (mm)}$$

则液压缸的有效面积为

$$A_1 = \frac{\pi D^2}{4} = \frac{\pi \times 11^2}{4} = 95 \text{ (cm}^2\text{)}$$

$$A_2 = \frac{\pi(D^2 - d^2)}{4} = \frac{\pi \times (11^2 - 8^2)}{4} = 44.7 \approx 45 \text{ (cm}^2\text{)}$$

（3）计算液压缸在工作循环各阶段的压力、流量和功率。

液压缸工作循环各阶段压力、流量和功率计算表如表 9-8 所示。

表 9-8　液压缸工作循环各阶段压力、流量和功率计算表

工况		计算公式	F_0/N	回油腔压力 p_2/Pa	进油腔压力 p_1/Pa	输入流量 $q/(10^{-3}\text{m}^3/\text{s})$	输入功率 P/kw
快进	启动	$p_1 = F_0/A_2 + p_2$	2180	0	4.6×10^5		0.23
	加速	$q = A_1 v_1$	1650	7×10^5	10.5×10^5	0.5	
	快进	$P = 10^{-3} p_1 q$	1090		9×10^5		0.5
工进		$p_1 = F_0/A_1 + p_2/2$ $q = A_1 v_1$ $P = 10^{-3} p_1 q$	3500	6×10^5	40×10^5	0.83×10^{-2}	0.033
快退	反向启动	$p_1 = F_0/A_1 + 2p_2$	2180	0	4.6×10^5		
	加速		1650		17.5×10^5		
	快退	$q = A_2 v_2$	1090	7×10^5	16.4×10^5	0.5	0.8
	制动	$P = 10^{-3} p_1 q$	532		15.2×10^5		

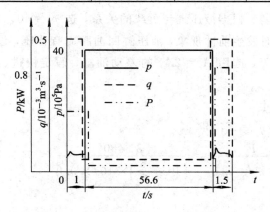

图 9-6　液压缸工况

（4）绘制液压缸工况图。

液压缸工况如图 9-6 所示。

3. 拟定液压系统图

1）选择液压回路

（1）调速方式。由液压缸工况图可知，该液压系统功率小、工作负载变化小，可选用进口节流调速；为防止钻通孔时的前冲现象，在回油路上加背压阀。

（2）液压泵形式的选择。从图 9-6 中的 q-t 图可清楚地看出，系统工作循环主要由低压大流量和高压小流量两个阶段组成，最大流量与最小流量之比 $\dfrac{q_{max}}{q_{min}} = \dfrac{0.5}{0.83 \times 10^{-2}} \approx 60$，其相应的时间之比 $t_2/t_1 = 56$。根据该情况，选叶片泵较适宜，在本方案中，选用双联叶片泵。

（3）速度换接方式。因钻孔工序对位置精度及工作平稳性要求不高，可选用行程调速阀或电磁换向阀进行速度换接。

（4）快速回路与工进转快退控制方式的选择。为使快进、快退速度相等，选用差动回路作快速回路。

2）组成系统

在所选定基本回路的基础上，再考虑其他一些有关因素，即可组成图 9-7 所示的液压系统图，系统的电磁铁和行程阀动作顺序如表 9-9 所示。

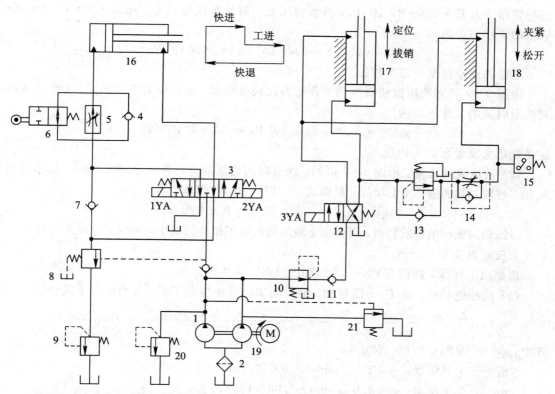

1—双联液压泵；2—过滤器；3—三位五通电磁换向阀；4—单向阀；5—减速阀；6—行程阀；7、11—单向阀；8、21—外控顺序阀；9、20—溢流阀；10—减压阀；12—二位四通电磁换向阀；13—单向顺序阀；14—单向节流阀；15—压力继电器；16—进给缸；17—定位缸；18—夹紧缸；19—驱动电机

图 9-7　卧式单面多轴钻孔组合机床液压系统

表 9 - 9　系统的电磁铁和行程阀动作顺序

工况	电磁、铁行程阀状态			
	1YA	2YA	3YA	行程阀
定位	－	－	＋	－
夹紧	－	－	＋	－
快进	＋	－	－	右位
工进	＋	－	－	左位
快退	－	＋	－	左位
滑台原位停止	－	－	＋	右位
松开	－	－	－	－
拔销	－	－	－	－

4. 选择液压元件

1) 选择液压泵和电动机

(1) 确定液压泵的工作压力。前面已确定液压缸的最大工作压力为 40×10^5 Pa，选取进油管路压力损失 $\Delta p = 8 \times 10^5$ Pa，其调整压力一般比系统最大工作压力大 5×10^5 Pa，所以泵的工作压力为

$$p_{B1} = (40 + 8 + 5) \times 10^5 \text{ Pa} = 53 \times 10^5 \text{ Pa}$$

这是高压小流量泵的工作压力。

由图 9-7 可知液压缸快退时的工作压力比快进时大，取其压力损失 $\Delta p' = 4 \times 10^5$ Pa，则快退时泵的工作压力为

$$p_{B2} = (16.4 + 4) \times 10^5 \text{ Pa} = 20.4 \times 10^5 \text{ Pa}$$

这是低压大流量泵的工作压力。

(2) 液压泵的流量。由图 9-7 可知，快进时的流量最大，其值为 30 L/min，最小流量是在工进时，其值为 0.5 L/min，根据式(9-17)，取 $K = 1.2$，则

$$q_B = 1.2 \times 0.5 \times 10^{-3} = 0.6 \text{ L/min}$$

考虑到溢流阀的性能特点，需要加上溢流阀稳定工作时的最小溢流量，一般为 3 L/min，故小泵流量取 3.6 L/min。

根据以上计算，选用 YYB - AA36/6B 型双联叶片泵。

(3) 选择电动机。由 $P - t$ 图可知，最大功率出现在快退工况，其数值如下式计算：

$$P = \frac{p_B(q_1 + q_2)}{\eta_B} = \frac{20.4 \times 10^5 \times (0.6 + 0.06) \times 10^{-3}}{0.7} = 1923 \text{ W}$$

式中：η_B——泵的总效率，取 0.7；

　　　q_1——大泵流量，$q_1 = 36$ L/min $= 0.6 \times 10^{-3}$ m³/s；

　　　q_2——小泵流量，$q_2 = 3.6$ L/min $= 0.06 \times 10^{-3}$ m³/s。

根据以上计算结果，查电动机产品目录，选取与上述功率和泵的转速相适应的电动机。

2) 选择其他元件

根据系统的工作压力和通过阀的实际流量选择元、辅件，其型号和规格如表 9 - 10

所示。

表 9－10　所选液压元件的型号、规格

序号	元件名称	通过阀的最大流量/L·min⁻¹	规格		
			型号	公称流量/L·min⁻¹	公称压力/MPa
1、2	双联叶片泵		YYB—AA36/636/6	36/6	6.3
3	三位五通电液换向阀	84	35DY—100B	100	6.3
4	行程阀	84	22C—100BH	100	6.3
5	单向阀	84	1—100B	100	6.3
6	溢流阀	6	Y—10B	10	6.3
7	顺序阀	36	XY—25B	25	6.3
8	背压阀	≈1	B—10B	10	6.3
9	单向阀	6	1—10B	10	6.3
10	单向阀	36	1—63B	63	6.3
11	单向阀	42	1—63B	63	6.3
12	单向阀	84	1—100B	100	6.3
13	滤油器	42	XU—40×100	—	
14	液压缸	—	SG—E110×180L	—	
15	调速阀	—	q—6B	6	6.3
16	压力表开关	—	K—6B		

3) 确定管道尺寸

根据工作压力和流量，按式(9-24)、式(9-25)确定管道内径和壁厚。

4) 确定油箱容量

确定油箱容量可按经验公式估算，取 $V=(5\sim7)q$。

本例中，$V=6q=6\times(3.6+36)L=237.6\ L$，有关系统的性能验算略。

【工 程 应 用】

聚焦服务国家重大战略需求，打造流体传动领域的大国重器，结合流体传动与控制技术的应用，我国已设计开发了多工位快速/高速液压机、"神州第一挖"徐工 700 吨液压挖掘机、"110 吨无人驾驶电动轮矿车"等系列产品，更广泛地在关键核心技术方面攻坚克难，服务国家发展建设。从被"卡脖子"到全球领先，这些大国重器无不凝结着"大国工匠"的敬业、精益、自主、创新精神。

　　流体传动技术与控制理论的结合，使得机—电—液—计算机一体化技术成为当前工程学科最具生命力的发展方向之一。在汽车起重机和液压机等流体传动系统的设计开发中，先进设计方法与前沿技术发展存在一些瓶颈问题，如资源和环境的兼容性问题、技术与人的关系和技术发展的哲学性辩证问题等。

1. 资源和环境的兼容性

　　矿物油作为流体传动介质，是20世纪流体传动技术的一项重大突破，解决了水液压元件润滑困难的问题。然而，随着能源危机的出现，矿物油作为石油衍生产品的不可再生性使其应用前景遭遇瓶颈。液压系统中油液的泄漏在所难免，其毒性、易燃性对环境造成污染，对人体造成损害，也限制了在一些环境要求苛刻领域的应用，如食品、加工、纺织、制药和海洋作业等。材料科学、密封、润滑技术的发展给水介质的广泛应用提供了可能性和空间。水压元件自润滑性差仍是水压传动技术的发展瓶颈，但在寻求清洁能源的大潮流下，这项技术具有无限发展空间。

2. 从系统设计延伸至技术服务

　　21世纪的全球经济特征——信息技术与服务经济正在改变世界。这同样会影响流体传动技术的发展。通过元器件的标准化，建立器件库和专家系统，以数字化的方式实现虚拟系统搭建、工作模拟以及方案评价，然后由客户进一步提出要求和修改意见，最终完成整套系统设计。国际知名的工程机械制造商卡特彼勒（CAT）在行业内率先提出产品的全球联网故障诊断，通过在产品中植入故障诊断系统和天线装置，对全球范围内所有的产品进行实时监测、故障预测和诊断，并根据诊断结果向客户提出维修建议。完善的液压系统自诊断系统是将来液压技术发展的方向。

3. 技术发展的哲学性

　　流体传动技术的发展与人的需求问题密切相关，同时受资源、环境条件的限制，而资源、环境条件也是对于人类的生活质量和可持续发展而言的。所以技术的发展问题，归根结底还是人的需求问题。流体传动技术随着技术的服务化转型，将从工程领域逐渐走进人们生活的方方面面。

　　正确进行流体传动与控制系统的工程设计计算，是工程机械等流体传动系统应用的前提和基础，在复杂的流体系统组成中离不开各类标准的指导，应选择使用标准件和参考正确的设计方法及借鉴成熟的工程经验。常用的相关标准及手册包括《液压传动设计手册》、

流体系统和通用件的国家标准等。即将实施和现行的相关标准有 1000 多件，如 GB/T 14976 —2012 流体输送用不锈钢无缝钢管、GB/T 12225—2018 通用阀门铜合金铸件技术条件、GB/T 35023—2018 液压元件可靠性评估方法、GB/T 4974—2018 空压机、凿岩机械与气动工具优先压力等。

【思考题与习题】

9-1　设计一个液压系统一般应有哪些步骤？要明确哪些要求？

9-2　设计液压系统要进行哪些方面的计算？

9-3　设计一台卧式单面多轴钻孔组合机床液压传动系统，要求它能完成：（1）工件的定位与夹紧，所需夹紧力不超过 6000 N；（2）机床进给系统的工作循环为快进→工进→快退→停止。机床快进、快退速度为 6 m/min，工进速度为 30～120 mm/min，快进行程为 200 mm，工进行程为 50 mm，最大切削力为 25 000 N；运动部件总重量为 15 000 N，加速（减速）时间为 0.1 s，采用平导轨，静摩擦系数为 0.2，动摩擦系数为 0.1。（注：不考虑各种损失。）

9-4　现有一台专用铣床，铣头驱动电动机功率为 7.5 kW，铣刀直径为 120 mm，转速为 350 r/min。工作台、工件和夹具的总重量为 5500 N，工作台行程为 400 mm，快进、快退速度为 4.5 m/min，工进速度为 60～1000 mm/min，加速（减速）时间为 0.05 s，工作台采用平导轨，静摩擦系数为 0.2，动摩擦系数为 0.1，试设计该机床的液压系统。（注：不考虑各种损失。）

9-5　设计一台小型液压机的液压传动系统，要求实现快速空程下行→慢速加压→保压→快速回程→停止的工作循环。快速往返速度为 3 m/min，加压速度为 40～250 mm/min，压制力为 200 000 N，运动部件总重量为 20 000 N（注：不考虑各种损失）。

9-6　一台加工铸铁变速箱箱体的多轴钻孔组合机床，动力滑台的动作顺序为快速趋进工件→Ⅰ工进→Ⅱ工进→加工结束快退→原位停止。滑台移动部件的总重量为 5000 N，加减速时间为 0.2 s。采用平导轨，静摩擦系数为 0.2，动摩擦系数为 0.1。快进行程为 200 mm，快进与快退速度相等，均为 3.5 m/min。Ⅰ工进行程为 100 mm，工进速度为 80～100 mm/min，轴向工作负载为 1400 N。Ⅱ工进行程为 0.5 mm，工进速度为 30～50 mm/min，轴向工作负载为 800 N。要求运动平稳。试设计动力滑台的液压系统。

第 10 章　现代流体传动的发展新趋势

本章介绍现代流体传动的发展新趋势。通过对本章内容的学习，要求了解水压传动技术、人工智能应用及风力发电领域流体传动技术的应用。

10.1　水压传动技术的重新崛起

用海水或淡水取代传统矿物油作为工作介质的水液压技术因具有不燃烧、无污染、响应快和使用维修方便等突出优点，符合国家安全生产、环境保护和可持续发展的要求，因此特别适用于冶金、矿山、医药、食品加工业、海洋开发以及海军装备等军用和民用部门。

液压技术源于发现帕斯卡定律的 1605 年，自那时起，液压传动装置一直以水作为工作介质，由于其密封问题，加之电气传动技术的竞争，曾一度导致液压技术停滞不前。此种局面直至 1906 年美国在海军炮塔仰俯液压装置中首次以油代替水作为工作介质才被打破。液压工作介质的这一历史性变化、耐油橡胶的出现及制造技术的进步，逐步解决了早期水压传动装置中包括密封问题在内的一系列技术难题，从而使液压技术进入了迄今为止主要以矿物型液压油为工作介质的油压传动时代。然而，油压传动存在着污染环境、易燃烧、浪费能源的严重问题，在一定程度上限制了其发展与应用。随着科学技术的进步，人类环保、能源危机意识的提高，促使人们重新认识和研究以纯水作为工作介质的纯水液压传动技术。近 20 年来，水压传动技术在理论研究和应用上都得到了持续稳定的复苏和发展，并逐渐成为现代液压传动技术中的热点技术和新的发展方向之一。

水压传动与油压传动相比，其优点主要体现在以下几方面：

（1）由于不使用任何添加剂，液压系统废水可以直接排放到海洋中，即使泄漏也不会对海洋环境带来任何污染或危害，符合环保要求，有利于海洋生态环境的保护，具有与环境相容性的特点。

（2）由于水深压力可自动补偿，且水下作业不用水箱和回水管，所以大大简化了海水液压传动系统，使任意深度的水下作业的海水泵具有很好的稳定性和可靠性。

（3）经济方便。海水取之不尽、用之不竭，无须加工提炼、维护及处理，使用成本极低，还能保护石油资源，既经济又方便。

（4）海水是不可燃物，不存在火灾危险，安全性很强。

（5）因海水体积弹性模量高、黏温指数高。海水黏度极低，沿程流动损失小，有利于机器在不同水深条件下工作及远程动力传输，因此海水液压系统的控制特性更好。

海水液压传动也具有如下缺点：

（1）海水的润滑性差，其黏度大约为液压油的 1/20～1/40，液体润滑膜很难形成于运动摩擦副对偶面上，完全可能导致对偶表面的直接接触，形成干摩擦或边界摩擦。

（2）海水中的微细砂粒等外界污染物和内部磨屑进入摩擦副间隙而产生的摩削作用，可造成两体摩擦或三体摩擦，会加剧磨损，增加摩擦损失，增大泵内部泄漏，降低泵整体容积效率，缩短使用寿命。

10.1.1　水压传动研究现状

1. 国外研究现状

自 20 世纪 60 年代末以来，美国、日本、德国、丹麦等西方经济发达国家一直非常注重海水液压传动技术的研究。

（1）美国于 20 世纪 60 年代末开始研究海洋水下液压作业工具。1980 年，海军司令部等部门联合研制出叶片马达；1984 年，研制出海水液压传动水下作业工具系统。1991 年，美国研制成功了水压冲击钻和圆盘锯，组成水下作业工具系统，交付给海军水下工程队使用。

（2）南非也是从事水压传动研究较早的国家之一。20 世纪 70 年代后期，南非开始研制水压凿岩机；1990 年，研制成乳化液凿岩机，稍后又研制出平持式纯水凿岩机，且成本较低。

（3）1983 年，日本的川崎研究所研制成功了用于 6 km 深潜调查船浮力调节的超高压海水柱塞泵，最高压力可达 63 MPa，流量为 6～9 L/min；1987 年，研制成功了用于 65 km 深潜调查船超高压海水柱塞泵，其最高压力为 68.5 MPa，流量为 5 L/min，寿命达到 200 h。

（4）1995 年，德国的 Hauhinco 机械厂研制成功了淡水径向柱塞泵陶瓷阀芯的水压滑阀产品。

（5）芬兰的 Tampere 大学等联合开发研制成功了用于内燃机喷射控制器、造纸、水切割等动力源的海水轴向柱塞泵和马达。1996 年，Tampere 大学又成功研制出了比例流量控制纯水液压系统。

（6）1989 年，丹麦 Danfoss 公司等开始研究纯水液压元件；1994 年，联合研制出 Nesie 系列淡水轴向柱塞泵、马达等。

但在早期阶段，因当时海水液压元件的选材受到限制，多为金属材料（包括合金），在海水润滑条件下，金属对偶摩擦副的摩擦磨损性能有限，使得研究工作进展缓慢；到 20 世纪 80 年代后期，海水液压元件面临的摩擦磨损与腐蚀两大关键技术难题因高分子材料和工程陶瓷等新型工程材料先后应用于实际工程而得以解决，海水液压传动技术研究取得历史性的突破，由海水液压驱动的各种开发海洋的机器设备相继研制开发成功并投入市场应用。

目前，能反映国际海水液压技术发展的最高水平且最具代表意义的中高压海水液压泵依次是英国的 Fenner 海水液压泵、芬兰的 Hytaroy 海水液压泵、日本的 Komatsu 和 Kayaba 海水液压泵，以及德国的 Hauhinco 海水液压泵。来自中国华中理工大学电液控制工程及自动化研究所的学者杨曙东、李壮云对上述五种各具特点及优势的海水液压泵进行了深入研究，通过分析其主要技术性能、结构形式及关键对偶摩擦副的选材等，指出它们的主要共性特点如下：

（1）采用有利于控制密封间隙的柱塞式结构，因海水黏度低而引起的泄漏问题得到解决。

（2）选用陶瓷/高分子复合材料、陶瓷/陶瓷或特种耐蚀合金/高分子复合材料组合，解决关键对偶摩擦副的磨损、腐蚀、气蚀和润滑等关键基础技术问题。

（3）全部采用完全与海洋环境相容的海水润滑，使天然海水作为液压介质的各种优越性得到充分发挥。

（4）工作时浸没在海洋中，泵的压力可根据海洋环境水深进行自动补偿，无须另外增加压力补偿设计。

（5）运用动、静压支承原理，有效克服海水自身润滑性能差的缺陷，泵的工作效率得到极大提高。

2. 国内研究现状

我国的水压传动技术的研究及应用尚处在起步阶段，在该领域进行研究的主要有浙江大学和华中科技大学等高校。

浙江大学的流体传动及控制国家重点实验室在研制纯水液压元件的同时，自行设计（芬兰 Hytaroy 公司制作）了一套纯水液压试验系统。该系统的纯水液压泵采用端面配流结构，柱塞数为 9，斜盘倾角 15°。其主要技术指标是：额定压力为 14 MPa，流量为 100 L/min，功率为 32 kW，额定转速为 1500 r/min，工作介质为自来水，工作温度为 3～400℃，其容积效率约为 80%。

华中科技大学的液压气动技术研究中心是国内最早开展水压传动技术及其基础理论研究工作的单位。经过二十余年的不懈努力，相继研制出多种结构形式和多种型号的海（淡）水液压泵（马达），华中科技大学海水泵研究成果汇总如表 10-1 所示。

表 10-1　华中科技大学海水泵研究成果汇总

额定工作压力/MPa	额定流量/(L/min)	效率	特　　点
14	40		阀配流
6.3	100	86%	—
3	100	85%	斜盘柱塞阀配流
4.5	350	—	大排量
14	300	90%	斜盘连杆式
8	500	—	超大排量
5	2000	—	超静音、特大排量

二十年多来，我国在海水液压传动技术领域的研究内容如图 10-1 所示，重点集中在如何优化泵的结构，使柱塞副、摩擦副的结构进一步改善，科学选择关键摩擦副材料和配流副等方面，并有效解决了海水液压泵腐蚀、泄漏、摩擦磨损、气蚀等核心技术难题。

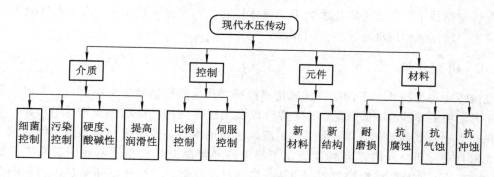

图 10-1　我国现代水压传动的研究内容

10.1.2　水压传动的发展

随着世界经济的不断发展，地球上储备的有限的各种矿产资源正日渐耗竭，油压传动面临着能源危机带来的巨大挑战。此外，人类掠夺性开发资源引起生态环境日益恶化，环保问题、可持续发展及控制污染成为全球性难题，油压传动与当今社会倡导的"绿色设计、绿色制造"时代潮流相悖。因此，海水液压传动再次受到人们的关注。

纯水液压泵在世界工业领域起着越来越大的作用，它已经成为液压传动领域新的重要的发展方向之一。有专家预计，纯水液压传动在今后将占整个世界液压行业的 10%。丹麦工业大学也给出了今后纯水液压传动和油压传动出现的发展趋势，如图 10-2 所示。

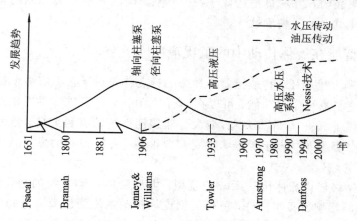

图 10-2　纯水液压传动与油压传动出现的发展趋势

10.2　人工智能在流体传动中的应用

流体传动技术在近几十年已取得了令人瞩目的成就，其应用范围几乎覆盖了各行各业，如航天、国防、矿山、船舶、建筑、机械、农业、医学、生活与娱乐等诸方面。流体传动中所涉及的某些特性，如设计柔性、可控性和功率密度等，都是其他动力传动媒介所不具备的。人工智能技术作为一项新型技术在流体传动与控制方面的应用越来越广泛。液压控制技术是以流体力学、液压传动和液力传动为基础，应用现代控制方法、模糊控制理论，将计算机控制技术、集成传感技术应用到流体传动技术和电子技术中，为实现机械工业自动化或生产现代化而发展起来的一门技术。

10.2.1 研究进展

流体传动与控制技术不仅能有效地传递能量，并且能控制和分配能量。液压和气动控制由于其典型的非线性、低阻尼、时变特性以及无法得到精确的数学模型，用经典的 PID 控制往往不能得到满意的效果；为了得到准确快速的响应，各种控制策略被广泛研究。中科院北京自动化研究所的盛万兴等研究了基于神经模糊混合技术的电液伺服系统控制问题。它构造了一种神经模糊控制器，其具有知识自动获取、并行分布存储及快速模糊推理决策的能力，并给出了一种在线学习，用于一类典型的电液伺服系统的控制，获得了满意的效果。东北大学的何洪、孙威等用记忆神经网络及脉宽调制进行液压系统的油温控制，得到了满意控制精度。山东大学的刘延俊等将基于 BP 网络的 PID 控制方法用于气动位置比例系统的控制，设计实现了用微机控制的比例阀无杆气缸缓冲定位系统。实验表明，该控制方法具有较强的鲁棒性，可以在不同工况下实现对气缸活塞的缓冲与定位。

经典控制方法再加上许多现代控制技术后，也获得了较好的效果。例如，PID 型的迭代学习控制器用于电液位置控制系统，其性能明显优于 PID 控制器。西北工业大学的张兴国等在传统的增量式积分分离 PI 控制算法的基础上，引入 D 型迭代学习控制前馈环节，提高了电流跟踪的快速性和跟踪精度，建立了系统的数学模型并在 MATLAB 上进行了系统仿真；仿真结果表明，引入 D 型迭代学习控制后，电流环的稳态和动态特性良好，保证了输出电流跟踪的快速性、精确性。

10.2.2 人工智能在流体传动中的工程应用

与常规的控制方法相比，智能控制最显著的特点首先在于它不依赖于被控对象的精确模型；其次在于它具有自学习功能，可以在运行过程中对自身进行不断的修正和完善。因此，智能控制提供了解决"黑箱""灰箱"或大型非线性系统的有利工具。绝大部分流体传动系统是本质非线性系统或"灰箱"系统，时变参数很多。智能控制的发展，为解决这些问题开辟了一条很好的途径。

（1）用神经网络辨识流体传动系统的模型。大型流体传动系统的数学模型很难建立，"软参数"对系统的影响也很难估计，所以大型流体传动系统的建模一直是个难题。利用神经网络建模是一种很好的手段。从理论上说，这种方法只要能够得到系统输入和输出的足够多的样本，利用神经网络的学习能力，总能建立起对象模型。对大多数系统来说，获得输入、输出样本是比较方便的，而在理论上，已经解决了神经网络的非线性逼近问题。因此，利用神经网络可以建立流体传动系统的完整模型，从而为系统的仿真分析和控制奠定基础。

（2）实时控制。用智能控制方法实现流体传动系统实时控制的例子很多。例如，用模糊控制来克服液压机械手非线性元件的影响，用神经网络的学习功能来消除软参数的影响，以及用模糊控制与 PID 控制结合来补偿工程机械中负载的变化等。模糊控制比较简单，其实时性决不逊于传统的控制方法，因而广泛应用。神经网络通常需要较长的学习周期，所以在实时性要求很高的场合的应用受到限制。随着神经网络学习算法的改进和计算机速度的提高，神经网络实时控制的应用也会增多。智能控制与传统控制的结合是相互取长补短的，神经网络与模糊控制结合应用的研究也很活跃，在液压领域也有成功应用的案例。

（3）用专家系统实现流体传动系统的故障诊断。这一方面的应用即基于专家知识建立一个知识库，用人工智能的方法建立判断规则，根据系统中实时检测的状态参数，分析系统的运行情况，预测元件的寿命，找出故障点并作出相应的处理。

10.3　风力发电领域的流体传动技术

10.3.1　风力发电的发展

自 1973 年世界发生石油危机以来，风力发电自试验研究起迅速发展为一个新兴的产业。20 世纪 90 年代，由于政府对环境保护的要求日益严格，特别是要兑现减排二氧化碳等温室效应气体的承诺，风电的发展进一步受到鼓励。与此同时，风电技术经过二十多年的开发，日益成熟。目前，风电已经成为世界上发展最快的能源。商业化机组的单机容量从 55 kW 增加到 2500 kW，风电成本从 20 美分/kW·h 持续下降到 4 美分/kW·h，运行可靠的发电成本接近于常规火电。

全球风电在近十年有极快速的进展，预计全世界风力发电将以 30%～50% 的速度持续增长。在风能利用的强国中，丹麦、德国与西班牙的发展最为迅速，风力发电有效地改善了这些国家的电力结构，减少了大气污染，对保护人们共同的生存家园起到了重要的作用。目前，全球风能进入高速发展期，专业机构普遍预计，未来 10 年全球风电市场将持续爆发式增长。根据能源咨询公司伍德麦肯兹的数据，2020 年全球范围内新增风电装机容量 114 GW，比 2019 年增长 82%，是有记录以来最高的装机容量；中国预计新增 408 GW，约占全球新增装机总量的 41%；受"欧洲绿色协议"等激励政策影响，未来 10 年欧洲将新增 248 GW 风电装机容量；美国有望新增 35 GW 风电装机容量。俄罗斯的风电潜力也不容小觑，预计到 2024 年，俄罗斯风电装机容量有望达到 377 GW。中国的风电产业技术创新能力快速提升，已具备大兆瓦级风电整机、关键核心大部件自主研发制造能力，建立形成了具有国际竞争力的风电产业体系，风电机组产量已占据全球 2/3 以上的市场份额。如图 10-3 所示，截至 2021 年底，中国、美国、德国、印度、英国为全球风电累计装机容量排名前五的国家，上述各国风电累计装机容量占全球风电累计装机容量的比例分别为 40.40%、16.05%、7.71%、4.79% 和 3.17%，合计占比约为 72.11%。2021 年度，全球风电新增装机容量排名前五的国家为中国、美国、巴西、越南和英国，上述各国风电新增装机容量占 2021 年全球风电新增装机总量的比例分别为 50.91%、13.58%、4.06%、3.74% 和 2.78%，合计占比约为 75.07%。

目前，风能发电的优点有：① 清洁，环境效益好；② 可再生，永不枯竭；③ 基建周期短、投资少；④ 装机规模灵活；⑤ 技术相对成熟。

其缺点有：① 存在噪声，视觉污染；② 要占用大片土地；③ 不稳定，可控性差；④ 对风力场的要求较高；⑤ 目前成本仍然很高。

随着温室效应的加剧和能源危机的加深，各国纷纷加强对新能源技术的投入，风能等相关技术也随之发展。近年来，随着新能源技术的进一步发展和普及，独立式发电系统已

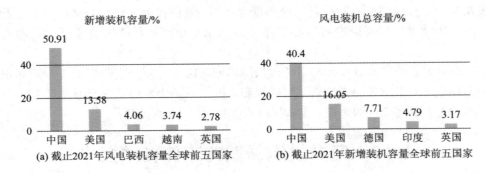

图 10-3　到 2021 年底风电装机容量前六位的国家

经得到了广泛的设置和利用,而且数量逐年增长。

10.3.2　风电技术的发展

　　大型风力发电机组一般为并网运行,向电网馈电,而小型风力发电系统多为独立运行。发电机发出的电能用储能设备储存起来(一般用蓄电池),需要时再提供给负载,并通过整流逆变装置将发电机输出的电能进行交直流变换,以适应负载的需要。风力发电输出功率的大小主要取决于环境风力资源的优劣,大型的风力发电装置必须选择优质的风场,而小型的风力发电装置对风场的要求很低。在城市以及人口聚居的地方风势较缓,小的风力发电装置会比大的更合适。因为小型风力发电装置更容易被小风量带动而发电,持续不断的小风会比一时狂风更能供给较大的能量。当无风时人们还可以正常使用风力带来的电能。

　　现有的离网风电控制系统和故障预报系统在国内还处于起步阶段,大部分的风电系统还没有配备相关的控制系统和故障预报系统。目前主要是依靠简单的机械原理或是简单电路来实现。这样的风电系统在安全性、可靠性和智能性方面存在着严重不足,会造成相关的风电设备故障和安全事故频发。因此,未来发展的目标就是开发出具有高可靠性、高安全性、智能化的风电监控系统,以新的自动调节风电系统取代现有的系统,这样的更替必将具有重大的经济效益和社会价值。

10.3.3　流体传动储能风电机的应用

　　流体传动储能风电机的原理是叶轮带动流体泵运转,泵出的流体通过管路输送,配置储压包,使流体能量的输出趋于平稳,带有压力的流体驱动马达转动,流体马达带动发电机转动。马达具有容易实现增速、调速以及稳定转速的功能,可以保证发电机的恒速恒频运转。因此保证入网的风电与电网的同频同相等要求较容易实现,并网的稳定性得到保证,并网难题将会解决。

　　风电机工作时的性能应该是低风速满载,高风速卸载,并配置储能装置。流体传动是柔性传动,不怕过载,结构简单,寿命长,对大幅降低成本和降低故障率有绝对的优势,同时可以远距离传送和储能。储能装置可以克服风能的波动性和间歇性,无论高风速还是低风速都能储能发电,保证输出风电的稳定性。流体传动可以采用液体和气体作为介质,其中采用压缩空气储能成本最低,具有应用推广价值。

　　直观地讲,新型流体传动储能风电机就是用流体传动取代了双馈机型齿轮箱的刚性传动,解决了齿轮箱传动故障率高的问题;另一方面解决了直驱机型中直驱电机体积过大,用铜量高,稀土用量大和制造成本高的问题;同时省掉并网装置,采用三相同步发电机直接发电上网,保证了并网的稳定性。

　　流体传动储能风电机是国外重点研发的前沿技术。我国也有企业进行了流体传动储能风电机的研究和开发。流体传动的性能优势对大幅降低风电成本、降低维护费用、解决并网难题都是一个很好的发展方向。我们应该积极进行流体传动储能风电机的研究和探索,开发出新型的流体传动储能风电机,为我国的风电产业注入新的活力。

　　新型流体传动储能风电机组将大量应用在低风速分布式小型风电场的建设上,也可与大型风电机配套使用,大幅提高风电场的发电效率;由于具有抗台风功能,适合在沿海经济发达地区开发小型风电场;同时适合在中小企业建立独立的风电供电源,为企业节能减排贡献力量,未来中小型储能风电机组将会很普及。总之,新型流体传动储能风电机将在我国开发陆地和沿海风电场的建设中贡献巨大的力量,也将促进我国风电产业健康快速发展。

　　新型流体传动储能风电机具有以下主要优势:

1. 解决了核心控制系统复杂的问题

　　控制系统是风电技术的核心技术,目前主要依赖进口。风电机工作环境复杂恶劣,风电机控制系统无论从硬件还是从软件来讲都有较高要求。首先,硬件在恶劣的自然环境中的侵蚀影响,使精度不易保证、工作动态稳定性差、工作时间长,对寿命的影响也很大,因此控制系统硬件要求比一般系统要高。其次,软件要保证运行安全和实现智能化,要根据二、三维数据实现不同的控制策略,有效地实现自动控制,适应各种运行状态。风电机控制系统的主要任务是功率控制,控制变桨系统和偏航系统实现在较低风速下最大捕获风能、在中等风速下的稳定运行和在较大风速下的稳定并网及防止过载运行。控制系统的研发需要经过长期的试验数据积累,而且其各项参数的设定与风电机本身和运行环境都联系紧密,非一朝一夕之功,国内企业要完全自主掌握确实需要一定时间。

2. 降低故障率,实现免维护

　　现有大型风电机故障率高,维护费用高也是造成风电成本高的主要因素。新型流体传动储能风电机可以大幅降低故障率,首先风机头的结构变得非常简单,只由叶片、主轴和流体泵构成,运动的主要部件只有流体泵,而泵的结构很简单,主要结构就是缸体和活塞,不容易出故障。而且通过限压阀就可以避免风电机出现过载破坏。叶轮带动流体泵转动,叶片产生的冲击载荷也会被吸收,化解风的破坏力。所以,对于流体传动风电机来讲,过载的情况是不存在的,出现故障的概率也很低,可以实现免维护。这种优良性能对于长期运行在野外的、维护非常困难的风电机具有重大意义。

3. 保证输出功率的稳定

　　大型风电机由于发电量大,必须并网运行。电网对入网的风电有着极其严格的技术指标,入网的风电必须能够满足电网的稳频、稳压和稳相要求。解决风能波动性和间歇性的有效措施是增加储能装置,利用储能装置起到削峰填谷的作用,保证风电的稳定输出。新型流体传动储能风电机将使并网变得非常简单,每台风机只需将流体通过管路输送到地面的总储压包和储能装置,储能装置保持恒压输出,连接流体马达带动发电机恒速恒频稳定发电。发电机可采用同步励磁发电系统，直接发电上网，可以采取 690 V 低压和 10 kV 高压发电机组两种供电方式，省掉了变流器并网装置。如果采用 10 kV 并网发电，可直接对 110 kV 电网输电，还能省去传统机型的箱式变压器，从而实现了大幅度降低并网综合成本的目的。

4. 可控性好，可解决并网难题

大规模风电机并网是一个世界性难题，这是由风能的特性和风电机的性能决定的。例如，在德国，绝大多数风电场装机容量小于 50 000 kW，当风速和风向变化很大时，风电机不稳定，不能满足并网条件，此时风电机可以随时脱网；在风电机稳定后，又可以随时入网，不会对电网造成太大的冲击。

我国目前不但面临严峻复杂的并网难题，而且每个风电基地都有若干个小风电场，每个风电场的机型都不一样，给统一调控造成一定困难。还有电网兼容性较差的问题也逐渐暴露出来，比如风电基地中有双馈机型，有直驱机型，电网中肯定有谐波和杂波，若直驱机型按电网取样进行变流，有可能造成相位和频率的漂移，使输出的风电质量变差，造成电网的兼容性越来越差，给并网造成更大的困难。最大的调控难题就是风电场的规模太大，现有风电场的规模已达几百万千瓦，风有波动性和间歇性，风电场的功率就有可能从零升高到几万千瓦到百万千瓦，这样大的波动电流使电网的调峰异常困难，甚至是不可能实现的。要保证风电场发电量的稳定输出，必须控制每一台风电机的稳定输出。要解决风能的波动性就必须配置储能装置，流体储能装置结构最简单，成本低，适合大量配置，并可以实现灵活调控。因此大力发展新型流体传动储能风电机是解决大规模风电机并网的最可行方案。

5. 采用组合方式，提高运行效率

由于叶片越来越长，会造成风电机的发电效率降低、风电机的高故障率及输出风电的不稳定，造成维护费用高和并网的难题。所以，单机大功率、大叶片不应该成为发展方向，而应该采用组合的方式提高发电效率，大幅降低故障率。流体传动可以充分发挥组合的优势，流体传动的优点是可以远距离传送能量，可以采用几十个、甚至上百个风机进行组合，每个风机的功率在十几千瓦左右，塔架的高度为 30～40 m，这样可以大幅减小风机头受到的风载，避免风的破坏性。从成本上来讲，每个风机只由气泵和叶片构成，成本低，大量配置仍然低于现有风电机的成本，而且经过集中储能后，发电设备的成本会大幅降低，并可以提高风机的运行效率，降低维护费用。所以，流体传动储能风电机可以通过组合实现大功率发电，可以达到几百万瓦到十几百万瓦以上，并在降低故障率和提高发电效率方面具有优势。

6. 优良的抗台风能力

新型抗台风储能风电机具有优良的抗台风性能，采用全新结构和原理进行设计。流体传动是一种柔性传动，过载只是引起流体压力升高，通过泄压阀就可以卸载，避免了风能的冲击破坏。采用组合方式减小风载，大幅减轻了风机头部的重量，风机头部只有叶片、主轴和流体泵，改善了"头重脚轻"的受力状态。压缩空气储能装置具有恒压保持功能，当超过储存容量时，可以通过限压阀进行卸压，保证储能装置压力的稳定。因此在台风的作用下，储能装置也可带动流体马达稳定运转，保证风电稳定输出，保证并网的稳定性，保证在台风状态下正常发电。这个性能是其他风电机无法做到的。

7. 安装方便，发电性能高

未来我国将不再一味发展大型风电基地，也鼓励分散式开发，支持资源不太丰富的地区，如云南、安徽、湖北、湖南、山东、山西、重庆、贵州、西藏和四川等地，发展低风速风电场，倡导分散式开发。在这些低风速地区建设风电场将面临很多不利因素，发电量的降低，投资成本的加大，风电场要收回投资成本将变得困难。技术创新是促进大发展的唯一出路。新型流体传动储能风电机适应风速是二、三、四、五级风，完全符合低风速风电场的性能要求，风电机的设计风速也可以降低到 8～10 m/s，可以使风电机满负荷的工作时间更长，成倍地增加发电量，大幅提高风电场的效益。新型风电机安装方便，风机的头部只由叶片和流体泵组成，叶片可以现场进行组装，在丘陵和山区安装和运输都非常方便。采用集中储能发电，可以大幅降低成本，提高运行效率。

8. 实现与大型风电机组配套

目前，我国大型风电场建设已形成规模，有国家规划建设的八大风电基地，还有一些地方建设的风电基地，截至 2021 年，国家能源局发布的数据显示，我国风电并网装机容量突破 3 亿 kW，较 2016 年底实现翻番，是 2020 年底欧盟风电总装机容量的 1.4 倍、美国的 2.6 倍，已连续 12 年稳居全球第一。大型风电场是我国重点发展的新能源建设项目，但现在面临严重的并网难题，有 1/3 的风电机无法并网。中型储能风电机与大型风电机的配套使用有利于解决并网难题和消纳难题。风电场输出风电的大幅波动必然会对电网造成冲击，并网的稳定性很难保证，甚至会造成电网瘫痪。因此必须配置调峰电源，目前火电、抽水蓄能、化学储能等调峰电源的投资都很大，成本很高，无法大量配置。只有空气储能成本最低，适合大量配置。新型风电机配置压缩空气储能装置，对保证风电场的稳定输出具有显著的帮助作用，储能装置可以起到削峰填谷的作用，可以提高风电场并网的稳定性，如果新型风电机得到大量应用，储能装置达到一定规模，完全可以满足平时风电场的调峰要求，保证风电场输出风电的稳定，可以解决现有风电场的并网难题。

10.4　流体力学多尺度机理与宏观特性的关联研究

10.4.1　多尺度流体的流控体系

流体在自然界无处不在，然而随着其所处环境的特征长度变化，流体往往表现出截然不同的属性。在多尺度上了解流体运动的潜在机制并对其精确控制不仅对物理、化学、生物和工程等交叉学科研究具有重要意义，对新型流体产品的应用研发也发挥着重要作用。

浙江大学陈东研究员课题组与哈佛大学 David A. Weitz 教授课题组、中科院物理所叶方富研究员课题组合作，关注从毫米到纳米尺度上流体的流动特性，找出多尺度上流体运动的共性和差异，提出对应流体体系即毫流控、微流控和纳流控器件的制备技术。毫流控、微流控和纳流控体系在材料科学、药物筛选、生物医学研究和仿生传感等领域将有良好的应用前景，但也面临着在未来发展大趋势中的挑战与机遇。

1. 多尺度流体特征简介

当流体的特征尺度不同时，流动特性往往会发生很大变化。在宏观尺度上，流体内部易产生混沌无规的湍流；在微观尺度上，流体流动则以层流为主，其流动特性可用连续性动力学理论进行预测；在纳米尺度上，纳米通道的特征尺度趋近于分子间相互作用力的力程，从而引发了许多独特的流体现象。

基于流体在不同尺度上表现出的丰富特性，从毫米到纳米尺度的毫流控、微流控和纳流控流体体系应运而生，实现多尺度上流体运动的精准控制。得益于微纳加工技术的发展和各种新型制备技术的诞生，目前流控器件的制备在分辨率、成本和高通量制造等方面得到极大改善。微型流控器件的主要构件，如通道、过滤器、阀门、搅拌器和泵浦等，可作为标准模块集成到单个芯片上，精巧度和便携性大大提高，也为流控器件的灵活设计和应用推广提供了广阔的空间。

鉴于流控体系所展现的巨大潜力，对从毫米到纳米尺度的毫流控、微流控和纳流控体系进行系统全面的总结，主要涵盖三个方面：① 多尺度流控体系中流体的物理特性，包括不同尺度上流体的流动特征和起主导作用的相互作用力；② 流控器件的制备技术，包括针对毫流控和微流控的增材制造和非增材制造，针对纳流控的自上而下和自下而上方法，以及总结这些技术的特点等；③ 流控器件在材料科学、药物筛选、生物医学研究和仿生传感等领域应用。

1）多尺度流控体系中流体的物理特性

顾名思义，毫流控、微流控和纳流控分别指通道的特征长度处于 $1\sim10$ mm、100 nm$\sim$1 mm 和 $1\sim100$ nm 范围的流体体系。一般情况下，水在毫流控、微流控和纳流控通道中流体本质上均处于层流状态。在毫流控和微流控中，流体运动主要受到其内部的黏滞力和惯性力，界面上的界面张力和毛细作用力的影响。而在纳米通道中，通道尺寸小于 100 nm，由于与分子尺寸相当，分子间相互作用力（如静电力、范德华力、水合作用力和空间排斥力等）则起到主导作用。了解通道中流体运动和受力情况，对流体的精确控制和流控器件的结构功能设计等具有至关重要的作用。

2）流控器件的制备技术

各种新型制备技术的诞生使得微纳加工工艺不断发展，目前流控器件的制备在分辨率、成本和高通量制造等方面得到了很大的提升。根据器件的尺度不同，流控体系的制备技术也不尽相同。

当前，用于制造毫流控和微流控器件的技术有许多共同之处，可分为增材制造和非增材制造两类。增材制造技术主要包括立体光刻（Stereolithography）、选择性激光烧结（Selective Laser Sintering）、熔融沉积建模（Fused Deposition Modelling）和水凝胶喷墨打印（Hydrogel Inkjet Printing）等。在增材制造中，流控器件可由计算机辅助设计（CAD）预先数字化建模，然后程序化逐层打印，这为打印各种形貌结构器件赋予了高度的灵活性。同时，由于 3D 打印可对原材料进行最大程度利用，在工业上展现了巨大潜力。非增材制造技术（如激光直写（Direct Laser Writing）、软光刻（Soft Lithography）和玻璃毛细管（Glass Capillary）等）可进一步提高流控器件的制造精度。对于纳流控器件，传统的微纳加工技术利用自上而下的制造策略，可使用电子束光刻（EBL）或聚焦离子束（FIB）对硅基材料进行高精度刻蚀，但制作过程往往复杂且耗时，纳米压印光刻（Nanoimprint Lithography）为其提供了一种低成本的选择。此外，基于分子自组装的自下而上策略也为纳流控器件的制备提供了更多的空间。

3）毫流控、微流控和纳流控器件的应用

由于毫流控、微流控和纳流控通道中流体特性差异，它们的应用和发展也呈现出不同的趋势。毫流控器件的毫米级通道对堵塞和污垢的敏感性较低，有助于工业规模化生产。毫流控在合成效率和产品质量之间提供了良好的平衡，弥补了实验室合成和工业生产之间的差距。通过连续式反应流或离散式液滴反应器，可实现通道内物质的实时检测和参数优化，用于纳米材料的优质制造和高通量药物筛选等。当下，毫流控研究主要致力于将多通道投料、实时检测、自动控制和高通量等生产特征整合，通过精细化网络结构设计，搭建多功能自反馈平台，以满足实际生产需求，实现产品的优质多样性制造。

2. 应用

微流控由于其优异的微米级流体操纵能力，已被广泛应用于材料科学、化学、细胞生物学和医学等多个学科。随着技术的不断发展，微流控器件为基础科学、创新技术和新应用提供了广阔的平台。

10.4.2　流体的微观尺度与宏观现象的关联

由于层流占主导地位，微通道中两相流体的混合主要由界面扩散决定，效率远低于宏观混沌湍流。

目前提高流体混合速率的策略主要分为被动式和主动式。

被动式混合是通过设计具有特定几何形状的流体通道，触发局域混沌湍流以加速混合，如之字形、漩涡构型、分支结构和蜿蜒形。

主动式混合则是在微流器件中引入外源驱动微混合器，如压电混合器、电动混合器和磁力驱动混合器等。微流控器件作为"乳液设计器"可将不互溶液体混合，在液滴生成和构建多级乳液方面具有独特优势，可制备包括双乳、三乳和四乳等体积和核液滴数量精准可调的多级乳液结构。另外，在微通道中，每个液滴可作为单个细胞的理想容器，为单细胞分析提供强大平台。通过引入介质电泳、磁力、光力和声波等，还可以实现目标粒子或细胞的高效分选。当集成液滴生成、合并、混合、细胞孵育和观测等多个模块时，可用于细胞毒性等高通量筛查。通过进一步构建仿生器官微流芯片，还可还原人体内组织或器官的微结构和微环境，成功再现器官水平的代谢和免疫反应，用于临床精准医疗。在日常生活中，微流控即时检测（POCTs）装置凭借其成本低廉、灵敏度高、便携性强、检测快速等优势，广泛应用于公共健康监测，如 HIV 诊断、血液分析和血糖监测等。在当前冠状病毒COVID-19 大流行的诊断中，POCTs 同样发挥着重要的作用。

纳流控的快速发展得益于纳米制造技术的发展和新型纳米材料的发现，如碳纳米管、氮化硼、石墨烯、MoS2 和 MXenes 等。纳流控处于纳米特征尺度上，主要由分子间的作用力主导，这也赋予了它极具价值的应用前景，如海水淡化、能量收集、单分子分析和纳米流体二极管和仿生神经传导系统等，以及新奇丰富的微观流体现象。例如，当水通过半径为 15~50 nm 的碳纳米管时，实测水流速率比连续动力学模型推算的预测值高出 4~5 个数量级，一个可能解释是其无摩擦的通道表面导致了超快水传输现象的产生。然而，纳米通道中超快水传输等现象的潜在机制尚无定论，有待实验和模拟的进一步揭示。

通道内流体的精确控制是毫流控、微流控和纳流控流体体系的共同特征。由于长度尺度的不同，毫流控和微流控主要相互作用为黏性阻力、惯性力、界面张力和毛细力，而纳流控则为静电力、范德华力、水合力和空间斥力主导，这也赋予了毫流控、微流控和纳流控流体体系不同的应用发展趋势。

毫流控、微流控和纳流控体系的研究跨越了学术研究与工业应用，并随着时间的持续不断发展。毫流控、微流控和纳流控体系是多学科交叉研究的强大平台，在未来的发展中将发挥越来越重要的作用。其主要表现为：

（1）毫流控将更广泛地应用于微反应等工业规模生产；

（2）微流体技术将在人类健康医疗方面有更重要的应用；

（3）纳米流体领域将更多地关注与新型纳米材料和新现象相关的基础研究。

【思考题与习题】

10-1　在液体传动领域，新理论和新技术的不断发展对工程应用事业有哪些作用？

10-2　流体传动与控制技术在新能源发展中有哪些应用？

10-3　流体传动的微观作用机理与宏观现象之间有什么关联？

附录　常见液压与气压传动图形符号
（摘自 GB/T 786.1—2009）

表 1　基本符号、管路及连接

名　称	符号	名　称	符号
工作管路		组合元件线	
控制管路		管口在液面以上的油箱	
连接管路		管口在液面以下的油箱	
交叉管路		管端连接于油箱底部	
封闭油、气路和油、气口		密闭式油箱	
柔性管路		不带单向阀快换接头	
直接排气		单通路旋转接头	
带连接排气		三通路旋转接头	
带单向阀快换接头		气压符号	
液压符号			

表 2　控制机构和控制方法

名　称	符号	名　称	符号
按钮式人力控制		加压或泄压控制	
手柄式人力控制		内部压力控制	

名 称	符号	名 称	符号
踏板式人力控制		外部压力控制	
吸杆式机械控制		差动控制	
弹簧控制		电动机旋转控制	
滚轮式机械控制		外部电反馈控制	
单向滚轮式机械控制		液压二级先导控制	
单作用电磁控制		液压先导泄压控制	
双作用电磁控制		电气先导控制	
气液先导控制		电液先导控制	
气压先导控制		液压先导控制	

表3 液压泵、液压(气)马达和液压(气)缸

名 称	符号	名 称	符号
泵、马达(一般符号)	液压泵　气马达	单向定量液压泵空气压缩机	
双向定量液压泵		双向变量液压泵	
单向变量液压泵		单向定量马达	

续表

名　称	符号	名　称	符号
双向定量马达		双向变量马达	
单向变量马达		定量液压泵—马达	
变量液压泵—马达		液压整体式传动装置	
摆动马达		单向缓冲液压 (气)缸	(不可调)　(可调)
单作用弹簧复位缸		双向缓冲液压 (气)缸	(不可调)　(可调)
双作用单活塞缸 液压(气)缸		双作用双活塞缸 液压(气)缸	
单作用弹簧复位缸		双作用弹簧复位缸	
增压器		气—液转换器	

表 4　控 制 元 件

名　称	符号	名　称	符号
直动型溢流阀		直动型缸荷阀	
先导型溢流阀		可调单向节流阀	

续表一

名　称	符号	名　称	符号
先导型比例电磁溢流阀		减速阀	
卸荷溢流阀		带消声器的节流阀	
双向溢流阀		调速阀 (简化符号)	
直动型减压阀		温度补偿调速阀 (简化符号)	
先导型减压阀		旁通型调速阀 (简化符号)	
制动阀		单向调速阀	
不可调节流阀		可调节节流阀	
分流阀		三位四通换向阀	
三位五通换向阀		二位五通换向阀	
二位四通换向阀		二位三通换向阀	
二位二通换向阀		四通电液伺服阀	

续表二

名　称	符号	名　称	符号
溢流减压阀		液压单向阀	(简化符号)
液压锁		或门型梭阀	(简化符号)
先导型比例电磁式溢流减压阀		定比减压阀	(减压比为 1/3)
定差减压阀		与门型梭阀	(简化符号)
直动型顺序阀		快速排气阀	
先导型顺序阀		单向顺序阀	
集流阀		分流集流阀	
截止阀		单向阀	(简化符号)

表 5 辅 助 元 件

名　称	符号	名　称	符号
过滤器		空气过滤器	（人工排出）　（自动排出）
磁芯过滤器		除油器	（人工排出）　（自动排出）
污染指示过滤器		空气干燥器	
分水排水器	（人工排出）　（自动排出）	油雾器	
气源调节装置		流量计	
冷却器		加热器	
消声器		压力继电器	（一般符号）
蓄能器		气罐	
液压源	（一般符号）	气压源	（一般符号）
传感器	（一般符号）	检流计（液流指示器）	
压力器		液位计	

续表

名　称	符　号	名　称	符　号
压力传感器		温度传感器	
温度计		电动机	
行程开关	详细符号　　一般符号	联轴器	联轴器　弹性联轴器
原动机		气—液转换器	

参 考 文 献

[1]　周华,扬华勇.重新崛起的现代水压传动技术[J].液压气动与密封,2000(8)：12-13.

[2]　刘小华.纯水液压传动技术及其在煤矿机械中的应用展望[J].煤炭机械,2001 (1)：25.

[3]　许贤良.液压技术回顾和展望[J].液压气动与密封.2002(6)：47-48.

[4]　张奕.水液压系统的发展现状与面临挑战[J].液压与气动,1999(1)：2-3.

[5]　唐良宝,陈计军,周海英.平衡式外啮合新型余弦齿轮泵流量特性的理论分析.煤矿机械,2010,31(11)：70-73.

[6]　徐元昌.流体传动与控制[M].上海：同济大学出版社,1998.

[7]　王宝和.流体传动与控制[M].长沙：国防科技大学出版社,2001.

[8]　彭熙伟.流体传动与控制基础[M].北京：机械工业出版社,2005.

[9]　张宏友,等.液压与气动技术[M].辽宁：大连理工大学出版社,2009.

[10]　董继先,吴春英.流体传动与控制[M].北京：国防工业出版社,2010.

[11]　姜继海,宋锦春,高常识.液压与气压传动[M].北京：高等教育出版社,2005.

[12]　左建民.液压与气动技术[M].北京：机械工业出版社,2006.

[13]　刘延俊,关浩,周德繁.液压与气动技术[M].北京：高等教育出版社,2007.

[14]　许福玲,陈尧明.液压与气动技术[M].北京：机械工业出版社,2011.

[15]　李笑,吴冉泉.液压与气动技术[M].北京：国防科技大学出版社,2007.

[16]　刘位申,张莲芳.人工智能及其应用[M].北京：科学技术文献出版社,1991.

[17]　盛万兴,王孙安.基于神经模糊技术的电液伺服控制[J].机械工程学报,1997,33 (6)：70-76.

[18]　刘延俊,李兆文,陈正洪.基于BP网络的比例阀—缸位置控制[J].山东大学学报,2002,32(3)：260-264.

[19]　张兴国,林辉.电动伺服舵机系统中的迭代学习控制[J].计算机测量与控制,2007,15(3)：354-356.

[20]　黄国兴,徐国定.人工智能原理及其实现[M].上海：上海科学技术文献出版社,1993.

[21]　杨叔子,郑晓军.人工智能与诊断专家系统[M].西安：西安交通大学出版社,1990.

[22]　蔡自兴.智能控制基础与应用[M].北京：国防工业出版社,1998.

[23]　王东.纯水液压系统的发展及在钢铁工业中的应用[J].钢铁研究,2002(4)：55-56.

[24]　王振坤.纯水液压传动及其在制药机械中的应用[J].科苑论谈,2004(4)：105.

[25]　何洪,周恩涛,孙薇,等.液压系统油温的神经网络高精度控制[J].东北大学学报,1997,18(3)：325-328.

[26]　Li C, Yang C J, Yao X, etc. Milli-, Micro-and Nanofluidics：Manipulating Fluids at Varying Length Scales[J]. Materials Today Nano, doi：100136, 2021-08-23.

[27]　刘旻昀,黄彦平,唐佳,等.超临界流体物性畸变特性的我尺度研究[J].原子能科

学技术，2021，55(11)：1921－1929.

[28] 莫秋云. 流体传动与控制[M]. 西安：西安电子科技大学出版社，2003.

[29] Hou Y S，Jiang J G，Wu J C. Anomalous solute transport in cemented porous media：pore-scale simulations[J]. Soil Science Society of America Journal，2018，doi：19，2136/sssaj2017，04，0125.